U0270498

安徽省高等教育振兴计划名师工作室（辅导员）项目（Szzgjh1-2-2017-22）
安徽省教育厅重大教学研究项目（2016jyxm0982）

半 亩 馨 田

——大学生安全教育与应急能力培养

马国香　胡家俊　**编著**

上海交通大學出版社
SHANGHAI JIAO TONG UNIVERSITY PRESS

内容提要

本书分十二讲，围绕大学生的生命问题、人生问题、生活问题传授相关安全知识，使大学生提高安全防范意识与自我保护技能，提升危机突发事件的处理能力，增强学生管理和服务工作理念与实践的可操作性和实效性，引导大学生不但了解自然生命，更能深入领悟生命的价值和意义，树立正确的人生观和价值观。

本书基本涵盖了大学生日常生活的方方面面，内容详实，划分细致，可供广大青少年学习，也可作为大学生辅导员、管理人员和家长的参考。

图书在版编目(CIP)数据

半亩馨田：大学生安全教育与应急能力培养／马国香，胡家俊编著．—上海：上海交通大学出版社，2019
ISBN 978-7-313-21922-0

Ⅰ．①半…　Ⅱ．①马…　②胡…　Ⅲ．①大学生-安全教育　Ⅳ．①G641

中国版本图书馆 CIP 数据核字(2019)第 215758 号

半亩馨田——大学生安全教育与应急能力培养

编　　著：马国香　胡家俊
出版发行：上海交通大学出版社
地　　址：上海市番禺路 951 号
邮政编码：200030
电　　话：021-64071208
印　　制：上海天地海设计印刷有限公司
经　　销：全国新华书店
开　　本：710 mm×1000 mm　1/16
印　　张：22.75
字　　数：403 千字
版　　次：2019 年 9 月第 1 版
印　　次：2019 年 9 月第 1 次印刷
书　　号：ISBN 978-7-313-21922-0/G
定　　价：88.00 元

版权所有　侵权必究
告读者：如发现本书有印装质量问题请与印刷厂质量科联系
联系电话：021-64366274

前 言

生命是个奇迹。它是脆弱的，也是伟大的。因为生命的韧性，人类种族繁衍，绵延至今。

生命是段历程，不管这段历程以何种状态呈现，谁也无法轻易逃避。

从呱呱坠地、哇哇大哭的一瞬，到嗷嗷待哺、牙牙学语的幼儿期，再到天真无邪、懵懂无知的儿童期和朝气蓬勃的少年期，光阴将我们带入大学的校园。

大学阶段是人生的重要历程。在这段历程中，需要培养大学生们的自我学习、自我教育、自我管理和自我服务的能力，以便一旦走出大学的校门即能更好地融入社会，找到人生成长的支点。

在这段大学历程中，年轻的大学生们会惬意、拼搏、希望、兴奋、欢腾、喜悦、成功，抑或艰辛、苦恼、疲惫、迷茫、忧郁、孤独和伤痛……像化茧成蝶需要一个蜕化的过程一样，大学生们人心、人性的蜕化修炼也不可避免地要经历这样的一个过程，勇敢而理性地面对才是正途。也正是这些五味杂陈的情感与心态蕴含着人生的成长进步和个性的不断成熟。

在长期的大学校园学生管理工作与实践中，站在“以人为本”的角度和层面，我们进行了充分的调查研究，并认真参阅了大量的学生教育、管理的书籍和资料。深思熟虑之后，我们精心梳理和筛选了大学生们曾经遇到，今后有可能还会遇到的一些状况在此分享，以期建立一种集理论性、知识性、科学性、实践性和可操作性于一体的系统化的安全教育理论和实践体系，更加体现教育的人性化和温情。

为了保护个人的姓名权、名誉权、隐私权，对书中的大部分案例进行了改编，人物皆为化名。

因为水平有限，能力不足，书中难免会有纰漏之处，敬请各位专家学者、读者朋友给予批评指正。

谨以此书献给年轻的大学生朋友们！愿你们热爱生命，身心健康，能在新时代的洪流中自我准确定位；踏实稳重，不骄不躁，既能在苦难中站立，也能在困厄中成长；不断奋勇前行，披荆斩棘，成为新时代的有为青年，实现闪亮的人生！

编著者

2019年3月

目 录

第一讲

加强自身修养，提高免疫力

导 读

少年，是大约10岁到15岁的人生阶段。青年，是十五六岁至30岁左右的人生阶段。青年，是人生成长的重要时期。大学生的年龄一般在18岁到25周岁之间，正处于青年期。

当今的高校越来越具有开放性和包容性。社会上的一些不良行为，例如吸烟、酗酒、色情、赌博、吸毒等，也已逐步渗透到大学校园中。这毫无疑问地会对大学生的健康、学业、生活、就业和整个人生造成负面效应，也会成为大学生踏上违法犯罪道路的诱因。

俗语说，身体是革命的本钱。即便有千万个理由引诱你去体验这些不良的行为，那么，也一定有一个坚定的理由告诉你，坚决抵制诱惑，这就是：生命的健康！大学生们一定要提高自己的认知水平，提高免疫力，自觉加强自身修养，养成良好的生活、行为习惯，保障自身的健康和财产安全。

一、拒绝烟酒，勿变烟枪和酒徒

生活中亚健康的人越来越多，人们也越来越多地认识到健康的重要性。世界卫生组织提倡不吸烟和饮酒不过量的健康生活方式。

烟、酒是我们日常生活中司空见惯、习以为常的商品，但在国际上被列入药物滥用之列，有专家称其为软性毒品，并非危言耸听。据资料显示，吸毒者和成瘾类药物滥用者几乎都有嗜烟、酗酒史。因此预防青少年毒品和药物滥用首先应从预防吸烟、预防酗酒开始。

(一) 拒绝烟草，勿变烟枪

目前，中国是全球最大的烟草生产国、消费国和受害国，有烟民3亿以上，还有7.4亿人口受到“二手烟”的危害。

1. 吸烟的危害

烟草产品上的“骷髅头”“黑肺”警示图像令人触目惊心。不管是传统香烟，还是电子烟，吸烟不但吞噬吸烟者的健康和生命，还会污染空气，危害他人。实验证明，尼古丁进入体内后刺激自主神经系统，引起血管痉挛，影响大脑皮层的神经活动，严重影响人的智力、记忆力，从而降低工作和学习的效率，还会导致各种慢性疾病，如口腔癌、肺癌、胃癌、肠癌、膀胱癌、乳腺癌等，其患病率高，病程较长，会造成沉重的身体与经济负担。中国每年死于吸烟相关疾病的人数达136.6万，超过因艾滋病、结核、疟疾等疾病所导致的死亡人数之和。

2. 青少年中的吸烟现状

令人揪心的是，仍有相当数量的青少年对吸烟的危害置若罔闻，不顾自身和他人的健康而吸烟。大学宿舍、教室走廊、图书馆、操场、食堂等或多或少地都存在着吸烟的现象，有些男生满嘴烟味，甚至一晚过去，宿舍里满地烟头，无法直视。

《北京青年报》载，一项针对青少年吸烟者的研究发现，从第一次吸烟开始，只需花费两天时间，就会对香烟上瘾。研究人员强烈要求人们必须警告青少年：“抽一支烟可能就会导致终生依赖烟草。”

3. 吸烟的多样化理由

(1) 时髦。有的青少年认为，吸烟是“时代潮流”，不吸烟就会落伍，不吸烟就好像在群体中没了面子。

(2) 好奇。青少年好奇心强，看到他人吞云吐雾，似乎很享受的样子，自己也想体验一把“饭后一支烟，赛过活神仙”的滋味。

(3) 模仿。青少年模仿心理很强，看到影视剧中正面人物吸烟时的姿态那么潇洒、深沉，仿佛充满了睿智，有男子汉的气派、风度，就也想模仿。

需要指出的是，中国广播电视总局已经明确意识到影视剧对青少年健康成长的影响。2016年8月国家广播电视总局第四次下发了《国家新闻出版广电总局办公厅关于严格控制电影、电视剧中吸烟镜头的通知》，细化了控制影视剧中吸烟镜头的要求，并严禁植入烟草广告和未成年人吸烟情节。

(4) 反抗心理。青少年处于心理逆反期，自我意识强，对家长、师长的训斥不敢当面顶撞、反驳，便用吸烟作为一种宣泄的手段，以此排解心中的不满和愤懑。

(5) 将烟作为“工具”。有的青少年无聊，就抽着玩；有的上厕所吸烟，为了除异味；有的考试前吸烟，为了开夜车、提神解乏、活跃思维或刺激灵感。

(6) 社交需要。一些交往场合中“烟酒不分家”“烟酒铺路”的现象影响着青少年，使他们认为现在吸烟是在为将来踏入社会做预演。

(7) 朋辈影响。“近朱者赤，近墨者黑”，长期与吸烟者为伍，渐渐地便学会了吸烟。

(8) 家庭影响。尽管知道吸烟可致瘾、致癌，吸烟危害大，可许多青少年认为“爷爷、爸爸几十年吸烟也没有得癌症，我也没问题”！

4. 国内外控烟的行动和倡议

烟草买卖行为屡禁不止，归根结底还是因为行业利益驱使。必须拆除利益的樊篱，才能真正实现禁烟的目标。

在欧洲，爱尔兰、挪威、意大利、西班牙、法国、英国、比利时等18个国家已经立法在公共场所禁烟。在亚洲，泰国、新加坡、菲律宾等国也禁止在公共场所吸烟。2004年，不丹通过全面禁烟法案，成为世界上第一个也是唯一一个全面禁烟的国家。

截至2017年6月1日，中国已有18个城市颁布了地方性的控烟法规，倡导公共场所全面禁烟取得了一定成效。中国控制吸烟协会发布的调查报告显示，91.9%的公众支持室内公共场所、室内工作场所和公共交通工具内全面禁烟。中办、国办印发《关于领导干部带头在公共场所禁烟有关事项的通知》，提出把各级党政机关建成无烟机关，党政机关公务活动中严禁吸烟，成为中国控烟史上的一个里程碑。领导干部以身作则、模范遵守公共场所禁烟规定，必将带动社会公众健康生活、遵守社会公德的行动热情。

5. 健康权的尊重

事实上，不可回避的是，在我国控烟确实遭遇了执行难的困境。很多人对吸烟的危害依然重视不够，存有侥幸心理。近年来的科学研究发现，企图通过电子烟戒烟，不但是徒劳，还会对身体产生危害。

那么，如果已经吸烟成瘾，一时也戒不了，请务必尊重他人，在本人吸烟自由与他人的健康权之间保持一个平衡。2017年5月31日是第30个世界无烟日，我国的活动主题是“无烟·健康·发展”，目的是努力在全社会形成共同维护健康权的意识。

大学生作为高学历群体，是社会中的先进分子，是祖国的希望和未来，理应明白事理，懂得是非，带头遵守禁烟、控烟倡议，严格约束自身行为，从“拒绝第一支烟”开始，为控烟营造良好的社会氛围。

（二）拒绝酗酒，勿变酒徒

案例1

东晋大诗人陶渊明的《责子诗》

白发被两鬓，肌肤不复实。虽有五男儿，总不好纸笔。阿舒已二八，懒惰故无匹。阿宣行志学，而不爱文术。雍端年十三，不识六与七。通子垂九龄，但觅梨与栗。天运苟如此，且进杯中物。

陶渊明的《责子诗》，意思是说，老大16岁了，四体不勤，懒得无人能相比。老二年近15岁，没有继承父亲的志向，不攻书习文。老三老四是孪生兄弟，已经13岁了，还分不清6和7；老五已9岁了，却只知道傻玩夺食抢物。

对于这五个孩子，这位“不为五斗米折腰”的陶老先生心酸难过、感慨不已，恨铁不成钢啊！而事实上呢，却是他自己错怪了这五个孩子。这些孩子之所以呆傻、不争气，都是他酗酒成癖、酒后同房的结果。可他一直没明白其中的缘故，还要“且进杯中物”，借酒浇愁。有道是“借酒浇愁愁更愁”。

案例2

酗酒导致死亡

2014年3月某高校大四学生张福成等人参加同学刘宇的生日聚会，11人共喝了4瓶白酒、1箱啤酒。其中，张福成一人就喝了1斤多白酒和2瓶啤酒。聚会结束后，张福成呕吐不止，同学将其送至附近的酒店休息。第二天凌晨2点多，同学发现张福成已没有了鼾声，就连忙拨打“120”急救电话。经过半个多小时的抢救，医生最终确认张福成死亡。

事发后，张福成的家长和亲属情绪非常激动，无法接受孩子突然离世的事实，认为酒店、餐馆、学校以及其他10名学生对张福成的死亡负有主要责任，并向学校提出了共计300万的赔偿要求。

(1) 酗酒当事人的法律责任

18 周岁以上精神正常的中华人民共和国公民是完全民事行为能力人，需要为自己的行为承担相应的后果。《中华人民共和国刑法》第十八条第四款规定："醉酒的人犯罪，应当负刑事责任。"明知酗酒危害无穷，却依然放纵自己过度饮酒，导致醉酒伤亡的严重后果，自身存在过错，应当承担主要责任。

(2) 共同饮酒人的法律责任

喝酒者醉酒后猝死，共同饮酒人未尽到伙伴注意义务，酒吧经营者未尽到安全保障义务，均构成不作为侵权，应当承担侵权责任。

《中华人民共和国侵权责任法》第十六条："侵害他人造成人身损害的，应当赔偿医疗费、护理费、交通费等为治疗和康复支出的合理费用，以及因误工减少的收入。造成残疾的，还应当赔偿残疾生活辅助具费和残疾赔偿金。造成死亡的，还应当赔偿丧葬费和死亡赔偿金。"

此案中，张福成已年满 18 周岁，且精神正常，属于完全民事行为能力人，应当为自己的死亡承担主要责任。出于人道主义，由学校及其他 10 名学生共同支付张福成父母共计 25 万元的慰问补偿金。

不少人认为，酒是一种营养物质，喝酒可以促进血液循环，有益健康。其实，无论是什么酒，它的最核心的化学物质都是酒精，即乙醇。

许多有酗酒的不良习惯的人，明知酗酒的危害，还是控制不住要酗酒，原因在于酒使人体内的一种基因发生了变异，因而对酒产生了强烈的欲望与冲动。研究还表明，青少年的酗酒行为带有一种冒险因素，大大增加了青少年及其后续人生阶段负面结果产生的可能性。

1. 酗酒的危害

饮酒虽为社会所不禁，但是可能成瘾。"瘾"不仅仅是一个"问题"，它在医学上被看成是一种疾病。就像糖尿病、心脏病和癌症一样，如果不进行治疗，酒瘾是会危及生命的。其他疾病的症状主要表现在生理上，有酒瘾的人却还会有情感上和社会上的一些症状，对自身、家庭和社会等构成危害。

酗酒是导致人类死亡的第五大杀手。全世界每年有超过 230 万人因酗酒而死亡。50%的犯罪、40%的交通事故和 25%的重病患者都与酗酒有关，而这意味着数以千万计的人、数以百万计的家庭的无数痛苦、悔恨都是酗酒惹的祸。

近年来,酗酒恶习在高校蔓延,危害极大,令人焦虑。大学生饮酒时间通常集中在夜间,或者在宿舍内酗酒,吵闹得左邻右舍彻夜难眠;或者在校外酗酒后,深夜喧嚣回校,更是扰得校园不得安宁。

(1) 危害生理健康。大学生正处于生长发育阶段,身体的各个器官尚不完全成熟,酗酒对身体的损伤更加严重,甚至会致命。例如,大量的酒精对胃肠道黏膜是一种强烈的刺激,伤害胃肠道。大量的酒精需要通过肝脏代谢分解,久而久之容易引起脂肪肝或肝硬化。酗酒还对口腔及咽部、食管、心脏、大脑都产生危害。酗酒也会使生殖器官正常功能衰退,性成熟推迟 2～3 年。另外,一些不明原因的癌症可能与酒精有关。调查显示,不饮酒的人患癌症的概率比经常饮酒的人小很多。

对于女性而言,酒后因丧失自我保护的意识和能力,容易遭受侵害。孕妇即使少量饮酒,也会使胎儿发生生理缺陷的危险性增高,所以孕妇应禁酒。

(2) 危害心理健康。古语云:"酒能乱性失德。"酒精对人的各种感觉器官会产生不同程度的影响,造成一系列精神异常病症和心理疾患。如酒精中毒性精神病和中毒性幻觉症等会诱发人格改变和反常行为,表现为焦虑、烦躁、抑郁情绪、记忆减退、意识障碍、反应迟钝、过度兴奋、动作不协调,甚至还会出现妄想、幻觉,严重者还会产生自杀的念头。经常饮酒并对酒精产生依赖后,如果中断饮酒,就会产生如戒烟后的乏力、情绪低下、坐立不安等症状。

(3) 危害成长、成才。专家实验表明,酗酒使人昏昏欲睡,精力分散,导致思维能力下降,对事物的分析、判断能力减弱,智能衰退,学习效率下降。大学生过量饮酒,特别是饮高浓度酒很容易醉。醉酒后,大脑和身体的恢复又需要一个过程,从而影响正常的作息,浪费宝贵的学习、提升时间,得不偿失。

(4) 助长犯罪行为。犯罪学家认为,过量的饮酒使人兴奋胆大,容易促成犯罪意向,推动暴力行为,甚至加重侵害犯罪客体的情节。生活中,酗酒后破坏公物、打架斗殴、侮辱女性、拦路抢劫、放火、交通肇事等违法犯罪的案例屡见不鲜,而且有明显的上升趋势。

不仅如此,酒的滥饮还会造成不应有的金钱损失。在喝酒成瘾而又囊中羞涩的情况下,就可能会形成小偷小摸的出格社会行为。"小时偷针,老来偷金",这对个人前途的影响是亟须警惕和关注的。

2. 大学生酗酒恶习成因分析

大学生酗酒恶习的形成有诸多方面的原因,包括历史文化因素、生理特征因素、青春期心理因素、家庭环境因素和社会环境因素等。

(1) 历史文化因素。酒适用于所有饮酒的民族。在我国就有以酒代"久"的说法，表示“永久”“天长地久”的意思。帝王将相、才子佳人、花前月下、爱恨情仇、悲欢离合都少不了酒的身影，而“青梅煮酒论英雄”“杯酒释兵权”等，更是在推杯换盏、觥筹交错之间演绎了惊魂动魄、荡气回肠的历史风云。

(2) 生理特征因素。适量饮酒，有助于缓解紧张情绪和心理压力，减轻人的疲惫感，改善睡眠质量。

(3) 青春期心理因素。人具有自然属性，有七情六欲，人的情感需要宣泄释放的途径。大学生遇上生日聚会、竞赛获奖、接风饯行等，会把酒作为一种精神载体；或者误以为饮酒可以消除烦恼，减轻孤独、自卑、失意的心理和情绪。

(4) 家庭环境因素。调查发现，很多家长对酗酒的危害性认识不清，有的家长自身还有酗酒的恶习。很多时候，青少年第一次饮酒往往就是由其父母教的或父母劝的。

(5) 社会环境因素。受民族传统和风俗习惯的影响，公众把饮酒当作社交和礼仪的需要。如逢年过节、亲朋好友相聚都要举杯畅饮，以增加社交活动或节日中的喜庆气氛。

社会上还有一种“无酒不成宴”的不成文规定，借酒交情、借酒铺路，将成功与酒量捆绑在一起等，连洽谈生意都要在餐桌上“烟酒”(研究)。饮酒习惯、劝酒词也很不文明，“感情深一口闷，感情浅舔一舔”“酒逢知己千杯少”“东风吹，战鼓擂，今天喝酒谁怕谁”等，助长了年轻人酗酒的势头。有的大学生认为饮酒是交流的一种方式，是进入社会人际交往的演练，不饮酒意味着个人的未来就会输在“起跑线”上。

如同吸烟一样，社会上的酒风盛行，归根结底也是因为行业利益的驱使，因此，也必须破除利益的樊篱。2012 年中共中央政治局关于“改进工作作风、密切联系群众”的八项规定以来，社会饮酒风气有了很大的改善。

大学生基本都已年满 18 周岁，是成年人，有明辨是非的认知能力，有权选择自己愿意做的事。我们提倡用文明、高雅、健康、科学的酒文化抵制并逐渐取代劝酒、逼酒等低俗的酒文化，杜绝无节制的滥饮酗酒，以最大限度地减少酒害酒祸。希望大学生们能更多地认识到自己肩负的责任与义务，把时间和精力投入学习和有利于身心健康的活动中去。

作为家长，应当以身作则，引导子女明辨不健康的酒文化，在家庭中不兴劝酒之风，更不应组织、鼓励子女聚集同学、朋友酗酒。即便是逢年过节或亲友欢聚，也只能酌量少饮，做到既照顾场合，又掌握分寸，既不失礼仪，又不酗酒。

小贴士

酒精中毒的处理

饮酒过量易造成急性酒精中毒。酒精中毒早期会出现面红、脉快、恶心、呕吐、嗜睡、高热、惊厥及脑水肿等症状，严重者可出现昏迷，甚至会呼吸麻痹而死亡。

处理原则是禁止继续饮酒，可刺激舌根部以催吐。轻者饮用咖啡或浓茶可缓解症状，较重者最好送医院诊治，用温水或2%碳酸氢钠溶液洗胃。

避免过量饮酒是预防酒精中毒的最有效的方法，尤其注意不要空腹大量饮酒。

二、远离色情，洁身自好

“食色，性也。”性是人类永恒的话题，人类的生存繁衍离不开性。对于性的追求和关注是每一个人的自然本性，是人类无法改变的本能。

关于人类性爱力量的强大和必须加以控制的观点，古今中外的伦理学家、社会学家和法学家早就加以肯定。著名社会学家、人类学家、民族学家和社会活动家费孝通先生就指出：“……另一面是两性关系也存在着破坏社会结构的潜在力量。如果容许这种吸引力任意冲击已经建立起来的社会中人与人的关系，那就会引起社会结构的混乱和破坏，以致社会的分工体系无从稳定地运行，所以自从人类形成了社会，没有不运用社会的力量对人的两性行为加以严格的控制的。”

从人生的成长角度讲，青少年正处于风华正茂的求知阶段，同时也单纯、血气方刚、好奇心强，易受不良思想和行为的影响。如果青少年的注意力过度集中于性，过早地进行性活动，无疑会对青少年的学业、身心健康等产生极为不利的影响。

中央电视台《焦点访谈》节目曾报道，专家们通过研究发现，青少年常犯的案件中，强奸案位于第三，仅次于偷盗和抢劫，此外还涉及绑架、诈骗、打架斗殴、聚众赌博等一系列违法犯罪行为。与其他案件不同的是，黄色淫秽内容是导致青少年性犯罪的一个重要诱因。色情成为青少年健康成长的“杀手”。

案例 1

网下是楷模，网上是色魔——一个优秀大学生的沉沦

一天，金明义在网上邂逅了一个叫“快乐天使”的女网友。她给金明义发过来几个黄色网站的网址。当一张张赤裸裸的图片呈现在金明义面前时，他顿时心惊肉跳、面红耳赤，内心小鹿乱撞。

几天后，“快乐天使”在网上要了一张金明义的照片，惊喜地说道：“你简直帅得令我眩晕！我们进行网络性爱好吗？很刺激的！”

“什么是网络性爱呢？”“快乐天使”答：“我在这边对你进行指导，让你做什么你就做什么，让你说什么你就说什么。你可以用手满足自己……”

听着“快乐天使”传过来的淫声浪调，金明义情不自禁地闭上了眼睛……

初次尝到“甜头”之后，金明义便不再避讳“性”。他将平时没有说过的下流话在网上发泄出来，还将在网上下载的各类淫秽文字和黄色图片大量发送到公共聊天室。

对金明义的不良行为，他的家长、老师和同学们一直都不知真情。

2003 年 5 月，金明义被选为校学生会干部。但他并没有就此迷途知返，反而在网上越来越肆意妄为。他厚颜无耻地向女网友提出了网上做爱的要求……

2003 年 11 月初，当金明义正在网上“示裸”时，被网络警察堵在他的出租屋中。警方还查到了他在线视频做爱的录像和打印出来用于收藏的各种淫秽小说。校方不仅撤销了金明义学生会干部的职务，还差一点开除他。

（《天津政法报》）

案例 2

看大量色情视频，校内难抑冲动，强奸女同学

现年 20 岁的黄海钊是某高校的大学生。2013 年 2 月放寒假期间，黄海钊去找朋友玩，在朋友的住处观看了大量的色情视频。返校后，黄海钊一看见异性就情不自禁，冲动不已，先后两次强奸、抢劫女同学。

2013 年 3 月 13 日 15 时，公安部门经过摸查，在校内将黄海钊抓获归

案。9月，人民法院依法公开宣判此案，以抢劫罪和强奸罪数罪并罚，判处被告人黄海钊有期徒刑6年，并处罚金人民币2 000元。

（大江网）

（一）色情的含义和来源

1. 色情的含义

关于“什么是色情”，中国公安部的认定是：“整体上不是淫秽的，但其中一部分有淫秽的内容，对普通人特别是未成年人的身心健康有毒害，缺乏艺术价值和科学价值的文字、图片、音频、视频等信息内容。”

2. 色情来源

（1）在互联网普及之前，色情产品包括黄色书刊、杂志和DVD。目前，黄色书刊、杂志、DVD作为传统的色情产品早已被网络色情取而代之。

（2）互联网产生后，通过互联网传播的色情信息内容就是网络色情，即网络上以性或人体裸露为主要诉求的讯息，其目的在于挑逗引发使用者的性欲，表现方式可以是透过文字、声音、影像、图片、漫画等，例如色情小说、色情电影、色情图片、色情交易平台、色情超级链接、视频裸聊等。

（3）以手机为媒介发布色情内容即为手机色情，也可归纳为网络色情的范畴。中国手机网络用户飞速发展，其数量远比互联网用户更多，其中年龄在10～29岁的青少年占据了近九成的比例。因此，手机色情的影响面更广，危害性更强，也更难控制。

（二）网络色情的产生及其现状

网络是把双刃剑。随着科技的不断发展，网络在向人们展示强大的信息与交流互动功能的同时，也将其阴暗面展现在人们面前。打开任何一个搜索网站，敲入一些敏感的色情词汇，就会得到成千上万个相关页面的链接。尤其令人忧心的是，大量的网络色情图片与文字，宣扬的是各种畸形的性行为，例如性变态、恋童癖、乱伦等。不论是青少年主动寻求，还是被动接受这类信息，对他们形成正确的性观念、性行为都会产生冲击。更为严重的是，一些打着“健康”旗号的网站传授的所谓“性知识”错误百出，根本就不具有科学性与严谨性。

网络色情是当今最暴利的产业之一。马克思曾说过：“人们的一切活动都是为了追求经济利益，百分之百的利润率会使某些人铤而走险。”巨大的利润使得一些商业网站或不法分子昧着良心赚黑钱，个别电信运营机构和金融单位为了自己的业务发展，不仅对淫秽色情传播装聋作哑、不闻不问，有的反而为其提供经济结算上的便利，客观上助纣为虐，充当了黄色网站的帮凶与靠山。另外，目前社会上的同网络发展相适应的各类道德、法律和文化等秩序还没有完全建立起来，这也在一定程度上给网络色情造成了生存空间。

（三）青少年容易被色情诱惑的原因分析

1. 性心理的成熟和现实需求之间的矛盾

现代人一般十四五岁就已经性成熟，有了性能力，对“性”充满了好奇、幻想和躁动。在这个阶段，青少年们开始关注异性，愿意或喜欢探讨一些性话题，同时也迫切想探询性关系到底是什么。但遗憾的是，家庭、学校、社会对性教育讳莫如深，避而不谈，存在明显的误区和空白，使得青少年们获取性知识的渠道不够通畅，对性问题的辨别和认识能力不足，致使他们“另辟蹊径”，被色情引诱，将色情产品作为“说明介绍”和“生理寄托”的借口。

2. 外来性思想文化的侵蚀

改革开放极大地丰富和改善了人们的物质生活条件，同时也给人们的精神生活带来了诸多前所未有的外来冲击。源自国外的性观念、性理论大肆宣扬性开放、性自由、性权利，加之人们自身对性知识的缺乏，使得人们对性观念和相关问题产生了迷茫，对接受到的西方思想意识产生误解、扭曲，最终沉迷于色情产品以求得生理和心理的满足感。

（四）网络色情的危害

人类的性行为超越了动物的本能，是“灵与肉”的完美结合。性道德是调节两性关系及性行为的准则和规范，其核心是解决什么样的性行为是正确的、是合乎社会发展要求的。性道德提倡一切性行为都必须有利于人的身心健康和人的自由全面发展。作用于他人身体的性行为必须建立在爱情的基础之上，性伴侣应该具有稳定性和专一性。

1. 网络色情文化对青少年性道德的影响

现实生活中的性行为必须建立在一定的责任、义务的基础上。网络色情则不断颠覆传统的性道德与性伦理，肉欲至上，例如“一夜情”“多性伴”“乱伦”“性虐待”等偏差的性观念四处传播，把人性在现实生活中被压抑的荒诞、兽性的部分显现出来，瓦解了传统的性道德。而识别能力较弱的青少年无力鉴别真伪，在“性与爱”“性欲与社会规范”“性行为与社会角色”等价值取向上出现了迷惘，导致性道德认识弱化、选择混乱和情感淡漠。

原点市场研究有限公司调查公布的一组数据，应当引起我们的高度重视：在参与调查的3 000名青少年中，曾光顾色情网站的占46%，76%的学生网民沉迷聊天室中低级趣味的色情主题。另一项心理调查显示，接触过网络色情信息的青少年学生中80%以上有性犯罪念头。网络强大的声色效应让他们体验到刺激的同时，也产生了一种脱离现实的不满足感。为了获得现实生活中的性快感，他们不惜铤而走险，走上违法犯罪的道路。

2. 毒化网络环境，影响社会稳定

网络色情肆意泛滥，不仅毒化了网络环境，也在一定程度上对人们网络活动的正常有序开展造成了威胁。相当一部分色情网站实际上是在暗示、引导和鼓励性犯罪。一些西方和日本的色情网站把色情内容分为硬核(hard core)与软核(soft core)两类。在所谓硬核淫秽色情产品中，女人(有些甚至还有儿童)被捆绑、被鞭打、被强奸、被杀害；而在所谓软核淫秽色情产品当中，女人则是被攫取、被使用；甚至有部分色情网站、论坛专门描写性犯罪，并对此极力推崇。

美国心理学家简·博兰蒂在《纽约时报》科学栏目的一篇文章中称："性的驱动力可能特别吸引网上的各种色情资源和潜在的伙伴，它暗示了性冲动这种古老形式的变异。"对网络色情的上瘾使一些人像吸食海洛因一样为某种情不自禁的快感而不顾后果，变得思想空虚、精神萎靡、意志消沉，非常压抑、自卑和富于攻击性，使正常的社会交往变得十分困难。在现实生活中因受到网络色情信息的影响而实施违法犯罪行为的案例是不胜枚举的。

(五) 色情的是与非

受自然欲望的驱使，不同的主体接触色情产品，因为年龄、心理、经历的差异会产生各种各样的价值和意义，影响因人而异，有利有弊，不可一概而论。色情产品正如一枚硬币的两面，需要采用马克思主义"一分为二"的矛盾分析观点来看待。

适当的接触性产品可以认清身体结构、性的生理状况、性交往状况，满足本能的需求。此时，性消费品承担着"减压阀""欲望宣泄"和"启蒙老师"的功能。但若是过度沉溺于色情产品，根据马克思主义基本原理"质量互变规律"，从量变到质变，长此以往，必将侵蚀人们的思想，进而会腐蚀固有的家庭伦理观念、传统伦理道德、整个社会的价值取向及人们对现实生活的适应度和幸福感，影响到家庭的和睦与社会的和谐稳定。

马克思主义认为，事物的发展是由内因决定的，外因对事物的发展起到促进或延缓的作用。色情是毒害青少年的“精神鸦片”，是腐蚀青少年身心健康的“罪魁祸首”。青少年应当努力树立远大的理想和人生目标，培养健康的人格与兴趣爱好，努力增强抵制色情诱惑的能力，对于色情产品的消费懂得节制，适可而止。

对于家庭来讲，父母是和子女接触最早、最多的，是子女学习的最直接、最具体的榜样，犹如没有文字的教科书一般。作为子女的第一任老师的家长应该明白“身教重于言传”的道理，互敬互爱，在潜移默化中不断加强对子女的世界观、人生观、价值观和爱情观、婚姻观的教育与熏陶，鼓励子女多读书，读好书，自觉抵制精神污染。要知道，一颗充实的心是不会为色情所困扰的。

从社会的角度来讲，对青少年的色情产品消费行为，需要“严”字当头，同时注重合理疏导，还要不断净化社会风气。

高校应该开设生理健康教育方面的课程，让男生、女生了解自我，使其不至于通过色情渠道达到性启蒙的目的。

三、远离赌博，拒绝成为赌棍

案例 1

某高校同宿舍四名学生，入学时成绩均名列前茅。由于受社会上打麻将赌博风气的不良影响，他们经常围坐在一起赌博到凌晨两三点，有时还通宵达旦，导致第二天课堂上无精打采，更是无心钻研课业，以致期末考试中多门功课红灯高挂，被迫留级。

案例 2

某高校学生吴兵沉迷赌博机，输钱后便偷车行钥匙盗走宝马，妄想变卖，继续赌博。案发后又企图自杀，打算一了百了。

案例 3

某高校学生王志刚，因长期参与网络赌博，把生活费全部输光，便卖了衣服、电脑、手机等抵账。抱着“下一次就能全部赢回来”的心理，他越赌越眼红，又向周围的同学、朋友借钱。身边的人都借不到钱后，他又在网贷平台上借钱。后来，王志刚被保安发现在某栋宿舍楼里进行盗窃，从顺手牵羊到偷盗现金、手机和计算机，终被判处四年有期徒刑。

案例4

某高校学生牛力民赌外围球输了十多万元。为还清债务，他邪念顿生，将罪恶之手伸向了家庭富裕的同窗好友，意图绑架勒索30万元，结果绑架未遂，竟将同窗杀害在宿舍中，走上了一条不归路。

案例5

某高校学生王文武在学校因赌博发生争执，将两名同学杀死后，独自在山洞里过了3个月的穴居生活，吃的是喂牛的灰萝卜、蘑菇，甚至树叶。父母将他隐藏在家里后，他挖地道、造枪支和炸药，并将前来抓捕的公安人员杀伤。最终，这个大学生因故意杀人罪和非法制造枪支罪被法院一审判处死刑，其年近七旬的父母也因包庇罪被关进监牢。

（一）大学生赌博的现状

一些空虚无聊、无所事事、不思进取的大学生时常纠结在一起，企图通过赌博寻求刺激。大学生赌博现象既不同于“赌场”的赌徒，也不同于社会一般人员的赌博，它具有很大的自发性、普遍性和失调性，是社会赌博现象在校园里的折射。目前，大学生赌博现象愈演愈烈，严重地影响了学校正常的教育、教学秩序与治安环境。

（二）大学生赌博的新趋势

大学生赌博的内容丰富，种类多样，从打牌、玩麻将、打桌球等传统的赌博方式，发展到地下博彩、赌球等。现今，网络赌博成为青少年赌博的新花样。

1. 网络赌博的含义

网络赌博(Internet Gambling)是指通过网络进行的赌博活动，包括用计算机、手机或无线设备来连接网络，进行赌博。通常，很多赌博者会借助网络游戏平台进行赌博或开展变相的赌博活动。

2. 网络赌博的特点

(1) 参赌的便利性。在网络普及的现今，青少年非常容易通过电脑、手机等接触有关赌博的各种信息，尤其是各种网络游戏。相对于传统赌博行为而言，网络赌博更为方便，不受时间、地点的限制，因而也就更容易使得青少年赌徒沉迷其中，不能自拔。

(2) 参赌的盲目性。青少年上网行为缺乏节制和自我约束，容易被各种网络赌博游戏所吸引和迷惑。网络游戏则往往打着"休闲娱乐"的旗号，引诱广大青少年参与赌博。

(3) 参赌的隐蔽性。在"休闲娱乐"的虚拟外衣掩护下，青少年通过"网游"参赌的行为更加隐蔽。另外，由于网络赌博并不伴随实际的金钱交易，更容易诱发青少年的参赌欲望，也使虚拟的赌博行为不容易被发现。

有研究指出，网络赌博已给青少年的身心发展造成了一系列不利的影响。然而，当前教育更重视对现实生活中的赌博进行预防和干预，忽略了青少年群体中存在的网络赌博现象。

(三) 大学生参赌的原因分析

大学生参与赌博的原因是多方面的，既有社会、家庭、朋辈的影响，也有自身的缘由。

1. 社会不良因素的影响

社会上赌博风气的蔓延是影响青少年参加赌博活动的重要原因。

随着经济发展方式的多样化，与博弈有关的经济行为越来越多，社会文化对赌博的接受程度也越来越高。很多人视赌博为娱乐活动，往往都有"小赌怡情"的主观认识。不少人逐渐放宽了对青少年参赌行为的态度，这使得青少年赌博的行为得以放纵。

赌博行为的境外合法性也往往成为公众的参赌依据。加上新闻、舆论宣传程度的夸张以及报道方向的偏差，如对中彩消息的浮夸报道、对港澳博彩产业的大肆宣扬、对国外赌博行业的肆意鼓吹等都容易对社会意识产生导向偏离，而青少年往往是最容易被误导的群体。

另外，在利益最大化的驱动下，一些见利忘义的黑心商人用尽一切办法，躲避执法检查，将赌博型游戏机分散安放在一些服装店、精品店、超市等非游乐场所，开设各种名目的赌博形式，如扑克、麻将、老虎机、角子机等，并提供吃、喝、玩、睡一条龙服务，如暂且无钱还可挂账，无形中为青少年赌博恶习的养成提供了基础。

2. 家庭环境的不当影响

家庭是社会的细胞，是最基本的生活单位，是青少年最早接触的群体关系。有研究报告指出，青少年对赌博的认识和接触很大程度上受到家庭的影响。

根据香港慈善团体“健康行动”的调查：父母对青少年赌博的处理方法对赌博行为有影响。有的家长本身就是赌徒或是赌博组织者，其赌博言行会对青少年产生潜移默化的作用，甚至个别家长会教唆子女参赌并传授赌博技巧。又或者，一些深陷赌博泥潭的家长往往缺乏时间与子女进行有效的沟通，对子女的教育疏忽大意，导致青少年参赌了却没能及时制止。而有的家长虽然没有赌博，但是由于其教育方式欠妥，导致青少年性格的偏差或亲子关系的疏远，从而使子女更容易沾染外界的不良习气。例如简单粗暴的家庭教育容易导致青少年产生自闭或逆反心理；溺爱的家庭教育容易导致青少年形成任性娇惯的性格；忽视放纵的家庭教育也容易导致青少年养成叛逆骄横的个性。香港中文大学的研究指出，边缘青少年相对较容易成为“病态赌徒”。

3. 朋辈的不良影响

青少年的社交网络主要体现在朋辈关系，他们在交往中渴望获得朋辈的认同，从朋辈关系中获取社会资本，满足其社交需求。如果青少年结识了沾染赌博习气的朋友，就很容易在朋辈的引诱和教唆下参与赌博。

4. 青少年自身的原因

青少年时期是一个容易受到外界影响的时期，他们的独立意识逐步增强，但由于知识水平、识别能力和社会经验都存在着极大的不足，因而很容易走上弯路。

(1) 价值观的扭曲。社会中“拜金主义”“物欲主义”“享乐主义”的盛行，影响着大学生的世界观、人生观和价值观。不少大学生对于投机行为抱有侥幸心理，而赌博就是具有高风险的活动，正好满足他们投机的欲望。

(2) 心理的不成熟。青少年处于生长发育的特殊阶段，其心理状态往往不够稳定，对新鲜事物充满好奇，对刺激性活动较为敏感，对成年人行为意欲效仿。而港台地区和国外的一些以赌博为题材的影视剧娱乐作品所极力展现的赌侠风采，教人怎么赌，如何玩弄赌技等，无疑给青少年造成了极其恶劣的误导。

同时，青少年因生活阅历少、社会抗压能力低、自我调节能力较弱的特点，对于困顿、挫折无法正确面对，容易产生悲观、消沉的情绪，容易倾向于通过赌博活动等偏差行为实现自我排遣。

(3) 经济利益的诱惑性。青少年在经济上往往依赖于家庭，其对实现经济独立、财物控制的欲望较为强烈。不少青少年都有一种快速致富的心态，“以一博十”“以十博百”是典型的赌徒心理。对经济利益的追求往往成为诱惑青少年参赌的重要因素之一。

(4) 对相关法律法规的漠视。调查表明，在青少年赌博犯罪中，有 80%以上的参与者是在不知道赌博危害的情况下而赌博成瘾的。青少年赌博者常有一种错误的认识，以为“下小注”不算违法。这说明青少年对赌博的违法性、危害性的认识不够深刻，对于禁赌的法律法规知识和司法解释，例如《中华人民共和国治安管理处罚法》是无知或贫乏的。

(四) 青少年参赌的危害性

青少年参与赌博的危害性是多方面的，害人、害己、害社会。

1. 严重影响青少年的身心健康

青少年正处于生长发育的黄金时期，一旦染上赌瘾就会对青少年的心理、个性、情绪、行为等方面产生隐蔽而深远的影响，诱发严重的失眠、精神衰弱、记忆力下降等症状，罹患烦闷症、焦虑症、社交恐惧症等生理疾病的风险也会提高，另外，道德品质、社会责任感、耻辱感、自尊心都会被严重削弱。

2. 严重影响青少年的学业和生活

参与赌博很容易上瘾，既花费精力又浪费时间，必然导致作息不规律，甚至白天黑夜颠倒，于是就会出现迟到、旷课、早退，精神萎靡不振，无法集中注意力听课，更没时间钻研专业知识的现象，如此势必会荒废学业。大量事例证明，参与赌博的青少年都有不同程度的学业成绩的下降，多门课程不过关，有的甚至出现退学、休学，甚至被开除的严重状况。有的青少年不惜倾其所有用于赌博，学费和生活费大量流失，导致无钱购买学习用品，生活水平也直线下降。还有的青少年甚至不惜动用国家或学校的奖学金或助学金进行赌博，这不仅牺牲了自身的正常发展，摧毁了家庭的希望，也影响了国家对人才的培养，破坏了国家的金融管理秩序。

3. 严重影响人际关系

赌博一般是群体性的行为，直接牵涉到人际关系。赌博会使青少年把人与人之间的关系看成赤裸裸的金钱关系，逐渐成为自私自利、注重金钱、见利忘义的人。青少年一旦参与赌博，赢了还想赢，输了就想翻本。俗话说“十赌九输”。没有赌资就会伸手向家长要，向同学或朋友借，借的钱输光了，无法按时偿还的话，必然会影响到同学、朋友之间的关系，时间一长，众叛亲离的后果自然出现了。

4. 沉迷赌博容易走上犯罪道路

青少年一旦陷入赌博的旋涡，若受到公安机关的拘留等处罚，那就是抹不掉的黑点，可能会因此毁了一生。尤其需要关注的是青少年赌博往往与其他社会治安现象相关。青少年为筹集赌资，很可能会铤而走险，以身试法，走上打架、盗窃、诈骗、抢劫、绑架勒索、伤害、凶杀等违法犯罪的道路。犯罪学家常常把青少年赌博看作青少年违法犯罪的一个重要诱因。

(五) 青少年赌博现象的防治

古往今来，赌博一向被视为社会的毒瘤和公害，为社会大众所深恶痛绝。对于青少年而言，赌博现象的防治包含事前的“预防”和事后的“根治”。及时做好对青少年的教育和引导，才有助于问题的解决。

1. 社会方面

对于社会而言，全社会应高度重视青少年的参赌行为，要加大治理赌博的力度，使广大群众，包括青少年在内，提高对赌博危害性的认识，引以为戒，营造风清气正的社会环境。

2. 家庭方面

家庭应正确看待社会上的赌博现象。家长以身作则，不参与赌博活动，为子女提供一个文明、和睦的家庭环境。如果发现子女的赌博行为应立即加以制止，并动之以情，晓之以理，教育、引导、帮助子女参加其他有意义的休闲活动。

3. 学校方面

学校要严肃校纪校规，提高学生对赌博行为的抵制能力，坚决制止赌博这类不文明行为的发生。同时，要普及与赌博相关的法律和法规知识，让学生明白没有任何人有超越法律的特权。在校园文化建设方面，要针对青少年的心理、生理特点，积极开展各种健康向上、丰富多彩的活动，陶冶学生的情操，培养健康的业余爱好，真正创造一个清新宁静的教书育人环境。青少年的课余生活丰富了，赌博现象自然就会减少了。

4. 青少年自身方面

青少年要正确认识自我，看透赌博的本质，加强自我约束，树立“千里之堤，毁于蚁穴”“勿以善小而不为，勿以恶小而为之”的思想，做到约束自我，防微杜渐，合理使用网络资源，远离赌海。

青少年还应树立远大的人生志向，增强社会责任感和公德意识，多参加一些积极向上、健康有益的活动，充实自己的休闲生活，努力使自己成为有学识、有修养的社会主义现代化的建设者和接班人。

总之，社会、家庭、学校和青少年自身的共同关注、共同行动、共同努力才能让赌博真正远离青少年。

四、远离毒品，拒绝毒品侵袭

案例 1

2006年8月26日凌晨，昆明市公安局禁毒支队突击检查官渡区某KTV会所时，发现3间包房内的大部分人都在吸食“K粉”，最小的18岁，最大的28岁。其中一间包房内，一位过生日的“寿星”正在用请朋友吸“K粉”的方式来庆祝自己的生日。

案例 2

某艺术学校一名19岁女生，第一次吸毒是因为胃疼，听人说吸了马上就不疼，第二次还想找点感觉，第三次就什么都不想了。吃饭、穿衣都成了额外的负担，更何况起早练功、晚上演出呢。人们得出这样的结论：毒品埋葬了她的艺术青春。

（一生范文）

案例 3

滥用处方药盐酸曲马多的恶果

1. 胡乱尝试，滥用成瘾

22岁的张保军，以前生龙活虎的。2002年，他轻信了女网友的谣言：“吃了盐酸曲马多，人感觉特别舒服。”他一开始抱着试试的心态吃了几次，但之后滥用成瘾，且药瘾不断升级，4年竟服用了5 000多盒。现在，张保军患有严重的脂肪肝、心肌缺血，肾功能也出现了问题。一旦药瘾发作，心脏就狂跳不止，脑袋像要爆炸了一样，全身每处骨缝都疼得难以忍受。为了买药，张保军把家里能卖的东西都卖了。在家人的监督下，他到戒毒所戒过几次药瘾，但都没有成功，张保军很痛苦：“我这一辈子算是完了。”

2. 以药替代毒品成瘾

在医院接受治疗的冯月兰说，她服用盐酸曲马多已近4年。冯月兰2000年开始吸食海洛因。2002年，她听说盐酸曲马多能替代海洛因“治疗毒瘾”，就到药店买了针剂自行注射，后来改为口服片剂。开始，冯月兰一天吃10多片。她很高兴，因为这既不像吸毒那样要花很多钱，而且对身体的影响似乎也没有海洛因那么明显。但时间一长，冯月兰发现，几天不吃药，感觉竟和海洛因毒瘾发作时差不多，烦躁、出汗、浑身酸痛，“难受得要死”。

处方药盐酸曲马多是一种治疗恶性疼痛的中枢性镇痛药，一般用于中度以上的疼痛，比如手术后或出现外伤。在医生处方下服用盐酸曲马多，不容易出现药物依赖，不会成瘾，因而没有被列入毒麻类药品予以管制。其他大多数国家也没有把盐酸曲马多列入管制药品行列。但因为个别药店贪图小利，无视国家的相关规定，导致盐酸曲马多随意流入市场，造成严重危害。

毒品，这是一个全世界闻之色变的话题。

目前，我国吸毒人数呈上升趋势，青少年吸毒已成为一个触目惊心的社会问题。截至2016年底，我国公安机关登记在册的吸毒人数为90万，其中35岁以下的青少年占了77%。

预防青少年涉毒不仅关系到青少年个人的发展前途、家庭的幸福和社会的安宁稳定，也是关系到中华民族兴衰存亡的一个大问题。不能忘记的是，中国曾经深受鸦片的毒害。毒品预防教育是禁毒工作的治本之策，是事半功倍之举。

(一) 毒品的种类

根据《中华人民共和国刑法》第357条规定，毒品是指鸦片、海洛因、甲基苯丙胺(冰毒)、吗啡、大麻、可卡因以及国家规定管制的其他能够使人形成瘾癖的麻醉药品和精神药品。

《麻醉药品品种目录》(2013年版)和《精神药品品种目录》(2013年版)，自2014年1月1日起施行，分别列明了121种麻醉药品和149种精神药品。

1. 从毒品的来源看

从毒品的来源看，可分为天然毒品、半合成毒品和合成毒品。

天然毒品是直接从毒品原植物中提取的毒品，如鸦片。半合成毒品是由天然毒品与化学物质合成而得，如海洛因。合成毒品是完全用有机合成的方法制造，如冰毒。

2. 从毒品对人中枢神经的作用看

从毒品对人中枢神经的作用看，可分为抑制剂、兴奋剂和致幻剂等。

抑制剂能抑制中枢神经系统，具有镇静和放松作用，如鸦片类。兴奋剂能刺激中枢神经系统，使人产生兴奋，如苯丙胺类。致幻剂能使人产生幻觉，导致自我歪曲和思维分裂，如麦司卡林。

3. 从毒品的自然属性看

从毒品的自然属性看，可分为麻醉药品和精神药品。

麻醉药品是指对中枢神经有麻醉作用，连续使用易产生生理依赖性的药品，如鸦片类。精神药品是指直接作用于中枢神经系统，使人兴奋或抑制，连续使用能产生依赖性的药品，如苯丙胺类。

4. 从毒品流行的时间顺序看

从毒品流行的时间顺序看，可分为传统毒品和新型毒品。

(1) 传统毒品。我国常见的传统毒品一般指海洛因、鸦片、吗啡、大麻、杜冷丁、古柯、可卡因，还有可待因、那可汀、盐酸二氢埃托啡等流行较早的毒品。

(2) 新型毒品。新型毒品是相对于传统毒品而言的，主要指 K 粉、摇头丸、冰咖啡因、三唑仑安纳咖、氟硝安定、麦角乙二胺(LSD)、安眠酮、丁丙诺啡、地西泮及有机溶剂和鼻吸剂等。

与海洛因等传统毒品需要从植物体中提炼加工相比，新型毒品是化学合成物质，容易研制、变化多样、价格相对低廉，且容易获得。

早在 20 世纪 90 年代，国际禁毒专家就预言，21 世纪将是新型毒品全面替代传统毒品，并广为流行的时代。因为新型毒品的滥用多发生在宾馆、桑拿房、歌舞厅娱乐场所，所以又被称为“俱乐部毒品”“休闲毒品”“假日毒品”。

(二) 毒品的非法性

毒品是受国家法律管制的、禁止滥用(非医疗目的、超出医疗常规的使用)的特殊药品，它们的种植、生产、运输、销售、使用等各个环节都受到国家相关法律、法规的管制。当前，世界各国都将非法种植毒品原植物，生产、运输、使用鸦片、海洛因、大麻、可卡因等麻醉药品、精神药品的行为规定为违法或犯罪。我国适用的法律法规有两类，一类是国内现行的法律法规，如《中华人民共和国刑法》中关于毒品犯罪的有关规定、《麻醉药品和精神药品管理条例》、全国人民代表大会常务委员会《关于禁毒的决定》等；另一类是我国加入的有关国际公约，如联合国 1971 年修正的《1961 年麻醉品单一公约》和《1971 年精神药物公约》等。

(三) 毒品的危害性

1. 危害身心健康

毒品对人体有三大危害：

(1) 生理依赖性。毒品使人体产生适应性的改变，形成在其作用下新的平衡状态。一旦停止使用，人体的生理功能就会发生紊乱，产生痛苦，使吸毒者终日离不开毒品。

(2) 精神依赖性。毒品进入人体后，作用于人的神经系统，使吸毒者出现一种渴求使用毒品的强烈欲望，驱使吸毒者不顾一切寻求使用毒品。

北京大学中国药物依赖性研究所副所长刘志民认为，近年来新型毒品滥用形势非常严峻，“从药物依赖性角度看，无论是动物实验，还是流行病学调查结果都表明，新型毒品成瘾性非常强”。表现在吸食者对毒品有着强烈的心理渴求，以及由此产生的强迫性和不计后果的觅药、用药(吸毒)行为。

(3) 危害人体机理。吸毒损害大脑，极易导致神经细胞变性、坏死，影响血液循环和呼吸系统功能，出现急慢性精神障碍，降低人的免疫能力，易感染和传播多种传染性疾病，如肝炎、肺结核，尤其是性病与艾滋病，甚至引起昏厥、死亡。有的感冒药中也含有镇静或兴奋成分，要提高警惕。

据资料显示，吸毒的青年男女处于性萌动与旺盛期，卖淫嫖娼，多个性伙伴、不洁性行为也易感性病与艾滋病。自 20 世纪 70 年代以来，中国性病每年以 30%的速度激增。不完全统计显示 20%～30%吸毒者有性病。据程艺萍等在《女性强制戒毒人群 STD 调查报告》中表明，性患病率占 35.9%。又据陈碧英等《421 特殊人群调查报告》统计，吸毒妇女性病检出率达 33%。再据北京大学邵秦教授调查，珠海戒毒康复中心 100 名吸毒女青年中 21%患性病，还有 2 名艾滋病毒感染者。2016 年底，我国共报告艾滋病病例累计 3 万多例。监测调查表明，感染艾滋病者以吸毒人群为主体，由共用注射器吸毒感染的达到 70%左右。这一数字已经引起了联合国和国际社会的极大关注。

2. 危害家庭和合

一人吸毒，全家遭殃。毒品会造成家庭经济的大量消耗、家庭成员间亲情的疏离以及对子女成长的恶劣影响，甚至会导致家庭分崩离析、家破人亡。

3. 危害社会和谐

毒品败坏社会风气，危害社会治安，阻碍社会经济正常发展。青少年群体缺乏经济来源，吸食毒品很容易诱发他们侵财犯罪、暴力犯罪和刑事犯罪，如盗窃、抢劫、打架斗殴、寻衅滋事、故意伤害、杀人，对公共卫生问题的影响也非常恶劣，如性病、艾滋病的传播。同时，青少年吸毒又会助长和刺激毒品犯罪，并且不断腐蚀其他无辜青少年陷入吸毒、贩毒和其他违法犯罪的泥潭。有人概括为，毒品“毁灭自己，祸及家庭，危害社会”。

(四) 青少年涉毒的原因

1. 毒品泛滥的大环境未能得到有效控制

我国已处于毒品的四面包围之中。世界两大毒品生产基地金三角、金新月(阿富汗、巴基斯坦、伊朗交界处)毗邻我国边境，这种地缘因素使我国成为毒品过境国和部分销售市场。

受制贩毒品的超高利润诱惑，国内的一些不法分子置法律于不顾，甘愿冒巨大的风险走上毒品犯罪的道路，毒品犯罪呈现职业化、扩展化、武装化、国际化的趋势。同时，毒品犯罪分子的手段之一，是利用一些社会经验少、辨别能力差的青少年为他们走私贩运毒品，以他们年龄小，处于无刑事责任或只承担相对刑事责任及减轻刑事责任的年龄段，可以逃脱罪行为诱因，引诱他们参与犯罪活动。这样一来，一些青少年不仅仅自己成了毒品犯罪的受害者，同时也成了毒品犯罪的"害人者"。毒品滥用多样化和制贩吸毒一体化，加深了毒品的危害程度，加大了禁毒工作的难度，禁毒形势十分严峻。

2. 不良家庭及环境的影响

家庭不良影响是导致青少年误入歧途的重要原因。家庭成员中有人吸毒的青少年，比家庭中无人吸毒的青少年更容易沾染毒品。一些单亲家庭的子女得不到亲情的关爱；一些家庭父母长期外出，子女得不到正常的管教；一些经济条件好的家庭，父母过分溺爱子女，使子女有充分的物质条件去寻找毒品的刺激等，都可能是导致青少年吸毒成瘾的原因。

3. 青少年的认识误区

青少年正处在生理、心理发育时期，抵制毒品侵害的心理防线薄弱，对吸毒的非法性和毒品的危害性认识不足，对毒品的防范意识及防范能力还较差，一旦吸毒成瘾，对身心健康的摧残尤烈。

(1) 盲目好奇，轻信谎言。青少年渴望独立，存在强烈的好奇心、冒险和探索欲望，甚至反叛精神，但又缺乏必要的科学文化知识，对社会的复杂性认识不足，判别是非的能力也不强。有的青少年轻信了毒贩的谎言：时髦；刺激；好玩；提神解乏；激发灵感；可以减肥；治疗百病；毒品并不可怕，偶尔吸一两次不会上瘾；新型毒品对人体的伤害很小；只要有钱，毒品不断，就不会影响身体健康；只要意志坚定，就能戒断毒瘾；有特效戒毒药，等等。

(2) 交友不慎，沾上毒品。青少年思想比较单纯，喜欢与人交往。有的青少年不能够分辨朋友的好坏，凡事讲哥们义气，极易受群体的浸染。朋辈间流传的东西往往最容易被模仿。一些意志不够坚定的青少年会在那些使用毒品、滥用药品的同学、朋友的影响、引诱和鼓动下让步，和他们一同“分享”，沾毒成瘾。

目前，利用节假日，如国庆、春节、寒暑假、周末等，朋友相约狂欢、聚会已成为不少青少年沾染新型毒品的主要时机。

(3) 解除烦恼，摆脱压力。青少年阶段正体验着人生最激烈的情绪变动。一些精神空虚、意志薄弱的青少年一旦遭遇父母离婚、家庭破裂、身边重要的亲人离世、人际冲突、升学或就业受挫等变故，就会造成内心的苦闷和压力。他们渴望内心的宣泄，却不善于自我调节，不懂得寻找健康、合理的释放和发泄渠道，企图在毒品中寻找慰藉，忘却烦恼。

(4) 病原性因素。青少年时期学习、生活和工作的压力大，精神上总处于紧绷状态，或多或少都有不同程度的神经性头痛、失眠。有的青少年为了缓解焦灼情绪，长时间使用镇痛或镇静催眠的药物，从而对此形成了依赖。而更有甚者，直接用安非他命作为兴奋剂以解除疲劳，长时间服用后就会造成“冰”中毒。

(五) 如何防范青少年涉毒行为

青春期是预防毒品成瘾的重要时期。青少年一定要认识毒品的危害，理解诱惑、欺骗吸食毒品的主要伎俩和手段，学会识破怂恿者的阴暗企图和目的，掌握拒绝吸食毒品的方法与措施以及紧急情况下的逃脱方法。

1. 树立正确的世界观、人生观和价值观

人的一生不可能是一帆风顺的，各个时期、各个年龄段的人都面临着属于自己的巨大的学习、生活、工作的重负、挑战和各种诱惑的考验，能否正确面对，妥善处理，关键要看你有没有正确的世界观、人生观、价值观，有没有战胜自我、控制自我、把握自我的积极向上的能力与宁静平和的心态。

(1) 坚决抵制不良诱惑。每个人都要学会把挫折、失败当作过眼云烟，不加在意。应该相信，没有永远的赢家，你也未必总输。当你永不绝望的时候，希望就会向你走来。所以，无论面对什么样的失望无助、花言巧语，都应增强自我的控制能力和分析能力，坚决不吸食毒品，时刻牢记“一朝吸毒，终生难戒”“一时不慎，痛悔一生”。

(2) 增强自信心。面对种种无法解脱的挫折和磨难时，一定要扩展心胸，增强自信心，明白“生命中的痛苦是盐，它的咸淡取决于盛它的容器”“办法总比困难多”，设法寻找正当的途径去解决问题，绝不能一蹶不振，自轻自贱，更不能借毒解愁，麻醉自我，逃避现实。

禁毒工作的实践证明，大多数吸毒者在初次沾染毒品时，并不是主动地去寻找毒品，而是在他人的蛊惑下，接受了毒贩或其他吸毒人员“免费”提供的毒品，蒙受了有关“吸毒后非常舒服，能忘掉一切烦恼，还有飘飘欲仙的感觉，想什么就来什么”的愚弄。

（3）树立阳光的心态和生活方式。“宝剑锋从磨砺出，梅花香自苦寒来。”青少年要注意养成并保持积极、健康的生活娱乐方式，丰富自己的精神生活，构筑起防范毒品侵袭的心理底线，做到自我调节、自我监督，自觉地远离毒品。

2. 谨慎交友

马克思主义理论认为，人的本质属性是社会性。人的一生不可能没有朋友，正常的交友是必要的，也是必须的。

（1）把握交友的原则。青少年，尤其是在校学生，不要过多地结识社会上的朋友。社会环境相当复杂，搞不好就容易结交坏人，被拐带着进入错误的轨道，也不要结交有吸毒、贩毒劣迹的人。

（2）学会说“不”。面对同学、朋友或他人的各种引诱、教唆、哄骗或胁迫，必须学会说“不”，敢于说“不”。不要“义气”用事，碍于友情或面子尝试第一口毒品。可以借口接电话、上卫生间、约了人或有急事等立即离开现场。

（3）站稳反毒的立场。如果发现周围的亲戚朋友中有人吸毒，要坚定自己的反毒立场和态度，并应规劝其戒毒。如果劝说无效，应坚决不与其来往并及早举报，以便帮助其尽早脱离毒海。

3. 不要轻易涉足公共娱乐场所

歌厅、舞厅、迪厅、酒吧、网吧、电子游戏厅等各种公共娱乐休闲场所情况复杂，存在管理漏洞。许多毒贩子长期潜藏在这些场地，采取在饮料、啤酒、烟卷里添加冰毒、摇头丸或直接赠送海洛因、摇头丸等方式设圈下套，谋财害人。像摇头丸等新型毒品最初就是从歌舞厅开始泛滥的，现在仍然出现在这些场所。

如果确实需要出入这些公共娱乐场合，应该在家长的陪同下前往。在娱乐场所中不要随便离开座位。如果要离开座位，最好有人看管饮料和食物等。拒绝陌生人的搭讪、诱骗，不接受陌生人提供的礼物、食物、水果、饮料或香烟等，以防沾染毒品。

4. 认清毒品的危害、戒毒的痛苦与艰难

（1）提高保护意识。青少年要明白“吸毒一口，痛苦一世，毁灭一生”，千万不要抱着侥幸、效仿、炫耀或好奇的心理去以身试毒，不要盲目追求所谓的“时尚”，不要听信毒品治病、减肥、“高级享受”的谎言，不要滥用药品（减肥药、兴奋药和镇静药等），不要仿照个别“明星”“大款”的违法吸毒劣行。

（2）了解戒毒的艰难。戒毒是一个十分痛苦的过程。一旦沾染毒品，是很难真正戒断的；而且容易出现反复。不仅如此，戒毒还要花费大量的金钱，这对家庭和社会来讲都是一笔沉重的经济负担。

据有关研究证实，戒毒一般需要三年半左右的时间，而且在这个过程中，最关键的是戒毒者本人要有特别顽强的毅力和坚定的决心，要坚决克制毒品的诱惑，还要有良好的家庭、社会环境。总之，文化的力量、道德的力量和人格的力量，样样少不了。

说一千，道一万，戒除毒瘾的最好办法是：千万不要吸食毒品！大量带着血和泪的案例已经警诫人们：毒品是不能尝试的！无论你抱着什么目的，都不能尝试，否则就是自投罗网，自作自受，自取灭亡。

（六）家长应以身作则，为子女树立榜样，提供良好的生活环境

良好的家长素质、家庭教育和家庭环境对青少年的健康成长起着重要的促进和辅助作用。

1. 珍视家庭

一位著名的社会学家说过："父母离婚，对孩子的打击仅次于父母的死亡。"家长应该珍视婚姻，注重家庭建设，处理好家庭关系，努力营造一个良好的家庭氛围。即使不得已确实要离婚，也要共同担负起养育子女的重任，绝不能放任自流，把子女推向社会，推向毒品。

2. 对子女进行反毒品教育

家长应增强法治观念和反毒意识，充分了解毒品的种类和吸毒的危害。

家长自身应远离毒品，以身作则，言传身教，对子女从小开展反毒品的预防教育，给子女介绍这方面的书刊，带领子女观看有关禁毒的影视剧和图片展等，努力帮助子女解决其学习、工作、生活或情感上遇到的各种问题和困难，帮助子女树立正确的世界观、人生观和价值观，使他们能够自觉抵御外界的不良影响，拒绝毒品。

3. 对子女进行道德和审美教育

目前社会上存在一些歪风邪气，影响着青少年的健康成长。例如，一些知识文化层次低而又富有的人，甚至个别影视明星追求享乐，把吸毒当作高消费的时髦之举，以吸毒来显示自己的"与众不同"，或作为寻找灵感的托词；一些黄色书刊、影视剧中也不乏对吸毒"刺激"的大肆渲染。这些都会严重毒化青少年的心灵，把青少年引入吸食毒品的地狱之门。家长对于这些低劣现象，一定要高度重视和警惕，要积极帮助子女培养良好的道德情操，增强其鉴别真善美与假丑恶的本领。

4. 对子女进行挫折教育

目前，青少年的生活环境更加优越，许多家庭出现了“小皇帝”“小公主”，他们饭来张口，衣来伸手，从小缺乏挫折教育。事实上，溺爱给子女的成长带来的只会是劫难。过度的溺爱使得子女如同温室中的花朵，没有任何意识与能力去抵御人生中出现的狂风暴雨。家长必须要对子女进行挫折教育、艰苦奋斗教育，增强其面对失败和艰难的耐受力和抗压力。印度大诗人泰戈尔说过：“你今天受的苦，吃的亏，担的责，扛的累，忍的痛，到最后都会变成光，照亮你的路。”

5. 掌握早期发现和预防吸毒的方法

家长应观察和了解子女的交友情况，谨防其交上不良的朋友甚至“瘾君子”。一旦发现子女有吸毒行为的苗头，家长一定要注意控制自己的情绪，以同情、谅解和爱心及时对其加以劝导，谨防其产生逆反心理，务必要想尽一切办法辅助其进行戒毒治疗，鼓励其热爱生活，洗心革面，重新做人。家长的帮助是其他任何外力所无可替代的，这可以在很大程度上使已吸毒的子女端正戒毒动机，增强戒毒信心，树立责任感，纠正自毁性的行为。

反毒品是一项巨大的社会工程，需要社会各界力量的齐抓共管，需要国际社会的通力合作。1987 年 12 月，第 42 届联合国大会通过决议，正式将每年的 6 月 26 日确定为国际禁毒日。

小贴士

1. 如何识别新型毒品吸食者

(1) 作息时间变化较大，昼伏夜出。

(2) 无故旷课、旷工，学习成绩、工作表现骤然下降。

(3) 老朋友日渐稀少，交往的人员越来越复杂，甚至完全换了一些新的面孔，特别是瘾君子。

(4) 不知去向的花费逐渐增加，偷盗钱财或突然经常向家人、朋友举债。

(5) 身体消瘦、老化明显，出现坏牙、恶心、瞳孔放大等症状。

(6) 性格、脾气出现显著变化，如多疑、猜忌、暴躁等，会发起强烈的无名之火。

(7) 突然出现幻听、幻觉、妄想症状，特别是从娱乐场所出来后或服用减肥药后。

(8) 神思恍惚，偶尔自言自语或经常机械性地重复相似的动作。

(9) 使用吸毒者的专门术语，如嗑药、吸管、“踏板”“打 K”“溜冰”等。

2. 正确认识麻醉药品和精神药品

麻醉药品和精神药品是特殊的药品。其中，麻醉药品主要用于镇痛治疗，如吗啡、杜冷丁、芬太尼等；精神药品主要用于镇静催眠，如安定、速可眠、咪达唑仑、利他林等。对于许多患者及其家属，甚至是医务人员来说，麻精药品长期笼罩在一层神秘的面纱背后，因而在认识和使用上存在误区。

北京大学中国药物依赖性研究所刘志民指出：所有的药物都具有两重性。麻醉药品和精神药品同样是一把“双刃剑”。但是，只要科学、规范地使用麻精药品，并注意处理不良反应，就能“扬长避短”，充分利用其有益的治疗作用，使绝大多数患者的疼痛得到缓解，真正做到用药安全有效。同样，联合国在制定禁毒公约时既对麻精药品实行严格管制，也提出必须确保医疗及科研方面的合法需求。

小 结

健康的毁损是无法回复的。失去了生命的健康，一切都将缺乏根基，“神马都是浮云”，徒留的只有懊悔、悲伤、忧愁和痛苦。爱自己，就要爱自己的身体。想要有健康的生命，就需要学会选择，懂得节制。

心理学巨匠威廉·詹姆士说：“播下一个行动，收获一种习惯；播下一种习惯，收获一种性格；播下一种性格，收获一种命运。”青少年朋友们一定要珍惜韶华，学会约束自我，从点滴做起，培养积极的兴趣和爱好，不断加强自身修养，提高对不良行为的免疫力。爱惜生命，这不仅是对自己负责，也是对家庭、社会、民族的担当。

思考题

1. 你知道吸烟的危害吗？如果有家长、亲戚或朋友在家中或公共场合吸烟，你会怎么处理。

2. 你知道一些关于酗酒危害的案例吗？这些案例对你有什么启发？请讲一讲，与大家分享。

3. 当你的手机或电脑突然出现色情链接或图片时，你会怎么反应和处理。

4. 你了解一些性知识吗？你如何看待青年阶段的两性交往。

5. 你如何看待大学生中出现的赌博现象。

6. 你听说过一些新型毒品名称吗？刚听到时，你会意识到这是毒品吗？

7. 生活中，总会出现一些困难、挫折或不如意，靠吸毒能解决这些问题吗？

我们该如何正确面对这些问题呢？

8. 如果身边有朋友沾染了毒品，你该怎么办呢？

9. 观看影视剧《玉观音》《门徒》或《湄公河大案》，并谈谈自己的感想。

10. 举办一场看守所或监狱服刑人员的现身说法报告会，听听他们的经历和心路历程。

第二讲

健康、饮食安全与疾病防治

导读

健康是人类的不懈追求，人人都希望长命百岁。俄罗斯的兹马诺斯基经过长期研究，得出了一个健康公式：

$$健康=\frac{合理饮食+适量运动+情绪稳定}{懒惰+嗜酒+嗜烟}$$

世界卫生组织1992年在加拿大维多利亚召开的国际心脏健康会议上发表了著名的《维多利亚宣言》。这个宣言有四大基石，分别是：平衡饮食、适量运动、心理平衡、戒烟限酒。

由此，与健康相关的几大元素一目了然。营养、运动与平和的心态是维持和增进身体健康的三要素。健康是最大的节约，健康是最有价值的投资，健康是取得胜利的最大资本！

大学生正处在人生成长的特殊期和关键期。由于缺乏健康知识，或受到外界的不良诱惑，大学生对营养知识、合理膳食、饮食行为习惯、身体锻炼、情绪调理等存在着较大的空白区或误区。

大学生确立保健意识，掌握一定的健康知识，提高自我的体育保健能力，不仅有助于改善其不健康的饮食观念、态度和行为，预防因为营养不良或营养过剩而造成的健康水平下降和疾病等问题，保持身心健康，而且也会为快乐生活、工作打下坚实的基础，也有益于将来对下一代进行更好的健康指导。

一、饮食与健康

“民以食为天。”人体每天需要按时通过饮食途径获取能量和物质，以促进身体各组织器官的正常活动，为人的生存、生活、学习、工作和发展等提供基本保障。

当前，随着社会经济的快速发展和生活水平的不断提高，人们的饮食结构产生了巨大的变化。尽管整个社会都开始重视饮食营养、保健及安全，但仍有许多人缺乏这方面的知识，随心所欲，毫无规律，不懂节制，使得身体经常处于一种“亚健康的状态”。

(一) 大学生饮食健康的重要性

21 世纪的竞争，不仅仅是知识和能力的竞争，更是身体健康状况的竞争。大学阶段是体格和智力发展的最关键时期。大学生新陈代谢旺盛，运动量大，同时学习任务繁重，神经系统、心血管系统、呼吸系统及运动系统等在大学阶段趋于完善和成熟。营养状况不仅直接影响大学生的身体健康，也影响其学习效率，更影响未来胜任繁重的工作。良好的营养状况，对肿瘤、糖尿病、心血管疾病等成年性慢性病、多发病的预防起到极为重要的作用。例如，长期以吃素食为主的人会导致优质蛋白质、矿物质(铁和锌)、脂溶性维生素(维生素 A 和 D)等营养素的缺乏；而以吃肉类为主的人有可能摄入过多的饱和脂肪酸。饱和脂肪酸摄入过多对人体有害，是导致冠心病、高血压、高血脂等的主要原因，并与某些癌症的发生相关。

大学生作为新一代的知识群体，其合理的膳食、良好的饮食习惯与健康的生活方式是适应未来社会发展的必要前提。只有有了健康的体魄，大学生们才能全身心地投入到学习和工作中去，更好地将所学的知识和才华运用于实践，服务于人民，服务于社会，这将直接关系到国家经济建设的步伐和社会的可持续发展。

(二) 大学生饮食行为存在的问题

一般认为，人们选择食物的行为和对营养食品的认识有关，人们要形成良好的饮食行为习惯，必须以相关知识和认识态度为基础。但是，有的大学生由于营养知识的匮乏，不能合理地选择和搭配食物，使得营养素缺乏和营养过剩等问题并存，且日益突出。关注大学生的营养与健康，改善大学生的身体素质是一桩迫在眉睫的工作。

关于在校大学生的营养知识、健康观念、生活方式等方面的调查结果显示，多数大学生具备一定的营养知识，但对平衡饮食、规律饮食缺乏应有的重视和科学的认知。生活规律性不强，作息紊乱，饮食也相应极无规律，过饱、过饿、多餐等现象突出。这些不良行为可能被青春年少、精力旺盛、筋骨强健暂时掩盖，但也必将埋藏疾患的祸根，等到年老体衰，各种疾病就会接踵而至。大学生饮食行为存在的问题具体有以下几种情况：

1. 食物种类选择不恰当

中国营养学会发布的《中国居民膳食指南》中建议，早、中、晚餐的能量应各占总能量的30%、40%和30%。有的大学生的主食种类选择不符合《中国居民膳食指南》中所提建议：成人每人每日应适量摄入谷类、蔬菜类、蛋类、豆类、鱼类、水果类和奶类食物。国内外的许多研究都表明，食物种类、数量和饮食营养搭配情况至关重要，会影响到大学生的数字运用、创造性想象力和身体发育等方面的状况。

2. 不重视早餐

大学生中有吃早餐习惯的人不多。不能按时就餐的主要原因与学生作息时间有关。研究表明，不吃早餐或早餐质量差会直接影响人体一天的精神状况，致使身体各方面机能受到干扰。每日吃早餐是世界卫生组织倡导的一种促进健康的行为方式。

3. 饮食时间不规律

很多大学生饮食时间极为不规律。《中国居民膳食指南》中明确了一天三餐的推荐进食时间，早餐6:30～8:30，中餐11:30～13:30，晚餐18:00～20:00。如果不严格按照固定的时间进餐，等到饿时才进食，对身体很不利。而进食后不久又进食的，容易导致体内营养堆积，无法利用，同时也会增加消化、吸收系统的工作负荷，伤害脾胃的功能，造成消化系统紊乱。一日三餐应时间适宜，比例适当，热量分配均匀，才能有助于身体合理的吸收。

4. 饮食场所不讲究

很多大学生不注意饮食场所，边走边吃，或把餐点带到宿舍吃，在操场或教室里吃，边看手机边吃也是常事。这种饮食习惯既不卫生，也容易造成消化不良等。

5. 暴饮暴食，快速进食

有些学生早餐不吃，到了午餐便暴饮暴食；有的学生不安排好时间，急匆匆地进食。健康科学告诉我们：无规则的进食不利于食物消化，会增加胃的工作负荷，很容易引起胃病，其中以胃溃疡最为普遍。这也就是大学生肠胃功能不好，胃病发病率高的重要原因。另外，更为严重的是，这种不良的饮食习惯很可能在急急忙忙中将食物吞入气管，从而酿成危险。

6. 食以味为主

有些大学生特别喜欢辛辣食物，有些大学生喜欢口感重的食物，如腊鱼、腊肉等。殊不知这样容易造成摄取的食盐量超标，继而会导致心血管疾病。有些大学生嗜好油炸类食物，例如油条、炸鸡等。油炸类食品尽管美味，但其中的营养成分不仅严重被破坏，高温过程中还会产生致癌物质，如丙烯酰胺、苯丙芘等。有些大学生非常喜爱吃零食。与男生相比，女生更加偏爱零食。她们认为，零食可以抵消正餐，使她们摄入较少的正餐量，从而保持体型苗条。但是，零食本身所提供的能量、营养素不如正餐均衡，多数零食味道浓重，过于香甜或咸辣，脂肪、糖、盐的含量较高，既影响大学生进食正餐的胃口，又容易造成钙、铁、锌、碘、维生素等多种营养素的缺乏。而且，吃零食还会使注意力不集中，影响学习效率。还有些大学生钟爱含糖高的饮料、咖啡，并以此代替水，但碳酸饮料不仅对身体无益，还会腐蚀牙齿，也容易导致身体发胖，而浓茶、咖啡容易刺激神经，影响睡眠质量。

7. 喜欢在校外就餐

大学生选择在校外就餐很大的原因在于口味好、自由方便、价格相对便宜，或因情侣约会、朋友聚会等。但一些小饭店条件比较简陋，存在卫生安全隐患，如缺少消毒器具、用餐环境恶劣等。尤其是校外的流动摊点，既没有进行工商登记，也没有卫生许可证等必要的资质，几乎都是手工作坊式地加工食物，根本无法提供符合卫生标准的食物，更何况营养呢？不洁饮食容易引起幽门螺旋杆菌(HP)感染，会形成慢性胃炎，主要表现为胃部无规律隐痛、上腹饱胀、食欲不振、恶心、呕吐等。

8. 少数女生选择节食减肥

受当今社会"以瘦为美"的审美观念的引导，有的女生便采取盲目的节食减肥方式，表现为早餐不吃或少吃，中餐不吃饱，晚餐不吃或以水果代替。她们还颇有几分得意，自以为可以节约生活费。

其实一味节食减肥，身体缺乏食物提供营养素，那么肌体便会自动启用体内的蛋白质，甚至是器官中的蛋白质，如肌肉、肝、肾、心脏中的蛋白质。这对人体及各器官造成的损害是很可怕的。

(三) 大学生健康饮食习惯的构建

近年来，国内外许多关于大学生体质的相关研究表明，社会经济状况、医疗卫生保健水平、家庭背景、遗传因素、个体饮食习惯、生活行为习惯和体育锻炼情况等都是影响学生体质的重要因素。前四项因素确实是大学生自身无法控制的，但个体饮食习惯、生活行为习惯和体育锻炼情况则完全是在大学生的自我掌控之中的。

营养学家认为，没有不好的食物，只有搭配不好的食物。食物中含有多种营养物质，“过”或“不及”都会影响人体的健康。所以均衡营养是健康的关键。大学生应对自己的健康负责，认真学习、了解一些饮食营养方面的知识，树立饮食营养与保健的意识，提高自我约束能力，科学管理自己的饮食方式，做出有益于健康的选择和投资，以改善营养状况，纠正不良的饮食行为习惯，预防营养性疾病的产生，达到全面提高自身健康水平的目的。

1. 提高营养健康意识

合理营养有助于稳定体内环境，有力保证肌体的正常运作，提高运动能力。营养不良或营养过剩都是身体不健康的表现。长期营养不良会引起贫血、低血糖、免疫功能低下等。长期肥胖会导致心血管疾病、糖尿病等。科学合理的摄入营养物质是预防各种慢性疾病发生的重要手段，还可以避免病态瘦、厌食症等负面结果。

2. 合理膳食，营养均衡

平衡的膳食能够满足人体不同营养的需要，达到有效调节人体平衡，促进身体健康的目的。

一般而言，每日摄取的食物种类应多样化，做到荤素搭配，粗细搭配，定时定量地进食。少吃高能量、油炸、辛辣的食物，不偏食，不乱吃“补品”，少吃或不吃“垃圾食品”。禁止吃过期或变质的食物，例如变质的花生、黄豆、玉米、核桃以及各种干果等。这些变质食物中含有大量有毒的黄曲霉素，会在肾脏、胃、直肠、乳腺和卵巢中引起肿瘤。如果确实想吃零食，尽量选择营养相对均衡、全面的零食。应多吃蔬菜和水果，因为蔬菜和水果不仅是某些维生素和无机盐的重要来源，也是纤维和有机酸的重要来源，具有增进食欲、促进消化、维持血脂水平和保持心血管健康等作用。

3. 养成主动饮水的习惯

有的大学生没有主动饮水的习惯，非要等到渴极了才喝水，导致每日的饮水量不足。要知道，“水是生命之源”。白开水里含有多种对人体有益的矿物质和微量元素，而且它不用消化就能为人体直接吸收和利用。养成多喝水的习惯不仅能预防结石，在摄食太多盐分时也有利于尿液变淡，从而保护肾脏。

大学生应了解水的重要性和健康的饮水方法，每天足量饮水。不喝生水，因为生水中可能含有一些致病的细菌、病毒、寄生虫或虫卵等，此外还可能含有一些对人体有害的化学物质。当饮用了这些不洁净的生水后，很容易患病。不喝变质的饮料，因为变质的饮料中繁殖有大量的细菌。这些细菌产生的有毒、有害产物会导致人体中毒，出现诸如头晕、头痛、恶心、呕吐、腹痛、腹泻、高热、抽搐等症状，有时甚至会危及生命。

4. 养成良好的生活习惯

饮食习惯和生活方式与身体健康状况密切相关。养生之道有“早上吃得好，中午吃得饱，晚上吃得少”的说法。不合理的饮食习惯是很多疾病的诱因，是在透支身体的健康。目前，大学生饮食行为与习惯的不良在某种程度上也造成了其心理和生理的不健康。

大学生应注意建立一个健康的、简朴的饮食方式，培养良好的饮食习惯，树立“健康就是美”的观念，反对盲目节食，同时应增加体育活动，养成每天坚持体育锻炼的良好习惯，通过合理的体育锻炼消耗多余的能量。例如节制晚餐是一项非常重要的健康措施，使能量的摄入和消耗达到平衡，避免因饮食摄入的能量过剩而导致肥胖。经常吃夜宵，会因食物的堆积造成肥胖症。加餐后，起码要等半小时后再上床睡觉，以便将摄入的能量及时消耗。最好在减少甚至杜绝夜宵的基础上，增加有氧锻炼的时间，以达到消除过多脂肪的目的。正餐用餐时间少于 20 分钟，容易引发消化系统疾病，应增加就餐时间，养成细嚼慢咽的习惯。摄入过多的肉类，容易导致心血管疾病，应将饮食结构调整为荤素合理搭配。外出就餐时，应选择卫生状况好的餐馆。选购熟食、卤菜、凉菜时，应到有卫生许可证的销售场所。应谨慎食用沙拉、凉拌菜，尽量避免生食海产品、熟卤制品等高风险的食物。另外，还应妥善保存消费单据与发票，一旦发生疑似食物中毒的现象，应及时去医院诊疗并保留病历、化验单等相关证据，以便索赔，并向食品药品监督管理部门检举报告。

小贴士

1. 合理膳食

依据《中国居民膳食指南》，结合大学生的生理特征，建立科学、合理的膳食结构，养成良好的饮食习惯。

(1) 根据自身体质评价结果，摄入相应能量的食物，保证能量供应的合理性，保持健康的体重。

(2) 选择多样化的食物，以谷类为主，粗细搭配。每日摄入 200～500 g 的谷类、薯类及杂豆类。

(3) 多吃蔬菜、水果。水果每日摄入 200～400 g,蔬菜每日摄入 300～500 g。

(4) 每日食用奶类、大豆或其制品。奶类及奶制品每日摄入 300 g(折合成牛奶),大豆或其制品每日摄入 30～50 g。

(5) 常吃适量的鱼虾类、畜禽肉类和蛋类,总量控制在每日摄入 125～225 g。

(6) 减少烹调油的用量,做到清淡少盐。油每日摄入 25～30 g,且以植物油为主,盐每日摄入不超过 6 g。

(7) 吃新鲜卫生的食物,三餐分配合理,养成吃早餐的习惯,食不过量,零食要适当。

(8) 每日摄入 1 200 mL 以上的水。提倡饮用白开水、茶,合理选择饮料,饮酒应限量。

2. 女性不吃早餐会影响容貌

很多女大学生出于减肥、美容的目的,或是因为时间紧而不吃早餐。健康专家告诫说,不吃早餐同吸烟、酗酒、通宵不睡等恶习一样,都会严重地影响女性的容貌。

(1) 使女性变胖。女性不吃早餐不但起不到减肥的作用,反而更容易发胖。因为不吃早餐的女性饥饿一上午后,使得她们在午餐时往往会吃得更多,从而更容易发胖。

(2) 使女性的面色难看。临床研究发现,长期不吃早餐的女性极易患胃炎、胃溃疡、消化不良和贫血等疾病。这些疾病不仅会严重损害女性的身体健康,还会使女性的面色呈现出难看的灰白色或蜡黄色。

(3) 加速人体的衰老。当人们不吃早饭时,其身体只能动用体内贮存的糖原和蛋白质来维持正常的生理活动。久而久之,导致皮肤干燥起皱、长斑,从而会加速人体的衰老。

美国公共健康专家莱斯特·布内斯诺博士从 1965 年对 6 934 名年逾六旬的男女老人的早餐及生活方式进行 20 年的追踪调查。结果表明,坚持吃早餐的老人长寿率比不吃早餐的老人高 20%,即习惯吃早餐的人比不吃早餐的人寿命更长。

3. 加速人体衰老的七种原因

人的衰老是自然规律,谁也无法抗拒。但有些不良行为会加速人的衰老,需要留意与警惕。

(1) 饮食不当。饮食长期无规律，饥饱无度或偏食辛辣，多种维生素摄取量不足等会影响人体的正常生理代谢功能，从而加快衰老的进程。

(2) 嗜烟酗酒。医学家调查发现，从 20 岁起嗜烟者面部皮肤皱纹比不吸烟者平均早出现 1.5～3 年；妇女吸烟者更甚。长期酗酒会导致慢性酒精中毒，引起胃肠溃疡、肝硬化、肝癌等，对身体造成不同程度的损害，使人迅速衰老。

(3) 缺乏运动。"生命在于运动。"长期坚持适当的运动，如散步、跑步、跳绳、打球、游泳、打太极拳、做健美操等体育活动，均可使全身各系统和器官得到锻炼，增强机体功能，使肌肉变得更结实，充满生机和活力。反之，则会趋于衰老。

(4) 情绪不佳。任何不良情绪，如嫉妒、失望、消沉、沮丧、焦虑、忧愁、悲观等，假若长期无法排解，就会损害身心健康，导致未老先衰。

(5) 久看电视、电脑、手机。长时间看电视、电脑、手机，尤其是大彩电，因辐射引起皮肤色素的沉着，会出现雀斑、失眠、多梦、急躁的症状。日久天长，免疫功能就会受到损害，体质下降，容易患感冒、神经衰弱、胃肠疾病等而导致衰老。

(6) 长期纵欲。在性生活上，如果长期放纵，不但会染上性病、艾滋病等，还会使人过早衰老，严重者会虚脱致死。

(7) 噪声污染。噪声污染的过程其实也是一种慢性中毒的过程，尤其是人的神经系统与呼吸系统中毒最为明显，会造成人的失眠、烦躁、咳嗽、胸闷、胸痛等，从而造成人体的衰老。

二、运动与健康

案例

某高校篮球场上正进行着一场激烈的对抗赛，双方体力都消耗很大。突然，场上的一个学生在移动步伐时，不小心踩到了另外一个学生的脚背，被踩的学生一下子失去了平衡，重重地摔在了地上，并且后脑勺着地。该生当时就口吐白沫，晕了过去。全场同学大惊失色，马上拨打"120"急救电话。因救治及时，该生脱离了危险。

俗语说："生命在于运动。"运动的好处数不胜数。运动可以提高肌肉的活动能力，提高心脏潜力，增加消化与吸收的能力，促进新陈代谢，加速人体生长发育;运动可以调节中枢神经系统的兴奋与抑制等过程,能使人感觉、知觉敏锐,观察力增强,促进注意力和记忆力的发展,提高思维的敏捷性和灵活性;运动可以缓解因学习压力过大而造成的精神紧张,改善睡眠质量;运动可以培养乐观开朗的性格,增强自信心,锻炼勇敢、顽强、果断的意志;运动还可以减少抑郁、敌视及嫉妒心理,增加社交机会,扭转孤独和郁闷心情。腓利门教授在《活得健壮又长寿》一文中说,无数的研究指出,有氧或温和的运动,能够延后甚至扭转老化的现象。可见,适量的运动是积极的健康投资,投资越多,获利也就越多。

然而,很多大学生对体育运动缺乏足够的重视。体育运动不够是大学生特别是女大学生中的普遍现象。导致大学生体育运动不够的原因是多方面的:有的学生错误地认为自己身体很健康,能吃能睡,不用锻炼;有的学生怕苦怕累,缺乏坚强的意志,害怕锻炼,或"三天打鱼,两天晒网",不坚持锻炼;有的学生认为,体育锻炼浪费时间,还不如把时间花在学习上划算;还有的学生虽然主观上很想锻炼,但因学习任务重、社会工作多,不能统筹安排好时间而无暇锻炼。

为了促进学生体质健康发展、激励学生积极进行身体锻炼,教育部颁布了《国家学生体质健康标准》(2014 年修订)。新标准将体育测试成绩与毕业证书挂钩,希望能够引起大学生对身体健康的重视。要知道,多种多样的体育活动不仅能够丰富大学生的校内生活,锻炼大学生的意志力,还对提高学习效率起到积极的作用,也是大学生日常心理保健的重要途径。积极参加体育锻炼是对自己的健康负责的表现。

(一) 运动时间的选择

1. *晨起不宜运动*

生活中,很多人习惯于早锻炼。事实上,这并非是值得提倡的健康生活习惯。

(1) 关于空气质量。有研究警告说,早晨 6～9 点是最危险的时刻,尤其是在空气污染严重的大城市,致癌物质、粉尘物质等都会容易跑到肺里,使人易患肺癌。上午 9 点以后,污染空气下沉,污染物质减少,没有了粉尘现象,空气洁净,就可以选择在此时锻炼身体。最好是选择在傍晚时段锻炼身体。

(2) 关于人体生物钟。早晨人体的生物钟规律是体温高、血压高,肾上腺素比晚上高出 4 倍。有心脏病的人尤其需要格外留意,此时如果激烈运动,容易出现心脏停搏。因而,早晨最好不要突破生物钟的规律,以免给身体健康带来隐患。

(3) 关于日照、氧气量。夜晚,人们在室内已经吸收了不少二氧化碳,呼吸道里的毒素有一百多种。而早晨的树林里也全是二氧化碳。如果此时，人们又跑到小树林里，那么就很容易对呼吸系统不利。最好等到太阳出来，日光与叶绿素起反应，产生氧气后，再去小树林才是合适的。

2. 饱餐后，不宜剧烈运动

餐后，应隔一段时间再进行体育锻炼。因为在进食及消化作用进行的初始阶段，人体会将供应肌肉的血液调配给消化系统的各个器官，以利于饮食营养的消化和吸收。餐后与运动间隔时间的长短要依据餐点及用餐量来定，其他决定性因素还包括年龄、体能条件及运动强度等。

研究发现，轻度运动，如散步、广场舞、太极拳等，应在饭后半小时进行；中度运动，如慢跑、减肥操、骑自行车等，应在饭后一小时进行；高强度运动，如跳绳、长跑、踢足球、打篮球等应在饭后两小时进行。

(二) 运动安全

运动本是为了健康和娱乐。如果在运动过程中造成了伤害或疾病，那就得不偿失了。事实上，不少运动本身就具有较强的竞争性和对抗性，在一定程度上存在着安全隐患，可能会导致不同程度的摔伤、撞伤、扭伤等。这些事故，轻则伤及肌肤，重则伤及脏器、筋骨，严重的还会造成终身遗憾。这不仅会给本人带来肉体和精神上的双重痛苦，影响学业，还给家庭经济带来沉重的负担。因而，运动过程中的自我保护意识非常重要。运动时，必须具有一定的体能，并掌握相关的技巧，注意根据天气情况、身体状况，正确选择运动场地，合理安排运动量，不要超过自身极限拼命运动，而应循序渐进，劳逸结合。

1. 参加运动会的注意事项

在校期间，大学生会参加多种体育竞赛项目或日常体育活动，例如运动会。运动会参加人数多、竞技项目多、持续时间长、运动强度大，安全问题十分重要。不管是观众，还是运动员都应严格遵守赛场纪律，服从调度的安排和指挥，并留意运动场地和器械的安全。

(1) 观众的注意事项。应在指定场地观看比赛。不要在赛场中奔跑、穿行或玩耍，以免被投掷的铅球、铁饼、链球、标枪等击伤，也避免与参加比赛的运动员相撞。

(2) 运动员的注意事项。

① 应穿宽松的、适宜于运动的鞋子和服装，并保证衣服内不能有硬质或尖锐的物品，以免摩擦时划伤身体。

② 参加比赛前要做好热身准备活动，以利于提高中枢神经系统的兴奋性，

加强各器官系统的功能，提高全身物质代谢水平，增强肌肉、韧带的柔韧性和弹性，便于适应机体运动的需要。

③ 临赛前不要吃得过饱或者过多饮水。临赛前半小时内，可以吃些巧克力，以补充热量。

④ 比赛结束后，要坚持做好放松活动，以舒缓筋骨和肌肉，如慢跑、散步等，使心脏逐渐恢复平静，不要立即停下来休息。

⑤ 剧烈运动后，不要马上大量饮水、吃冷饮或吃饭，也不要立即洗冷水澡。

2. 体育课上的注意事项

体育课是锻炼身体、增强体质的重要课程。体育课的训练内容是多种多样的，要注意的事项也因训练内容、使用器械的不同而有所区别。体育课上应注重在体育教师的指导下，强化专项技术动作练习，做到准确、稳定、规范。完成难度较大的动作时一定要实施保护措施，尽量避免意外伤害事故的发生。当重心不稳快摔倒时，应当立即顺势滚翻，切忌直臂撑地，以防手腕或前臂骨折。当从高处跳下时，应以前脚掌着地并缓冲，这样就能减少或避免某些身体损伤。具体而言应注意以下几点：

(1) 短跑等项目要按照规定的跑道进行，不能串跑道。这不仅仅是竞赛的要求，也是安全的保障。特别是快到终点冲刺时，更要遵守规则。因为，这时人体产生的冲力很大，精力又集中在竞技之中，思想上毫无戒备，一旦相互绊倒，就可能会严重受伤。

(2) 跳远时必须严格按照体育教师的指导助跑、起跳。起跳前，前脚要踏中木制的起跳板。起跳后，要落入沙坑之中。这不仅是跳远训练的技术要领，也是保护身体安全的必要措施。

(3) 投掷训练，如投铅球、铁饼或标枪等时，一定要按体育教师的口令行动，令行禁止，不能有丝毫的马虎。这些体育器材有的坚硬沉重，有的前端有尖锐的金属头子。如果擅自行事，就有可能击中他人或者击中自己，造成伤害，甚至导致生命危险。

(4) 单、双杠和跳高训练时，器材下面必须准备好厚度达到要求的垫子。如果直接跳到坚硬的地面上，就会伤及腿部关节和后脑。做单、双杠动作时，要采取各种有效的方法，使双手提杠时不打滑，避免从杠上摔下来受伤。

(5) 跳马、跳箱等跨跃训练时，器材前要有跳板，器材后要有保护垫，同时要有体育教师和同学在器材旁站立保护。

(6) 前后滚翻、俯卧撑或仰卧起坐等垫上运动训练，做动作时要严肃认真，不能打闹，以免发生扭伤。

（7）篮球、足球等项目的训练要学会保护自己。自觉遵守竞赛规则对于安全是很重要的，不要在争抢中蛮干而伤及他人。

（8）运动量要循序渐进，不可超负荷剧烈运动，要避免因过度疲劳运动而导致体力不支或动作变形造成伤害。

（9）女生在生理周期时不宜做剧烈运动。

（三）运动性非外伤性疾病

运动性非外伤性疾病是指一组由运动引发的、非外力伤害的疾病。运动性非外伤性疾病主要有运动性胃肠痉挛、应激性溃疡、低血糖、荨麻疹、晕厥、哮喘、血尿、中暑、猝死等。思想上重视程度不够、运动前不做准备活动或准备活动不充分、运动量过大、运动不科学、身体素质差或患有疾病等情况，与因运动导致非外伤性疾病有着密切的关系。

（1）运动性胃肠痉挛。运动性胃肠痉挛，指运动过程中突然出现的急性腹痛（排除其他器质性疾病）。这可能是由于饱食、缺氧、紧张或休息不好所引起的。

（2）应激性溃疡。应激性溃疡主要发生在胃部，其次在十二指肠和食管。因剧烈运动缺血、缺氧削弱了黏膜的抵抗力，使黏膜被胃酸腐蚀，引起应激性溃疡，表现为上消化道出血。

（3）运动性低血糖。运动性低血糖，指剧烈运动时出现心慌、大汗淋漓、面色苍白、软弱无力、晕厥等症状。这是由于剧烈运动时，机体消耗大量的能量，体内储备的糖原大量分解燃烧，加上机体处于应激状态，肾上腺素分泌增加所致。运动前适当补给高渗糖可避免此症的发生。

（4）运动性荨麻疹（运动性血管神经性水肿）。运动性荨麻疹，指运动后数小时内发生的皮肤非指压痕水肿，表现为红色葡形边缘、中央苍白的团块样皮疹，有时可融合为巨大风团。多发生在皮下组织较疏松部位，呈局限性、短暂性大片肿胀，边缘不清，有痒感。通常累及眼睑、唇、舌、外生殖器、手和足。该病可发生于任何年龄，以中青年多见，且迅速自然好转。

（5）运动性晕厥。运动性晕厥是运动性非外伤疾病中最常见、最容易发生的类型，是脑部一时性供血不足或血液中化学物质的变化引起突发性、短暂性意识丧失、肌张力消失并伴跌倒的现象。常于奔跑后突然发作，也可能见于严重失水时，且多见于赛跑者临近长跑终点时虚脱。运动性晕厥的另一个原因是逾常反应。在下蹲之后站立，有时会感到头昏眼花。这是由于血液淤滞和站立时心输出量突然下降的结果，这个反应在举重运动员中常见。此症只要有一定的医学知识并及时救护，是不会有生命危险的。

(6) 运动性哮喘。运动性哮喘指哮喘患者在剧烈运动后诱发哮喘。运动性哮喘约占哮喘患者的70%～80%。运动6～10分钟，停止运动1～10分钟支气管痉挛最明显。临床表现为咳嗽、胸闷、气紧、喘鸣，听诊可闻及哮鸣音。许多患者在30～60分钟内可自行恢复。有些患者虽无典型的哮喘表现，但运动前后肺通气功能测定能证明出现支气管痉挛。运动性哮喘多见于青少年，如果能预先给予色甘酸钠、酮替芬或氨茶碱，则可减轻或防止其发作。

(7) 运动性血尿。运动性血尿，指长期或剧烈的运动后，出现的良性尿改变。主要表现为肉眼血尿或镜下血尿。此症与运动持续时间、强度有一定的关系。红细胞从肾小球到尿路之间的任何部位都可能进入尿路引起血尿。运动性血尿，不论是肉眼血尿或是镜下血尿均可能是由于运动引起挫伤的结果。多数情况，血尿在14～48小时内完全消失，且患者无任何不适。

(8) 运动性中暑。运动性中暑，指剧烈运动中，当产热大于散热时，体温升高，随之发生运动性中暑。在炎热的夏季，长时间剧烈运动，如长跑、军训、足球比赛等，最容易发生高热中暑。中暑后应立即联系医生，并将患者扶到阴凉处，松开其衣扣，用毛巾冷敷颈部，及时补充水分，并用手指掐嘴唇上方的人中穴。

(9) 运动性猝死。运动性猝死，指在运动过程中自然发生的出乎意料的突然死亡。研究表明，有心脏疾患和先天性心血管结构异常，是最为常见的与运动有关的死亡原因。一旦发生，很难救治。长跑运动应先询问运动员是否有心脏异常或是否有年轻人突然死亡的家族史；如有，应做心脏检查，包括应激试验和超声心动图等。还应询问有无不宜运动的情况，如运动时胸闷、胸痛、心悸、晕厥或呼吸困难。若有上述任何不适，应限制其运动，并做进一步检查。

(四) 运动损伤的应急处理

1. 骨折

骨折指人体的骨骼部分或者完全断裂。大多数骨折是因受到强力的冲击造成的。发生骨折后，骨折部位有疼痛感，并伴有肿胀、淤血和变形，人的活动受到限制，无法负重，严重的还会出现出血、休克、感染和内脏损伤等。

骨折的紧急处理方法如下：

(1) 使患者平卧，不要盲目搬动患者，更不能对受伤部位进行拉拽、按摩。

(2) 检查受伤部位，及时就地取材，选用树枝、木板、木棍等，对受伤部位进行固定，防止伤情加重。

(3) 没有固定的物品时，对受伤的上肢可以用手帕、布条等悬吊并固定在其胸前，下肢可以与未受伤的另一下肢捆绑固定在一起。

(4) 开放性骨折，即骨折处皮肤或黏膜破裂，骨头外露，要注意保持伤处清洁，防止感染。

(5) 做完应急处理后，应立即送往医院救治。注意运送途中不可碰撞受伤部位，避免人为加重伤情。

2. 扭伤、拉伤

出现内伤，如关节扭伤、肌肉拉伤、挫伤等，可做如下处理：

(1) 立即进行冷处理，即用冷水冲局部或用毛巾包裹冰块冷敷，然后用绷带适当用力包裹损伤部位，防止肿胀。

(2) 放松损伤部位肌肉，并抬高伤肢的同时，可服用一些止疼、止血类药物。24～48 小时后拆除包扎。根据伤情，可外贴活血和消肿膏药、适当热敷或用较轻的手法对损伤局部进行按摩。

(3) 拉伤、扭伤严重者，应及时送医院治疗。

3. 流血

在运动时碰伤了身体，往往会流血不止，特别是鼻子最容易出血。出现这些情况时，应采取下列措施：

(1) 四肢或手指出血，应马上用一块干净的纱布或较宽的干净布条将伤口紧紧包扎住。如有条件，最好先喷洒一些云南白药在伤口上，再包扎。

(2) 如果是鼻子出血，可以把头仰起，用手指紧压住出血一侧的鼻根部，一直到不出血为止。如果有干净棉球，可以把棉球塞进鼻孔里压迫止血。另外，可以用冷水浇在后脑部，这样会使血管收缩，从而达到止血的目的。

(五) 运动处方

科学、合理、有效的运动处方可以增进食欲，增加心脏泵血，促进胃肠蠕动，改善微循环，加强营养素的吸收和利用，能预防和减少冠心病的发作，减少胆石症的发生，防治便秘等疾病，降低死亡率和致残率。以下是部分疾病的运动处方。

1. 心血管疾病

(1) 运动强度。最大心率的 50%～70%；运动时间：30～60 分钟；运动频率：3～7 次/周；运动类型：步行、骑车、爬山、游泳、乒乓球、羽毛球、太极拳或医疗体操等皆可。

(2) 注意事项。合理运动与药物治疗相结合。生活有规律，劳逸结合，戒烟戒酒，控制体重和调整饮食习惯，忌高盐、高脂、高糖，合理补充水分(少量多次原则）。除初期高血压患者外，应在专业人士指导下进行，预防并发症，并根据身体状况适当调整运动处方。

2. 消化系统疾病

（1）运动强度。有氧和无氧运动都可促进消化系统机能，加强营养素的消化和吸收，可根据运动者的年龄和锻炼情况而定。运动时间：30 分钟以上；运动频率：3～7 次/周；运动类型：步行、骑车、爬山、游泳、乒乓球、羽毛球等皆可。

（2）注意事项。建议饭前 30 分钟不进行剧烈运动，饭后至少休息半小时以上再参加运动，剧烈运动最好安排在 2 小时以后。

3. 肥胖症

（1）运动强度。最大心率的 60%～70%，初学者或体重过度肥胖者可从 50%开始；运动时间：30 分钟以上；运动频率：5～7 次/周；运动类型：跑步、骑车、爬山、游泳、划船等，也可练习有氧体操、球类运动等。推荐跑步和游泳，跑步可控制运动强度，游泳可增加能量消耗。

（2）注意事项。适当节食（减少高热量食物的摄入，用低热量食物代替），但勿过度节食。肥胖者不宜一开始就大负荷运动，运动量应循序渐进，逐步增加。建议每周的体重减少不要超过 1 千克，快速减重可能会造成机体严重脱水，有害健康。此外，一定要持之以恒，“三天打鱼，两天晒网”无助于减肥和健康。

4. 骨质疏松症

（1）运动强度。最大心率的 50%～70%；运动时间：30～60 分钟；运动频率：3～7 次/周；运动类型：有氧训练和无氧训练相结合。无氧训练以中低强度为宜，采用各种力量健身器械进行练习。有氧训练，可以是跑步、骑自行车或有氧健身操等。

（2）注意事项。多摄入含钙量高的食物。多开展户外运动，适量接受紫外线的照射，有益于钙质的吸收。力量练习对机体钙质的沉淀效果更为明显。另外，运动后要杜绝饮用碳酸饮料。因为，这样会加速钾和钙离子的流失，增加骨质疏松症的发生概率。

小贴士

几种心理缺陷的运动治疗方法

有针对性地选择运动方式，是纠正个人心理缺陷，培养健全人格的有效的训练方法。

1. 胆怯

运动处方：选择游泳、溜冰、拳击、滑雪、单双杠、跳马或平衡木等运动项目。

理由：这些活动要求人们必须不断地克服害怕摔倒、跌痛等心理畏惧感，以勇敢、无畏的精神去战胜困难。

2. 紧张

运动处方：选择竞争激烈的运动项目，特别是足球、篮球或排球等比赛活动。

理由：赛场上风云变幻，紧张而激烈，只有拥有沉着冷静的心态，才能从容应对，取得胜利。

3. 孤僻

运动处方：选择足球、篮球、排球或是接力跑、拔河等团队性体育项目。

理由：坚持参加这些集体项目的锻炼，能增强自身活力和与人合作的团队精神，这样就可以逐步适应与同伴、同事的交际与往来。

4. 犹疑

运动处方：选择乒乓球、羽毛球、网球、跳高、跳远、击剑或跨栏等项目。

理由：以上项目要求运动者头脑冷静、思维敏捷、判断准确、当机立断，任何多疑、犹豫、动摇都可能导致失败，可以帮助人们培养果决的性格品质。

5. 急躁

运动处方：选择长距离散步、骑自行车、下象棋、打太极拳、慢跑、游泳或射击等运动项目。

理由：这些运动强度不高，强调持久性和耐力。长期从事这样的运动，可以帮助调节神经系统的活动，增强自我控制能力，从而达到稳定情绪、克服焦躁的目的。

6. 自卑

运动处方：选择俯卧撑、广播操、跳绳或跑步等。

理由：这些运动简单易行，有助于舒缓绷得过紧的神经，不断提醒自己"我还行"。坚持锻炼，自信心一定会逐步增强的。

7. 自大

运动处方：选择跳水、体操、马拉松等项目，或者找一些实力水平远超过自己的高手，进行象棋、乒乓球、羽毛球等项目的较量。

理由："天外有天，人外有人。"多体验运动的艰难，有助于克服自负、骄傲的缺点。

此外，运动要想达到心理转化的目的，必须要有一定的强度、质量和时间要求,并注意循序渐进。选择何种项目,应该视各人自身的情况来确定,做到有的放矢,千万不要强求!

三、情绪与健康

人吃五谷杂粮,不可能不生病。疾病既包括躯体疾病,也包括身心疾病。躯体疾病均为明确的器质性病理过程或已知的病理过程。而身心疾病又称心理生理疾患,也会有躯体症状,但心理因素在其发生、发展、转归和防治上则起着至关重要的作用。

国际维多利亚会议的健康宣言中的第三块基石就是心理状态问题。临床医学研究也表明,良好的情绪是维持人的生理机能正常进行的前提。因此,注意心理卫生,保持精神愉快,具有积极的医疗保健作用。现实生活中,那些拥有良好心态的人更容易感受到幸福。

(一) 心灵对身体健康的影响

人是一个整体。肉体与心灵是一个人的两个基本部分,两者息息相关,互为关联。肉体往往影响到精神与情绪,但更真实的是,人的身体是受心灵支配的,精神与情绪对肉体有更大的影响。一个健康的人不但要有一个良好的身体状况,还要有健康的情绪、健康的思想与健康的人生观。因为,真正的快乐,潜伏于我们的内心。心态放松、无拘无束、淡泊名利有益于人体的健康;而烦躁、紧张、焦灼、不安、沮丧、忧郁、恐慌、怨怼或愤怒等不良情绪则有害于我们的健康,以致百病相随。把这些不良的情绪释放出去,就会关注到很多人生的美好,发现生活的乐趣。而当有了这种乐趣以后,就不会失去生命中最珍贵的健康了。

(二) 该笑时笑

所有动物中,只有人类会笑。心理学家认为,笑有助于在人类脑部建立新的连接,将负面情绪转化为正面情绪。俗语说:“笑一笑,十年少。”“十年少”指的是一种心态。“生活在别处”,笑口常开,健康常在。

笑,是最好的药。笑,成了健康的标志。笑,还能延年益寿。女性平均比男性多活 6 年半,原因之一在于女性爱笑,男性会装严肃,故意不笑。所以,多笑一笑吧,毕竟,我们活着是为了快乐。

(三) 该哭时哭

哭泣，可以疏导情绪的压力，有益于身体的健康。因此，哪怕是男儿，有泪也该弹。让眼泪来抒发心中的忧伤和难过是很正常的心理排解渠道，没必要把“掉眼泪”当作耻辱来看待。

(四) 避免生气

如果希望保持健康的身心，就不要轻易动怒，学会避免一切心灵的恼怒和吹毛求疵的指责。也没有必要拿别人的缺点和错误来惩罚自己。要知道，发一个小时的脾气，比做一个星期的工作要付出更大的代价。短短一分钟的嫉妒，会比喝一杯毒液更伤身体。《三国演义》里诸葛亮三气周瑜，最后周瑜被活活气死了。能怪谁呢？生气对人的危害太大了！

内心的平和坦荡、知足的愉悦感是健康的重要因素。假如心里充满了成见、疑虑、厌恶和畏惧，再结实的身体，也会被这些负面的因素拖垮的。

小贴士

心理学会提出五个避免生气的方法

1. 淡化

多读书，多学习。仰望浩瀚的宇宙，个体的生命短暂而稍纵即逝，无论有多大的荣耀和成就，也会发现自我的渺小与微不足道，只是浩瀚苍穹中的一个过客而已。如此，个人的情绪也就自然会在顷刻间化为乌有了。

2. 转移

有些人有些事的对和错很难一下子道得清、说得明，那么就没有必要与之争论。去做自己感兴趣的事情吧，例如阅读、下棋、钓鱼、舞蹈、画画等，怡然自得，乐在其中。

3. 释放

有心事、有情绪，不要憋在心里。闷在心里长时间无法排解，要么会令人无法承受这种压力而痛苦，要么会突然采取可怕的方式爆发。可以找知心朋友一吐为快，也可以用文字的方式进行自我解脱。

4. 升华

干得好才是真本事。受到他人的贬低或排斥，没有关系，你可以通过实际行动来证明自己的能力，让他人不得不叹服。

5. 控制

古语说："身正不怕影子斜""任凭风浪起，稳坐钓鱼船""宽其心容天下之物，虚其心受天下之善，平其心论天下之事，潜其心观天下之理，定其心应天下之变"。学会控制自己的情绪，做到内心安定、淡然平和，就不会生气了。

四、饮食安全

一直以来，人们就认识到不洁或腐败的食物对身体的危害性，所以总结出了"病从口入"的古训。可见，饮食的科学性对人体的健康十分关键。

(一) 大学生食品安全知识和行为现状

调查发现，大学生对有机食品、绿色食品和无公害食品的了解不多，对食品质量准入制度较为生疏，对食品卫生安全认识不够深入，对食品卫生安全法律法规也同样不够明了，如《食品卫生法》《餐饮业食品卫生管理办法》和《食品标签法》等。在购买包装食品时，留意生产日期、保质期、生产厂家、配料表和 QS 标志的大学生不多。当自身权益受到侵害时，多数大学生会选择放弃索赔，主要原因是权益无法快速得到维护。作为大学生，应该多了解些食品安全方面的基本常识、行为和法律法规，以保障饮食安全。

(二) 食物中毒

食物中毒是食源性疾病中的一种，是指由于食用了本身有毒的食物，或被细菌污染后腐败变质的食物，或被有毒化学物质污染的食物后而发生的，以急性过程为主的疾病。

1. 食物中毒的特点

食物中毒一般具有潜伏期短、发病突然、来势凶猛的特点。在较短的时间内，大量进食过相同食物的人会同时发病，少则几人、几十人，多则数百人、上千人。此症在人与人之间无传染性，停止进食有毒食品，发病就会很快停止。未共同进食者不发病。

2. 食物中毒的潜伏期

根据中毒种类的不同，潜伏期可从数分钟到数十小时不等。通常，化学性食物中毒的潜伏期较短，细菌性食物中毒的潜伏期较长。大多数食物中毒的患者进食后 2～24 小时发病。

3. 食物中毒的症状

患者都有相似的，以消化道症状为主的临床特征。根据中毒者的体质强弱及进食有毒物质的多少，症状的轻重会有所不同。例如，大多数细菌性食物中毒的患者有以发热、头痛、恶心、呕吐、腹痛或腹泻等为主的急性胃肠炎症状，严重者可因脱水、休克、循环衰竭而危及生命。

4. 食物中毒的类别

常见的食物中毒有化学性食物中毒、细菌性食物中毒、真菌毒素食物中毒、动物性食物中毒、植物性食物中毒等。其中，细菌性食物中毒的季节性较明显。我国南部地区 5～10 月气温较高，适宜细菌生长繁殖，是细菌性食物中毒的高发时期。大部分的化学性食物中毒和动植物性食物中毒的季节性不明显。

（三）校园食物中毒的应急处置

据调查，食物中毒绝大多数发生在春、秋两季。发生时，千万不能惊慌失措，应针对引起中毒的食物以及食用的时间长短，及时进行催吐、导泻、解毒，尽快洗胃和排出胃肠道内的有毒物质。

如果经过上述急救，症状仍未见好转，或中毒较重者，应尽快送医院治疗。在治疗过程中，要给患者以良好的护理，尽量使其安静，避免精神紧张，注意休息，防止受凉，同时补充足量的淡盐开水。

（四）预防食物中毒的十条黄金原则

1. 选购安全的食品

不贪便宜，不买价低质差的食品。生吃水果要洗净削皮。不需削皮或无法削皮的水果，如草莓、桑椹、杨梅、樱桃等，应先用清水冲洗，再用淡盐水浸泡半小时后食用。直接入口的食品要有包装袋。不喝生牛奶。不吃被有害化学物质或放射性物质污染的食品。不吃变质、腐烂的食品。不吃生的海鲜、河鲜、肉类等。不吃病死的禽畜肉。不吃河豚、生的四季豆、发芽土豆和霉变甘蔗等。慎食野生菌类。不到无卫生设施、卫生条件差的小摊上购买羊肉串、臭豆腐、熟菜等食品。尽量少吃凉拌菜，特别是夏季，即使食用也应现做现吃。少吃或不吃隔夜、隔餐菜。

2. 食品要煮熟烧透

彻底加热能杀灭污染食物的各种病原体。要记住，食品的所有部分的温度都必须达到 70℃以上。冷冻食品在烹调前必须彻底解冻。

3. 烹调好立即进食

做熟的食品冷却至可食用的温度时，微生物开始繁殖。时间越长危险性越大。为了安全起见，就要趁热进食刚做好的食物。

4. 小心储存熟食

提前制作熟食或保留吃剩的食品，如果存放 4 小时以上，必须把这些食品放在 60℃以上或 10℃以下的地方存放，以免微生物在适宜的温度下孳生，并迅速繁殖到致病水平。

5. 彻底再加热熟食

熟食在隔餐、隔夜后，食用前，须彻底加热。加热时，不要把新、旧食物放在一起。注意食物的所有部分都必须至少达到 70℃。

6. 避免生、熟食品交叉污染

熟食与生食稍有接触就能被污染。这种交叉污染可能是熟食与生的家禽、肉、鱼直接接触时发生的，也可能是接触未清洗干净的案板、刀具、容器等。交叉污染可能会引起微生物繁殖和患疾病的潜在危险。电冰箱存放食物时，也一定要生熟分开，熟食宜加盖保鲜膜后放在上层，生食宜存放在下层。同时，生食的蔬菜、水果等一定不要与生的家禽、肉、鱼等接触。

7. 重视个人卫生

做饭前或每次间歇后，都必须将手洗干净。在处理鱼、肉、家禽等生食后，必须再次洗手，才能处理其他食物。饭前便后要用肥皂或流水洗手。

8. 保持厨房用具的清洁

制作食品的任何用具与食具的表面都必须保持绝对干净。切过生食的菜刀、案板不能用来切熟食。厨房的抹布应该经常更换，并每隔三四天煮沸消毒。清洁地面的拖把也应经常清洗。

9. 避免苍蝇、蚊子、蟑螂、鼠类和其他动物污染食品

各种昆虫、动物常常携带食源性疾病的微生物。例如苍蝇素有微型“细菌弹”之称。一只苍蝇能携带痢疾、淋病等 60 多种病原体，且还包括各种肠道寄生虫。

10. 使用清洁水

制作食品和饮水，使用净水十分重要，最好要事先煮沸。

小贴士

讲卫生的误区

在日常生活中，许多人的“卫生习惯”实际上并不科学。

1. 用白酒消毒碗筷

医学上用于消毒的酒精度数为 75%，而一般白酒的酒精含量在 56%以下。

所以，用白酒擦拭碗筷，根本起不到消毒的作用。

2. 将变质的食物煮沸后再吃

医学证明，细菌在进入人体之前分泌的毒素非常耐高温，是不容易被破坏分解的。因此，加热处理变质食物并不能消除其毒素。

3. 用白纸或报纸包食物

白纸看似干净，其实残留着不少漂白剂或带有腐蚀作用的化学物质。而报纸上的油墨或其他有毒物质，对人体危害极大。

4. 用卫生纸擦拭餐具与水果

化验表明，许多卫生纸消毒并不好。即使消毒较好，也会在放置的过程中被污染。所以，用卫生纸来擦拭碗筷或水果并不卫生。

5. 用抹布擦桌子

实验显示，抹布藏污纳垢。因此，抹布应先洗透再用，并应每隔三四天用水煮沸一下。当然，如果使用的是一次性桌布，则可避免抹布所带来的危害了。

6. 长期使用同一种药物牙膏

药物牙膏对某些细菌有一定的抑制作用。但是，如果长期使用同一种药物牙膏，会使口腔中的细菌慢慢地适应，产生耐药性。因此，应定期更换牙膏。

五、疾病防治

案例

复旦大学社会发展与公共政策学院优秀青年女教师、海归、博士、一个两岁孩子的母亲、乳腺癌晚期患者——于娟，于2011年4月19日凌晨3点多不幸辞世，享年32岁。于娟在博客“活着就是王道”中反思自己的生活方式：“我认识的所有人都晚睡，身体都不错，但是晚睡的确非常不好，回想10年来，基本没有12点之前睡过，学习、考GT之类现在看来毫无价值的证书、考研是堂而皇之的理由，与此同时，聊天、网聊、BBS灌水、蹦迪、吃饭、K歌、保龄球、一个人发呆填充了没有堂而皇之理由的每个夜晚，厉害的时候通宵熬夜。”于娟感慨：“在生死临界点的时候，你会发现，任何的加班（长期熬夜等于慢性自杀），给自己太多的压力，买房买车的需求，这些都是浮云。如果有时间，好好陪陪你的孩子，把买车的钱给父母亲买双鞋子。不要拼命去换什么大房子，和相爱的人在一起，蜗居也温暖。”

像于娟这样的例子不胜枚举。但悖论是，如不亲身经历，大多数人还是会将自由当作放纵的机会，不会“悔改”，继续自己的错误与疏忽：吸烟、酗酒、饮食不节制、营养不良、睡眠不足、缺乏锻炼、操劳过度、情绪失衡、生活没有规律、不安全的性生活等。而每一个轻率的行为，均是对生命的透支，是对自己健康的滥用与虐待，都是在促使死亡的快速降临。

从生物医学的视角来看，疾病是指在一定的环境条件下，人体的免疫、代谢、调节、适应等功能与致病因素相对抗处于劣势时，人体内发生的病理过程。从医学人类学的视角来看，疾病不再被认为是病原体侵入或生理性失调的直接后果，相反，一系列的社会问题，诸如营养不良、缺乏经济保障、职业危机、工业污染、不标准的住房、自然生态的恶性变化等都会使人们患病。许多病痛、畸形、残废，就是生活环境使然。因而，疾病既是生物性的，又是社会性的。

医疗卫生服务不仅仅是用药品与设备来同疾病做斗争，预防疾病比治疗疾病更具有重要意义。正如美国哈佛大学公共卫生学院的马吉德·埃扎蒂博士所言：“减少致癌因素，三分之一的癌症死亡可以避免。减少癌症死亡率，预防比医疗技术要有效得多。”

目前，大学生的健康状况令人担忧。大学生疾病的构成，一方面与其自身的生活方式、饮食习惯甚至心理因素有关，另一方面也与其所处的生态环境和社会环境相关。中国自古就有“上医治未病”的观点。如果能够让大学生树立正确的健康观和生命观，掌握与疾病相关的知识，不断修正大学生的健康观念和行为，则其健康水平可以大为提高。

(一) 大学生常见疾病及其预防措施

从调查统计和分析来看，由于卫生知识的缺乏和不良生活习惯，例如吸烟、酗酒、熬夜、作息无常、睡眠不足、心理障碍、长时间上网、饮食不规律、缺乏体育锻炼等因素，大学生近视、龋齿、智齿冠周炎、颈腰椎病、阑尾炎、失眠及神经衰弱、软组织挫伤及关节扭伤等疾病的发病率呈逐年上升趋势。另外，还有痤疮、慢性前列腺炎、肺炎、慢性支气管炎、支气管哮喘和高血压等。由于这些疾病均为常见病，一般没有生命危险，因而也很容易遭到忽视。

1. 近视

近视是大学生中最常见的疾病，基本上在进入高校前已经形成。主要原因是中小学时期课业过多，不懂得合理安排学习时间，近距离用眼时间过长。特别在电脑、手机已经成为日常生活中不可缺少的一部分时，眼睛长时间停留在电脑或手机屏幕上，也会造成眼睛过度疲劳，容易患近视。

预防措施：在良好的采光和照明条件下，坐姿正确，不弯腰弓背，注意用眼卫生，眼睛和书本之间保持适当的距离。用眼一小时后，应适当休息5～10分钟，可以闭目养神，可以参加户外活动，也可以遥望远方或冥想于大自然中，让眼睛得到充分放松。不要突击性完成大量作业。上网、用手机应懂得节制。

2. 龋齿

龋齿又称蛀牙，是由细菌、食物等多种因素综合作用后，牙釉质变软破坏，发展成龋洞。继发细菌感染时会出现牙髓炎、根尖炎，可持续疼痛。龋齿不但破坏牙齿，还可作为感染源引发细菌性心内膜炎、风湿性心脏病、关节炎、肾炎等。

预防措施：注意口腔卫生，养成早晚正确刷牙和饭后漱口的习惯，定期检查口腔，早期治疗浅龋。

3. 智齿冠周炎

大学生正处在智齿萌出的年龄段，常因智齿位置不正及冠周龈袋内食物残渣导致细菌滞留，引起牙龈红肿，患牙区剧痛，开口障碍，面部肿胀，颌下淋巴结肿大，严重时可发热，头痛。

预防措施：同龋齿。

4. 颈腰椎病

大学生颈腰椎病的原因，主要是长期使用电脑或长时间低头使用手机。长时间的固定端坐体位，脊柱被动保持一定弧度，造成脊柱的静态失衡，颈后群肌肉及腰背肌肉长时间处于紧张状态，局部血流障碍，造成骨骼肌疲劳、损伤。

预防措施：上网、用手机应懂得把控尺度和分寸，不要长时间使用，应多参加户外活动或体育锻炼，劳逸结合。

5. 阑尾炎

阑尾炎是消化系统疾病，主要以急性阑尾炎为主。大学生正处在阑尾炎发病高峰年龄段。另外饮食习惯、生活方式、精神紧张、便秘等会导致肠功能紊乱，妨碍阑尾的血循环和排空，为细菌感染创造条件，从而形成阑尾炎。

预防措施：饮食有规律，改正不良的饮食习惯，如暴饮暴食，养成良好的生活习惯。注意饭后不要立即运动。

6. 失眠及神经衰弱

失眠指睡眠不好，包括难以入睡、梦多、不能深睡。研究充分表明，大学生的睡眠时间一般不得少于每天7小时。

神经衰弱是神经症中最常见的一种。这是一种以精神容易兴奋和脑力容易疲乏为主要症状的隐性疾病，常伴有情绪烦恼和一些心理、生理症状，如头晕、头痛、失眠，有的则是听课注意力不能集中，容易疲劳等。

大学生失眠及神经衰弱常见的原因包括学业繁重，学习方法不当，考试成绩不理想，失恋，找工作、考试精神压力大，环境嘈杂，作息时间不协调或缺乏体育锻炼等。

预防措施：了解生理知识，提高心理素质，尽快适应大学生活。凡事不偏执，不钻牛角尖，不对自己提出不切实际的要求。用积极的心态看待竞争、家庭和社会等问题。要知道，人生犹如潮水一样起起落落，有高潮就有低潮。尽力了，问心无愧就好。

7. 软组织挫伤及关节扭伤

软组织挫伤及关节扭伤是新生及体育专业学生的多发病。在运动量较大的体育课、剧烈的体育活动和竞赛中容易发生此病。另外，生活中粗心大意也会导致此病，如从楼梯上摔下等。

软组织挫伤、关节扭伤、肌肉拉伤等不同部位、不同程度的外伤，其共同点是疼痛，或伴有不同程度的功能障碍，严重者可能会造成残疾。肩关节、肘关节、腕关节、膝关节、踝关节等都容易扭伤，平时需要多加注意。

预防措施：运动具有很强的科学性，了解和掌握一些必要的体育常识、医学知识、人体解剖学知识及运动时的自我保健知识非常重要。平日，应循序渐进地开展一些体育锻炼，增强身体素质。运动前，要做好充分的心理准备和热身活动。运动姿势一定要规范，姿势不规范很容易受伤，如球类比赛中碰撞伤。不要进行超负荷、高强度的运动，以免超出自己的生理极限。生活中，应谨慎行事，避免因匆忙急躁、疏忽大意而受伤。

8. 痤疮

大学生新陈代谢快，皮脂腺分泌旺盛，当皮脂腺和毛囊发生慢性炎症时，即形成痤疮。痤疮好发于面部和胸背部，可形成粉刺、脓疱、结节、囊肿等。

预防措施：保持皮肤清洁，少吃油腻及甜食，多吃蔬菜、水果，防止便秘。形成粉刺时，不要随便挤压，防止感染、炎症扩散或留下永久疤痕。

9. 慢性前列腺炎

慢性前列腺炎是大学生泌尿系统中常发的一种疾病，多见于男性。临床表现为尿频、尿急、尿不尽、尿线变细、排尿无力、尿痛，尿道口常有溢液，并伴有会阴、腰背、耻骨上区等部位的隐痛不适。由于大学生都是20岁左右的年轻人，泌尿系统方面的疾病多半羞于启齿。

预防措施：避免长期座位使用电脑、熬夜，改正一些不良的生活习惯，如吸烟、饮酒等，应经常去户外参加体育活动或锻炼。患有初期症状时，不要隐瞒或者自行去药店购买药品，导致延误病情，而应及时到正规的医院进行检查治疗。

10. 肺炎

肺炎是指肺泡和肺间质的炎症。不是所有的肺炎都具有传染性，只有极少数的肺炎会传染，如2003年爆发的SARS。临床症状主要表现为：以突然寒战发病，继而出现高热，常伴有头痛、全身肌肉酸痛，食量减少等症状；持久干咳，继而咳出白色黏液痰或带血丝痰，进入后期痰量增多，痰黄而稀薄；胸痛剧烈，疼痛感随咳嗽或深呼吸而加剧，可扩散至肩或者腹部；呼吸快而浅，且困难。

预防措施：注意防寒保暖，根据天气变化，随时更换衣物。戒烟，避免粉尘和一些刺激性气体吸入体内。增强体质，提高自身的免疫力。合理膳食，保持良好的心态。接种肺炎疫苗。

11. 慢性支气管炎

慢性支气管炎指气管、支气管黏膜及其周围组织的慢性非特异性炎症。主要临床症状表现为咳嗽、咳痰或伴有气喘等，发病时间连续两年以上，每年持续时间三个月以上。早期症状轻微，多发病于春初和秋末，春末和夏季症状缓解。晚期因炎症加重，可常年存在。目前，该病的病因还不是完全清楚，一般认为是多种因素长期共同作用的结果。外因包括气候、过敏源、理化因素、感染和吸烟等；内因则包括呼吸道局部防御及免疫功能降低、自主神经功能失调等。

预防措施：在天气变冷的季节，应注意保暖，预防感冒。坚持体育锻炼，提高身体素质和抗病能力。注意防止粉尘、烟雾和刺激性气体刺激呼吸道。不吸烟，且尽量避免被动吸烟。

12. 支气管哮喘

支气管哮喘是一种常见的肺部过敏性疾病，分为外源性和内源性支气管哮喘。该病的病因主要包括遗传因素和环境因素两个方面。

患者在接触灰尘、烟雾等刺激性物质之后发作，主要症状表现为喘息、胸闷、气急和咳嗽等，少数患者伴有胸痛。多数患者可通过治疗得到缓解或自行缓解。支气管哮喘的反复发作，可导致慢性阻塞性肺疾病、肺气肿、肺心病、心功能衰竭、呼吸衰竭等并发症。

预防措施：根据气温变化，注意添减衣服，避免受凉，预防感冒。该病属于冬病夏治，冬季及气温变化较大的季节容易发作，而炎热的夏季是该病的最佳治疗季节。另外，该病一旦发作要及时治疗，以免病情恶化，引起严重威胁患者生命安全的并发症。

13. 高血压

近年来大学生患高血压有增多趋势，主要为原发性高血压，收缩压大于140 mmHg或舒张压大于90 mmHg，多在体检时被发现。少数患者有头晕、头痛、心悸、疲劳表现。

预防措施：一旦确诊为高血压，需要改善生活行为方式，如合理膳食、作息规律，适当参加体育锻炼，并在此基础上长期应用降压药，及时监测血压，以免引起并发症。

（二）大学生常见传染性疾病及其预防措施

传染性疾病不同于一般的疾病，它是由细菌和病毒等病原体引起的，能在人与人、动物与动物或人与动物之间相互传播，或是爆发流行的疾病。在漫长的历史长河中，传染性疾病一直是人类健康的主要杀手，给人们带来了严重的疾病负担和心理压力，制约着经济社会的发展。进入21世纪以来，各种各样的传染性疾病仍不断挑战着人类的健康，像流行性感冒、结膜炎、皮肤真菌感染、肺结核、阴虱病、艾滋病和性病等。

大学校园是人口密度相对较大的场所。集体住宿、集体就餐人数众多和传染性疾病防治知识的匮乏是造成校园突发公共卫生事件的主要原因。如学生寒暑假返校，可能会将外地的传染源带至校内。一旦传染性疾病疫情暴发、蔓延或流行，将必然危害到大学生的身心健康、学校的教学和安全等。

对传染性疾病要做到早发现、早报告、早隔离和早治疗。在传染性疾病流行期间，积极通过免疫接种，如接种乙肝疫苗、卡介苗，获得相应传染病的特异性免疫力，并避免或减少与传染源的接触。服用预防药物是降低传染病发病率的有效方法。

1. 传染性疾病流行的环节

传染性疾病流行有三个基本因素，三者共同存在，并相互作用。

(1) 传染源。能排出病原体的人和动物都是传染源，包括患者、生病好转的人、表面健康而带有病原体的人和患病的动物。如老鼠、猫、狗、鸡能传播鼠疫、狂犬病、流行性出血热、禽流感等。那些表面健康，没有临床症状而带有病原体的人更容易成为传染源。

控制传染源的主要措施为，对传染源要早发现、早隔离、早治疗。例如，新生入学时要体检，入学后要定期体检，对传染病的密切接触者要进行检疫，对患者要进行有效的隔离治疗。

(2) 传播途径。传播途径是指病原体离开传染源重新侵犯另一机体所经历的途径。

① 水与食物传播。水与食物传播是指病原体通过粪便排出体外，污染水、食品或餐具，之后进入消化道而引起的疾病。如伤寒、细菌性痢疾、甲型病毒性肝炎、脊髓灰质炎等疾病是通过这种方式传播的。

② 虫媒传播。虫媒传播是指病原体在昆虫体内繁殖，完成其生长周期，通过不同的侵入方式进入易感者体内，又称生物传播。蚊、蜱、虱、蚤、恙虫、蝇等昆虫是重要的传播媒介。例如，蚊传播疟疾、丝虫病、流行性乙型脑炎，蜱传播回归热，虱传播斑疹伤寒，蚤传播鼠疫，恙虫传播恙虫病等。病原体通过蝇等昆虫机械携带，传播于易感者则称机械传播，如伤寒、细菌性痢疾的传播等。

③ 空气飞沫传播。空气飞沫传播是指病原体由传染源通过咳嗽、喷嚏、谈话排出的分泌物和飞沫，使易感者吸入而受到感染。流感、流脑、麻疹、猩红热、百日咳、肺结核、SARS等疾病是通过这种方式传播的。

④ 接触传播。接触传播有直接接触与间接接触两种传播方式。如皮肤炭疽、狂犬病等为直接接触而受到感染；乙型肝炎的注射受染，血吸虫病、钩端螺旋体病为接触疫水传染，也为直接接触传播。多种肠道传染病通过污染的手传染，为间接接触传播。

⑤ 医源性传播。医源性传播是通过输血、共用注射针头等易受到传染的环节传播疾病。

⑥ 土壤传播。蛔虫等寄生虫卵及破伤风杆菌等细菌的芽孢，可生存在土壤中，侵入人体会引起寄生虫病和破伤风。寄生虫病就是感染寄生虫而引起的疾病，如蛔虫病、饶虫病等。

(3) 易感人群。易感人群是指对某种传染性疾病缺乏抵抗力而易受该病感染的人群。一般情况下，老人和孩子是多数传染病的易感人群。另外，如新生入学、新兵入伍等人口增加，易感者集中，或进入疫区也容易引起传染性疾病的流行。

2. 常见传染性疾病

(1) 流行性感冒。简称流感，是由流感病毒引起的一种急性呼吸道疾病。流感病毒平时寄生在机体的呼吸道黏膜，一旦人体抵抗力下降，病毒就会在呼吸道的上皮细胞繁殖，并且分泌毒素而致病。

流感病毒由飞沫、雾滴，或经污染的用具进行传播。流感的传染性强，流行速度快，以冬、春季为主。轻度流感症状表现为鼻塞、流涕、喷嚏、咽痛、干咳等，重者临床表现为咳嗽、咳痰、畏寒、高烧、头痛、眼结膜充血、全身肌肉和关节酸痛乏力等。

预防措施：经常打开窗户通风换气，保证室内空气流通，减轻室内空气污染程度。开窗还可以让充足的阳光进入室内，从而防止病毒、病菌的滋生与繁殖。讲究个人卫生及公共卫生，如勤洗、勤晒，打喷嚏、咳嗽或清洁鼻子后要洗手，并用清洁的毛巾或纸巾擦干，不与他人共用毛巾。坚持冷水洗脸，提高机体对寒冷的适应能力。定期锻炼身体，增强自身抗病能力。注意锻炼时不要大量消耗体力。避免过度劳累，要充分休息，疲劳以后不要受凉。减轻压力和避免吸烟。气温变化较大时，注意增减衣物，以免降低身体免疫力。在饮食方面，应注意营养均衡，保证营养供给等。避免与流感患者接触，必要时戴口罩或者服用板蓝根等中药进行预防。流感患者应及时治疗，避免造成交叉感染及并发症的发生。发病季节尽量少去公共场所，因为这些地方人多拥挤，空气不好，感染流感的概率增大。

(2) 结膜炎。结膜炎是一种常见的传染性眼病，俗称“红眼病”，是结膜组织在外界和机体自身因素的作用下而发生的炎性反应的统称，多发于春、夏两季。用眼过度很容易造成视觉疲劳，诱发结膜炎。普通感冒、流感、其他细菌或病毒感染也可引起急性结膜炎。虽然结膜炎本身对视力影响并不严重，但是当其炎症波及角膜或引起并发症时会导致视力的损害。

结膜炎感染后数小时即会发病，临床表现多为双眼发病、球结膜充血明显、眼红、眼部刺痒、畏光流泪、有异物感、有灼热痛感、眼分泌物增多、眼睑肿胀，睁眼困难等。一旦发病必须立即治疗，经及时治疗也需一周左右才能痊愈。

预防措施：注意用眼卫生，阅读书写时光线不宜太暗，眼睛与书本保持适当的距离。不熬夜，尽量减少长时间的用眼。注意个人卫生，勤洗手，用流水洗脸，不用脏手揉眼睛，不乱用他人的毛巾、脸盆及其他生活用品。避免近距离接触患有结膜炎的患者，接触后要洗手。洗澡或游泳后应滴消炎眼药水。结膜炎流行期间，尽量不出入公共场所。

(3) 皮肤真菌感染。真菌存于皮肤、衣物、鞋袜内，经接触传播。温暖、潮湿的季节易发病。

大学生中皮肤癣病很多见，尤其是足癣、股癣。临床表现为病变皮肤边缘呈环状或弧形，可伴剧痒，反复发作，伴有鳞屑、丘疹或小水疱。继发细菌感染时可有淋巴管炎和淋巴结炎。

预防措施：独立使用浴巾、拖鞋、澡盆。保持趾间皮肤干燥、清洁。避免直接接触癣菌感染者。

(4) 肺结核。肺结核是由结核分枝杆菌引发的肺部常见慢性感染性疾病。近年有上升的趋势。结核分枝杆菌主要通过肺结核患者的呼吸道排菌，进行传播。肺结核患者常有一些结核中毒症状，临床症状表现为：长期发热、夜间盗汗、疲乏无力、胃纳减退、消瘦、失眠、咳嗽、咳痰、咯血、胸痛、月经失调甚至闭经等。

预防措施：接种卡介苗。增强防范意识，树立正确的人生态度，改变不良的生活行为习惯。不要随地吐痰，无论是患者还是健康人的痰和鼻涕都含有大量的病菌。活动型肺结核患者的一口痰里就有几亿个结核杆菌。吐痰应入痰盂或吐到纸里包起来扔进垃圾箱。针对感染结核菌，并存在发病高危因素的人群进行药物预防。

(5) 阴虱病。阴虱病是由寄生在人体阴毛和肛门周围体毛上的阴虱叮咬附近皮肤，而引起瘙痒的一种接触性传染性寄生虫病。临床表现为：外阴部出现皮疹、瘙痒，抓挠后出现脓疱、渗液、结痂。阴虱病除了可通过性接触直接传播外，还可以通过公共浴池、在外住宿、床单等间接传播。

预防措施：注意个人卫生和公共卫生，勤洗澡，勤换衣。对患者使用过的衣物、床上用品和污染物煮沸或用熨斗熨烫灭虱。患者剃去阴毛，并使用马拉硫磷洗剂涂抹患处，配合使用抗生素预防继发感染。

(6) 艾滋病等性传播疾病。性是人类最基本的生物学特性之一。性的需要源于人类的生物本能，但不同于动物的是，人类在性方面表现出高度的文明化和社会化。青少年健康的性发育和富有责任感的性行为是其享有成年期健康生活的必要基础。

性传播疾病(sexually transmitted diseases, STD)是由性接触、类似性行为及间接接触所感染的一组传染性疾病，在我国简称为性病。性传播疾病包括艾滋病、淋病、梅毒等二十余种。性病是全球范围内影响青少年健康的主要疾病之一。

近年来，随着我国经济的不断发展，人们的性观念、性意识越来越开放，性病发病率居高不下，并且发病年龄逐年降低，其中感染者大部分是青年人。大学生正处于青春发育期，性生理机能日趋成熟，性意识日趋强烈。教育部 2005 年取消了对大学生结婚的限制，大学生的性行为发生率不断上升。但大学生往往缺乏性健康、性行为、艾滋病和其他性传播疾病的认识，因此存在着感染艾滋病和其他性传播疾病的潜在风险，其中包括与艾滋病病毒感染密切相关的吸毒等不安全行为。大学生应避免轻率地卷入危险的性活动中，通过行为干预来预防艾滋病、性病是完全可以做到的。

① 艾滋病。艾滋病，即“获得性免疫缺陷综合征”，英文 acquired immune deficiency syndrome 的缩写“AIDS”，是指由艾滋病病毒(HIV)引起的人体免疫

功能的严重缺损而造成人体抵抗力极度低下，致使合并多种感染和罕见肿瘤的慢性综合性传染疾病。艾滋病从最本质上讲是行为病、社会病。它传播流行的主要原因是不良的性行为以及缺少必要的防治知识。

世界上第一个艾滋病病例是1981年12月1日诊断出来的。世界卫生组织将这一天定为“世界艾滋病日”，其标志为红丝带。艾滋病患者常常百病缠身，大多死于继发性感染或肿瘤。由于艾滋病传染性强，死亡率高，因而被称为“超级癌症”。

目前我国艾滋病感染者大概有84万人。随着国内外人口的大量流动，艾滋病疫情逐渐蔓延，已从流行初期的局部地区向全国播散，从高危人群向一般人群传播。艾滋病的流行给中国经济发展和社会稳定带来极大的危害，已成为严重的公共卫生安全问题。

全世界很多地区新增的艾滋病病毒感染者病例主要集中在青少年和学生人群。我国79%的艾滋病病毒感染者是20～40岁的人群，流行的人群分布有年轻化的趋势，其中在校大学生是预防和控制艾滋病流行的重要目标人群。

虽然，世界各国对艾滋病治疗的研究都有了重大进展，已经明确了该病的病原体、传播途径及发病机制，但目前仍然没有能够彻底治愈艾滋病的疫苗、药物和有效的治愈方法。很多人在罹患艾滋病后消极、颓废，甚至放弃治疗，也使普通大众对艾滋病患者避之不及。

艾滋病的传播途径：第一，血液途径感染。通过共用未消毒的注射器和针头注射毒品，输入含有艾滋病病毒的血液或血液制品，使用未经消毒或消毒不严的各种医疗器械，如针头、针灸针、牙科器械、美容器械，或共用牙刷、剃须(刮脸)刀等都可能感染艾滋病。第二，性交感染。已感染艾滋病病毒者的精液和阴道分泌物中含有大量的艾滋病病毒，因此艾滋病很容易在同性或异性之间传播。第三，母婴途径感染。母亲感染艾滋病病毒后，其血液和乳液中就会含有艾滋病病毒，加上婴幼儿免疫系统还未发育成熟，抗病能力弱，在妊娠、分娩、哺乳时都会把艾滋病传染给胎儿或婴儿。

艾滋病的临床表现：第一，艾滋病病毒感染期，没有症状，或可查见淋巴结肿大。第二，艾滋病相关综合征可见过敏反应迟钝、黏膜损坏、皮肤病、发热、体重减轻等。第三，艾滋病期，致病能力很低的细菌、病毒也能引起患者的肺、胃、神经、肠道、皮肤黏膜和全身性感染。其中以肺部感染最多，多为卡氏肺囊虫肺炎，表现为发热、咳嗽、呼吸困难。卡波济肉瘤是艾滋病的另一个标志性体征，下肢皮肤出现深蓝色或紫色斑丘疹或结节，少数可累积上肢、面部和内脏。此外，艾滋病还可伴发白血病、口腔癌和肝癌等。

艾滋病的预防措施。健康的生活方式和行为习惯不仅能预防艾滋病的发生，而且能提高人的生命质量，也是个人素质的一种体现。对于艾滋病，必须通过切断传播途径这一手段进行行为干预。

第一，遵守法律、纪律和道德，洁身自爱，培养高尚情操，反对性乱，树立健康积极的恋爱、婚姻、家庭和性观念，做忠诚的人。第二，不搞卖淫、嫖娼等违法犯罪活动。第三，抑制对毒品的好奇心，提升戒备心，远离毒品，不以任何方式吸毒。第四，不使用未经检验的血或血制品，特别是进口血制品，非必要情况下不进行输血。第五，在平时生活中，培养自我防护意识。治疗疾病时，选择正规的医院，不去消毒不严格的医疗机构打针、拔牙、针灸、美容或手术，注射时不与别人使用同一针管、针头。第六，注意卫生，养成良好的生活行为和习惯，不共用牙刷、剃须(刮脸)刀。避免在日常工作、生活中沾上伤者的血液，尤其是皮肤、眼睛或口腔接触到伤者的血液。第七，据调查研究发现，正确使用安全套有助于避免感染艾滋病，还可以减少感染其他性病或者防止意外怀孕的概率。第八，患有性病后，应及时、积极地进行治疗。否则，已存病灶会增加艾滋病感染的危险。

按照我国民法规定，艾滋病病人、病毒携带者都有生命健康权、自主权、保密权、隐私权和知情同意权，并享有法律规定、道德认可的其他公民权利。经医学证明，以下途径不会感染艾滋病：第一，艾滋病不会通过空气、饮食、水传播，不会通过一般社交或工作接触传播。第二，艾滋病不会通过咳嗽、打喷嚏、流鼻涕、共同进餐、谈话、乘车、礼节性的握手、拥抱或接吻等传播。第三，艾滋病不会通过公共娱乐和服务场所传播，如公共游泳池、公共浴池、公共厕所、理发室、美容院、宾馆、酒店、餐厅或食堂等传播。第四，艾滋病不会通过集会、游行、看电影、逛商店或在人群众多拥挤的场所，如学校集体学习和生活的环境中传播。第五，艾滋病不会通过纸币、硬币、票证及蚊蝇叮咬等传播。即使与艾滋病患者同居一室，也不用担心会因蚊子叮咬而被传染。

艾滋病病毒感染者的注意事项。广东省流行病防治研究所副所长林鹏指出，那些已经感染艾滋病病毒的人应当做到：第一，遵守社会公德，尽量减少甚至停止性生活，如果进行性生活则要使用安全套。第二，单独使用牙刷、剃须(刮脸)刀等卫生用品。第三，如遇流血，应及时对血液污染物进行消毒。第四，不捐献血液、精液和组织器官。第五，不能从事生物制品生产、献血及其他与艾滋病传播途径关系密切的工作。第六，注意调节自己的生活，尽可能增强自身免疫力或抵抗力。第七，有义务了解有关防止艾滋病传染和潜伏期可能发生的临床症状的信息，避免或改变高危行为，防止重复感染。第八，出现临床症状应时及时治疗，并如实告诉医生治疗后的情况，避免传染他人。

② 其他性传播疾病。性病，如淋病、梅毒、软下疳、尖锐湿疣、生殖器疱疹、非淋菌性尿道炎等，如果不及时治疗，会导致一些严重的后果。尤其是女性，容易导致宫外孕、盆腔炎、不孕不育、宫颈癌等。

此外，性病还可以促进艾滋病的传播。控制性病的传播对于防止艾滋病进一步扩散具有重要的现实意义。

性病的预防措施为：第一，遵守社会性道德规范，学习性卫生知识，树立正确的性观念，做到洁身自好、严肃人生。第二，推迟性行为的发生年龄。第三，避免计划外怀孕或人工流产。第四，减少性伴侣数，忠诚于性伴侣，每次性行为都采取保护性措施，如正确使用安全套等。

小贴士

1. 疾病预防的基本方法

(1) 合理安排生活。大学生应养成良好的饮食卫生习惯和生活规律，注意劳逸结合，起居有度。

有规律的生活能使大脑和神经系统的兴奋和抑制交替进行，从而促进身心健康。

(2) 讲究个人卫生。一定要把好“病从口入”关。不吃不洁食物，早晚刷牙，勤洗手，饭前便后要洗手，勤洗澡，勤换衣，常剪指甲。个人用品不互相乱用。阳光是最好的杀菌剂，衣被要经常晾晒。

(3) 讲究公共卫生。经常打开门窗通风换气，保持空气新鲜。采取湿式打扫，避免尘土飞扬。不乱丢杂物，不随地吐痰。乱擤鼻涕既传播疾病，也是不文明的坏习惯。

(4) 适当参加文体活动。“文武之道，一张一弛。”实践证明：7+1 大于 8。在这里，7+1 表示 7 个小时的学习加上 1 个小时的体育文娱活动，8 表示 8 个小时的连续学习。学习之余参加一些文体活动，不仅可以缓解紧张繁忙的生活，还可以放松心情，提高学习效率。散步、跑步、踢足球、做广播体操、听音乐等都有助于保持精力充沛、增强体质，提高对疾病的抵抗能力。

2. 坦然面对死亡

死亡是人们忌讳但又不得不谈的话题。死亡与出生、成长一样，都是生命的一部分。从某种意义上讲，生命是一个不停地面对死亡的过程。谁也无法保证意外与明天哪个会先到来。

德国大哲学家黑格尔说：“生命本身即包含有死亡的种子。”我们应理性看待死亡，做到珍视生命、珍爱生活、珍惜感情、淡定坦然、顺其自然。

小 结

"药食同源"，好身体相当一部分是吃出来的。英国20世纪作家弗吉尼亚·伍尔夫说："人如果吃不好，就不能好好思考，好好爱，好好休息。"

身体是革命的本钱。这无论对于自身、家庭还是社会，都是具有积极意义的。大学生应更多地关注自我，自觉培养良好的饮食健康习惯，戒掉已有的不良饮食行为，结合适当的体育锻炼，保持乐观开朗的心态与稳定的情绪，学习疾病与卫生的知识，这样就能达到促进健康、预防疾病的目的。

思考题

1. "没有了健康，一切都是浮云。"你知道人体健康的构成要素有哪些吗？
2. 好不容易熬到周末，紧张的情绪顿时放松下来。又因好友来访，难得一聚，如果有可能的话，你选择聚会方式时会考虑哪些基本因素？
3. 你能在一定程度上控制自己的不良饮食习惯并加以改正吗？
4. 你会熬夜吗？为什么会熬夜？你知道熬夜的危害吗？
5. 你喜欢什么运动项目？你知道哪些运动安全常识？
6. 情绪与健康之间有什么样的关系？
7. 如何预防食物中毒？
8. 当疾病不期而至，你最想对自己说什么？
9. 艾滋病的传播途径有哪些？如何预防艾滋病？
10. 邀请保健专业人士或相关医务人员开展一场健康与安全报告会。

第三讲

交 通 安 全

导 读

随着我国经济的快速发展,私家车拥有量迅速增长,外来车辆日益增多,校园内外的交通状况变得愈加复杂。交通事故发生率呈逐年上升趋势,已经成为一个严重的社会公共安全问题。

据统计,在大学生非正常死亡的事件中,交通事故所占比例最大。交通事故带来的不仅是肉体上的伤害,还造成了精神和经济上的重大损失。

分析交通事故发生的原因,虽有客观因素,如交通设施和城市道路网络建设不完善、交通治理方面经验不足等。但从根本上讲,交通事故是“人祸”。思想麻痹大意、交通安全意识淡薄、交通安全知识缺乏、心理调适能力差、驾驶综合技能低、通行经验和处理突发事件的能力不足等是交通事故的主要原因。

一、交通安全常识

案 例 1

某高校学生李治平,尽管是个近视眼,可却有个坏习惯:喜欢戴着耳机边听音乐,边走路。这天下午,他又跟往常一样。在经过一个十字路口时,一辆小轿车从他左侧过来,汽车鸣笛,他无法做出正常的反应。结果汽车来不及刹车,而将他撞倒。幸好,车速不是太快,否则性命难保。

案例 2

某高校学生张大勇和王伟，在操场踢完足球后，感觉还不过瘾。在回宿舍的路上，他们还相互边跑，边传球。此时，身后驶来一辆两轮摩托车，驾驶者躲闪不及撞上了张大勇，导致其右小腿骨折。

案例 3

某高校学生丁一凯，周末与几个同学上街购物。街上车水马龙，人来人往，不一会儿丁一凯就与同学们走散了。正当他四处张望时，发现同学在马路对面大声喊他的名字，他兴奋地赶紧朝马路对面冲过去。此时，一辆东风牌大货车疾速过来，瞬间将他撞倒，并从其身上碾压过去。丁一凯付出了生命的代价。

案例 4

某高校学生谭云兵骑电动车返校。途中，一辆解放牌大货车带挂车从后方驶来，驾驶员鸣笛示意超车。谭云兵正一边骑车，一边打电话，听到鸣笛后，并未理睬。当发现前方堆放木料，道路变窄时，他仍继续行驶，电动车发生摇晃。当电动车与汽车齐头时，其前轮偏转与汽车右前轮发生刮擦，谭云兵就此倒在汽车与挂车之间，被挂车右前轮碾压头部，当场死亡。

案例 5

某高校学生陈涛，骑自行车在下坡处敞开滑行。这时，对面驶来了水泥罐装车，司机发现自行车速度很快，左右摇晃，急忙鸣喇叭并靠右停车。陈涛听到汽车喇叭声后，也急忙捏车闸，但发现车闸失灵。他没有迅速下车，而是伸出右脚拍蹬自行车后轮，导致自行车在高速行驶中左右摇晃得更加厉害，遂迎面撞上了已停靠在路右边的汽车左前端，造成重伤。陈涛送医院后，经抢救无效死亡。

案例 6

某高校 5 名学生相约一起骑自行车外出郊游。途中，这些学生嬉笑打闹、互相追逐，一会扶身并行，一会曲折竞骑。其中，张华在加速超越前方骑车的同学时，自行车后轮挂住了被超自行车的左侧脚架，自行车当即失去平衡，摇晃着偏向路中。此时，恰巧一辆小轿车迎面而来，自行车前轮与小轿车的前端碰撞，张华被撞倒，因失血过多，当场死亡。

当事故发生的一刹那，人的安全意识和正确的行为就显得至关重要，生死就在一瞬间。每一个交通参与者都应当掌握并自觉遵守交通法规，增强交通安全意识，减少危险行为的发生。

只要有行人、车辆、道路这三个交通要素存在，就有交通安全问题。交通安全，是指交通参与者提高警惕，严格遵守交通法规，不发生交通事故或少发生交通事故。大学生交通安全，是指大学生在校园内外的道路上行走，骑自行车、电动车、摩托车，乘坐或驾驶汽车时的人身安全和财产安全。

20 世纪 80 年代末，中国每年的交通事故死亡人数首次超过 5 万人。至今，中国交通事故死亡人数已经连续十余年位居世界第一。这几年，全国平均每年有 10 万人在各类交通事故中死亡，大约每 6 分钟就有 1 人死亡，每 1 分钟就有 1 人受伤。

《中华人民共和国道路交通安全法》于 2003 年 10 月 28 日公布，2007 年和 2011 年两次修订。《中华人民共和国道路交通安全法实施条例》是根据《中华人民共和国道路交通安全法》所制定的实施条例，自 2004 年 5 月 1 日起施行。

(一) 行走的安全常识

(1) 行人应在人行道内行走，遵循靠右原则。没有人行道的，则靠路右边行走。不进入标有“禁止行人通行”和“危险”等标志的地方。

(2) 走路时，应集中精力，“眼观六路，耳听八方”。尤其是经过交通要道时，不要边走边想事情、听音乐、看书报、看手机或玩球类运动。不要几个人一起并排走，不要追逐、嬉戏、打闹、蹦蹦跳跳或猛跑，更不能在马路上滑滑板。

(3) 在设置了红绿灯的路口或人行横道，应遵守“红灯停、绿灯行”的交通规则。如果有交通民警或协管员，则应听从其现场指挥。

(4) 横过车行道时，必须从人行横道穿过。没有人行横道的，必须直行通过，不可迂回穿行。列队横过行车道时，每横列不要超过两人。不可与机动车辆争道抢行，一定要看清楚左右两旁有没有要通过的机动车辆。哪怕是马路对面有同学、朋友、家人召唤，或者自己要乘坐的公共汽车已经或即将进站，也不可突然横穿马路。

(5) 交通护栏是为来往车辆分道行驶而设置的有效的防护设施。不要翻越道路中央的交通护栏、隔离墩或绿化带。如果因为行人跨越护栏而造成交通事故,行人要承担全部责任。

(6) 过街天桥和地下通道是保障行人过马路最安全、有效的交通设施。在通过过街天桥和地下通道时,应遵守公共秩序,爱护其交通、照明等公共设施,不乱丢弃杂物。

(二) 骑自行车的安全常识

自行车是交通工具。骑自行车是健身的好方法。但是,自行车结构简单、一碰就倒、稳定性较差。因此,骑自行车的人必须遵守以下交通规定以及安全保障措施。

(1) 经常检修自行车。例如,查看一下车闸、车铃是否灵敏、正常,保持车况良好。最好加装一定的安全装备,如戴个头盔、穿上镶有反光条的服装、给自行车装上爆闪灯或贴个反光贴等。天黑时,带个强光电筒或充电电筒也是很有必要的。

(2) 骑自行车要在非机动车道上靠右行驶,与其他车辆保持一定的安全距离,不逆行,不乱穿马路,不闯红灯。

骑车时,不要戴着耳机听音乐,不要拨打或接听电话,不要查看或收发短信,不要双手撒把,不要追逐、打闹、多人并排骑行、攀扶拉扯或曲折竞骑,也不要手中持物或载过重的物品,不要攀扶身边的其他车辆,不要牵引车辆或被其他车辆牵引。大中城市市区内不能骑车带人。

(3) 通过陡坡、横穿四条以上机动车道或途中车闸失灵时,必须下车推行。下车前伸手上下摆动示意,不要妨碍后面车辆的行驶。狭窄、急弯、陡坡或视距不良路段等要尤其注意。

下坡、拐弯、进出校门、经过路口、横过道路、通过人流量大的地段或遇到交通高峰期时要减速慢行,注意来往的行人、车辆。看到缓行标志或者通过缓行道时,即便四周无人也要放慢速度或下车推行。超越前车时,不要妨碍被超车辆的行驶。

(4) 雨、雪或大雾天气时,骑车的注意力要更加集中,对周围的车辆、行人提高警惕,以便随时准备应对突发状况,骑行的速度一定要比正常天气的慢。

雨天骑车,最好穿雨衣,不要一手打伞,一手扶把。骑车途中遇到下雨,不管雨大、雨小,都不能为了免遭雨淋而埋头猛骑,反而更应该减速慢行。

雪天必须选择雪层浅、没有冰冻的平坦路面骑行。自行车轮胎的气不要充得太足,因为这样可以增加其与地面的摩擦力,不易滑倒。同时,应与前面的车辆、行人保持较大的距离,以免急刹车时因向前滑行而撞倒对方。拐弯时不要着急,不要猛捏车闸,而且拐弯的弧度也应尽量大一点。

(5) 在规定地点有序停放自行车,不要因占道而阻碍交通。

(三) 骑电动车、摩托车的安全常识

电动车、摩托车已是大众出行的重要交通工具。但摩托车速度快,一旦出现危险,情况会更严重。所以,摩托车在很多城市和地区已经限行。

(1) 身体不适时、吃药后不要驾驶,严禁酒后驾驶和无证驾驶电动车、摩托车。

(2) 不要随意拆除电动车、摩托车的后视镜。上路行驶电动车、摩托车一定要戴安全头盔。特别是,驾驶摩托车一定要穿显眼的紧身衣服,便于引起机动车驾驶员的注意。

(3) 保持安全速度,不开怄气车和"好汉"车,避免急加速和突然停车。心平气和、礼貌行车可以减少意外发生的概率。

(4) 弯路时,一定要换挡减速慢行,防止侧滑。此时禁止使用前刹车,否则车辆容易失控飞出。超车时,一定要打开转向灯,在确保安全的前提下再超车,不要紧贴被超越车辆。

(5) 夜晚因可视距离短,一定要减速慢行,并打开夜间行车灯,引起行人和车辆的注意。

(6) 雨雪天气时,地面摩擦阻力小,制动距离相对加长,一定要减速慢行。制动操作要柔和,避免抱死而摔倒。

(7) 到达目的地后,停稳车辆,最好用中心支撑停车,减少轮胎负荷,以延长轮胎寿命。电动车关闭电路,锁好车。摩托车关闭油箱开关,检查发动机等有无渗油或异常,远离火源。注意不要靠近摩托车点火吸烟。

(8) 行车中感觉车辆有异常时,一定要停车检查。

(9) 其他安全常识,同自行车。

(四) 乘坐机动车辆的安全常识

大学生离校、回校,外出旅游、社会实践、求职就业等都要乘坐各种长途或短途交通工具。大学生因乘坐机动车辆引起交通事故的情况时有发生,有时甚至造成群体性伤亡,教训十分惨痛。

（1）乘坐电车、公共汽车或长途汽车，必须在站台或指定地点候车。不要在车行道上招呼出租汽车，最好不要和陌生人拼车。车停稳以后，做到先下后上，不挤不抢，不要从车前或车后突然出现，也不要快速地追拦车辆。

（2）乘小轿车、微型客车时，前排乘客应系好安全带。不要跟司机闲聊、争执，甚至动手厮打，干扰分散司机的驾驶。路况不好时，不要惊慌，应听从司机的指挥。

（3）上车后，应坐稳扶好。没有座位站立时，要双脚自然分开，侧向站立，握紧扶手，以免车辆紧急刹车时摔倒受伤。不要把头、手、胳膊等身体的任何部位伸出车窗外，以免被同向或对面来车及路边树木等刮伤。也不要向车外吐痰，乱扔果皮、瓜子壳、饮料瓶等，以免伤到他人或污染环境。千万不能跳车。

（4）严禁把汽油、鞭炮等易燃易爆的危险物品带入车内。不要将随身物品随地乱放，不要在车厢内吸烟，不要轻易暴露钱财，不要接受陌生人的食物，如香烟或饮料等。

（5）下车时，要等车辆离开后，看清情况，再过马路。不要从汽车的前部穿越马路。

（6）病中无人陪伴时，不要乘车。恶劣天气，如大风、大雨、大雾、大雪等，不要乘坐长途汽车。

（7）尽量避免乘坐卡车或拖拉机等货运机动车。必须乘坐时，千万不要站立在后车厢或坐在车厢板上。

（8）有下列情况，不应乘车，以免发生危险：

① 司机无证驾驶、超速驾驶、酒后驾驶或过度疲劳驾驶。

② 车辆无牌照、破损异常、即将报废，超员、超载，客货混载、不正常运行、没有购买保险或运营手续不全等其他违规车辆。

（五）驾车的安全常识

很多大学生会利用课余时间学习驾驶，这就为大学生驾车或租用汽车出行提供了可能性。但速成班出来的驾驶员驾驶技术不佳，对危险因素的认识程度不够，很容易出现“侵犯性”的危险驾驶行为，成为“马路杀手”。

（1）出发前，应检查车辆。例如，雨刷是否正常，玻璃水是否充足，有无漏油、漏水情况（看看车底地面有无油污、水痕），机油状况怎样（抽出机油尺，看看上面机油的颜色是否正常，机油高度是否合适），看看轮胎的气压是否合适，轮胎表面的磨损情况如何（表面是否有鼓包裂口，是否有钝器造成的硬伤，有条件的话，最好能够拆下轮胎检查一下轮胎内侧有无伤口，因为藏在内侧的伤口常常是事故的罪魁祸首。)如果实在没有时间进行细致的轮胎检测更换，至少要把有问题的轮胎换到后轮，最大限度地降低事故发生的概率。还要检查备胎是否完好等等。起步之后，先挂二挡低速行驶。踩刹车，检查一下刹车是否正常工作。确认一切正常后，才可以转入正常行驶。

(2) 严防疲劳驾驶。疲劳驾驶是造成意外事故的主要原因之一。在开车前，最好不要大量食用牛奶、香蕉、莴笋、肥肉及含酒精类的食物。这些食物有一定的催眠作用。同时，最好定时定量，空腹开车可能会使人出现心慌、困倦、四肢无力等症状；而吃得过饱，也会影响脑部的血液供应，造成人的反应能力下降。餐后，最好休息半个小时。

开车时，可以嚼口香糖，吃点薄荷糖或话梅提神醒脑。在车内，尽量不要吸烟。虽然一开始吸烟能使神经系统兴奋，但到后来，就会使人的注意力和记忆力逐渐衰退，并造成人体缺氧而发生困倦，不利于行车安全。驾车过程中，一旦感到倦意，就应停车休息。可以下车活动一下筋骨，做做深呼吸，也可以按摩一下脑部穴位，或是嗅嗅风油精、清凉油及花露水等。

长时间开车最好每 2 小时休息 15 分钟，或者和副驾驶轮换一次。

(3) 注意使用安全带。安全带在汽车发生猛烈撞击时，所起到的作用不亚于安全气囊。

(4) 12 岁以下的儿童不能单独坐在副驾驶座上，也不要由成人抱着坐在副驾驶位置上。因为，高速行驶状态下突然减速、停车时，惯性力会使儿童与车内物体发生碰撞，严重的会造成骨折。很多车辆在副驾驶位置都设置了安全气囊。气囊弹出时的冲击力极大。它虽可以保障成人的安全，却会给儿童带来意外的伤害。因此，儿童应坐在后排座上，并配备儿童专用安全座椅。

(5) 香水瓶及各种玻璃、金属质地的小物件不要粘放在副驾驶前方的仪表台上，而是安置在正副驾驶中间的位置上，做到既美观又安全。

(6) 遵守交通规则，特别是在高速公路上，不要超速驾驶，不可急刹车，下坡转弯时，一定要提前减速。

高速公路上驾车要提前看好分道、下道和并道标志。即使因某种原因错过了道口，宁可多行驶十几公里到下一路口返回，也不能冒险倒车。否则，非常容易与后方的高速来车相撞，造成车毁人亡，后果不堪设想。

山道驾驶，往往弯多且急，一定要行驶在自己的车道上。切不可在弯道超车或在看不清前方有无来车的情况下占道过弯。过弯前，一定要减速鸣笛。在狭窄崖边的山路行驶时，尤其切忌靠山边行驶，因为崖路边沿有坍塌的可能性，比较危险。如果是车队通过落石区时，车辆间则应拉开 30～40 米的距离，期间尽量不要按喇叭或猛轰油门，以免引发落石，造成危险。

(7) 野外临时停车时，不要停在转弯处、大陡坡、视线不好、有可疑人员逗留或者其他有感觉不妥当的位置。

(8) 尽量避免夜间行车。如确需夜间行车，要特别注意：

① 一定要限速行驶。因为天黑视野受限，无法像白天一样观察整条道路及周边环境。

② 会车时，主动转近光灯，不要用远光灯照射对面来车，以免阻碍对方驾驶员的视线。

③ 如果对方远光灯不关，一定要提前减速，预防同方向的车辆和横过马路的行人。如果自己被对方远光灯照射而无法看清路面时，要停车等待能看清路面状况后再继续前进。

(9) 涉水时，要了解水深情况和水底路况，看看是否超出车辆的通行能力。一般对小轿车来说，水深超过汽车轮胎高度的一半时，不宜冒险涉水。为了保险起见，可以先行观察其他车辆行驶的情况，确保避开深坑或陷阱等障碍。涉水驾驶时，应挂低速挡、稳住油门匀速直线行驶，使车从岸上平稳地驶入水中，避免水花溅起。入水后不能收油，保持发动机有足够的动力，避免中途停车、换挡或急打方向盘。上岸后，低速行驶一段路程，并轻踏几次制动踏板，让制动蹄片与制动鼓发生摩擦，使附着的水分受热蒸发，待制动效能恢复后，再转入正常行驶。

经过泥泞地段时，应该沿前车的车辙行驶。保持车速，匀速直线行进，中间不要停顿。万一陷入泥泞，应立即请求救援，千万不能贸然踩油门，否则车轮只会愈陷愈深。如果因排气管进水发生熄火，也应立即请求救援，千万不能再次启动。

(10) 冬天里道路积雪很容易造成车祸，需要格外注意。雪地平路，要连续点刹，下坡路要用低挡，上坡路最好不要停，以防不能起步。后轮左右甩时，要向甩动方向打方向盘。如遇积雪结冰、湿滑路面，要靠挡位和发动机制动来减缓车速，不可踩急刹车。驱动轮上安装防滑链是有效的安全防范措施。

(11) 其他安全常识，同自行车、电动车和摩托车。

“珍惜生命，安全出行。”无论是步行，骑自行车、电动车或摩托车，乘坐或驾驶汽车等都要集中注意力，严格遵守交通规则，保证交通安全。

小贴士

1. 行人走路的“五防”

(1) 防驾驶员酒后驾车。饮酒、醉酒后的驾驶员极易产生视觉和感观意识上的误操作。所以，行人要注意观察和判断车辆的行驶轨迹等，一旦发现不正常，务必提前避开。

(2) 防驾驶员超速行驶。超速是马路第一大杀手。车辆在超高速行驶的情况下，驾驶员处于精神高度集中的状态，一旦路面行人突然出现动态，由于惯性和反应时间及操作过程等原因，极易造成事故。所以，行人要随时防备和高度警惕。

(3) 防视线不良。夜间或风、雨、雪、雾天气，能见度低，驾驶员的视觉感观受到不同程度的影响。此时，行人要靠右行走，尽量与车辆保持足够的安全距离。

(4) 防车辆突发机械故障。机动车维修、保养不到位，有可能造成机械故障，也有因运动机械磨损变化而突发机械故障(如刹车、方向失灵等)的情况。此时，驾驶员身不由己，无法准确、有效地控制车辆。因此，行人要随时注意观察周边环境状况，及时躲闪。

(5) 防道路湿滑。机动车在湿滑的道路上行驶时，制动效果往往比干燥路面要差一些。所以，这种情况下，行人要与机动车保持更长的安全距离，以防车辆制动时打滑跑偏，撞到行人。

2. 谨防电梯事故

(1) 扶梯。踏上扶梯的时候，面朝运行方向，看准了一级再迈上去，双脚自然分开、站稳，踩在黄色警戒线内，扶好扶手带，不要推挤，不要将头或肢体伸出扶手外。老年人和儿童要有家人陪同乘坐扶梯。

如果扶梯半路出现故障，人站不稳了，应第一时间弯曲膝盖，双手十指交叉相扣，护住后脑和颈部，两肘向前，护住双侧的太阳穴，最后以侧躺的姿势落地，以便最大限度地保护自己。不慎倒地时，双膝尽量前屈，护住胸腔和腹腔的重要脏器，侧躺在地。

发生火灾、地震或者扶梯被水淹的时候，不要乘坐扶梯，也不要把停运的扶梯当作楼梯走，应该尽快找到消防楼梯撤离。

另外，应留意以下六种常见行为：

① 不要用扶梯拖带大件物品或超重物品。一旦物品在梯级之间发生倾斜错位，或在扶梯到达时未及时推上楼面，则极易带倒后面的乘客。

② 不要用身体倚靠侧板，也不要让鞋带、裙摆、拖鞋等成为安全隐患。因为侧板与扶梯不同步，乘客身体倚靠侧板时容易站立不稳，甚至摔倒；而鞋带等也容易被梯级的边缘、梳齿板等挂住或拖曳，导致危险发生。

③ 不要乱扔杂物、垃圾。这些物品很有可能会卡在梯级或者梳齿板中间，

影响扶梯的正常运行。

④ 不要在乘扶梯时，低头玩手机。这样极易使自己被绊倒，甚至导致后面乘客的连环摔倒。

⑤ 不要让儿童在扶梯上攀爬、蹦跳、追逐嬉戏，或者在扶梯上下入口的位置逗留玩耍。这样极易因惯性而摔倒，甚至引发肢体被卷入扶梯传送带与踏板间的缝隙，造成严重事故。

⑥ 扶梯上的两排毛刷不是用来当鞋刷擦皮鞋的，而是起到防护和隔离乘客远离两侧缝隙的作用的。

⑦ 一旦发生扶梯伤人事故，应第一时间按下扶梯脚的红色紧急制动按钮，也可以马上呼叫位于梯级出入口处的乘客或工作人员立即按动红色紧急制动按钮，以便快速关停电梯，减少伤害事故的发生。

(2) 垂直升降的电梯。目前垂直升降的电梯主要有光幕式和触板式两种。

光幕式电梯是在电梯门两边装上红外发射器和接收器，然后发出红外线形成光幕。在电梯门关闭过程中，如果有人或者物体接触到光幕，就会隔断红外线，接收器就会做出开门的动作。触板式电梯是在电梯门上有一块突出的触板，触板连接着电梯的控制系统，通过触板感应，当有物体碰到触板后，电梯门就会停止关闭并自动弹开。

然而，不管是光幕式还是触板式电梯，感应全覆盖还是留了一些盲区的，一般来说，盲区空隙在 10 厘米左右。所以，在乘坐电梯过程中，一定要快进快出，不要在电梯门口长时间逗留，切勿用手、脚或者身体去阻挡电梯门，也不要让裙摆等被缠进感应盲区。

二、交通事故的现场处置

行人、骑车人同机动车相比，总是处于交通弱者的地位。因而，在交通事故中，绝大多数是机动车撞到行人或骑车人，导致其受伤，甚至死亡。如果发现或者发生交通事故，一定要做到沉着冷静，切勿慌乱，以防发生二次事故。

(一) 发现交通事故的处理办法

交通法规明确规定，过往车辆驾驶人员和行人目睹事故的发生经过，应当予以协助。具体而言：

(1) 迅速呼救,及时向交警部门和医疗单位报告。“交通事故报警”“医疗急救中心”“火灾报警”的全国统一呼叫电话分别为“122”“120”“119”。有可能的话,立即与其家人取得联系。

(2) 记住肇事司机的模样。如果肇事司机当场逃逸,则要记录下肇事车辆的车牌号码、外部特征和逃逸方向,以便为交警部门提供侦破事故的线索。

(3) 积极抢救伤者,耐心等待医疗救援人员的到场。注意不要随意搬动伤者,尽量不要单独随肇事车辆、人员去救治,以免引发救治纠纷。

(4) 协助交警部门维护好现场秩序,协助事故当事人阐明事实,便于交警部门判定事故的责任和后果等。

(二) 发生交通事故的处理办法

1. 立即停车

发生交通事故后必须立即停车。如果是夜间事故,还需打开示宽灯、尾灯。在高速公路发生事故时,还需在车后按规定设置危险警告标志。

2. 抢救伤者或财物

查看伤者的伤情后,能采取紧急抢救措施的,应尽最大努力抢救,包括采取止血、包扎、固定、搬运和心肺复苏等,并拨打“120”急救电话,或设法拦住过往的车辆,将伤员送到附近的医院救治。同一起事故中,如果有多人受伤,伤势较轻的要积极帮助其他严重的伤者,也可暂留现场等待交警部门处理。

若无人员伤亡发生,则应迅速抢救物资和车辆。对于现场散落的物品及受害者的钱财应注意妥善保管,防盗防抢。

3. 立即向交警等相关部门、单位报告

当事人在事故发生后,应及时将事故发生的时间、地点、肇事车辆及伤亡情况,打电话或委托过往车辆、行人报案。在交警部门到来之前,要留在事故现场,等候救援调查处理等。同时,还应该及时与学校或单位取得联系,告知有关事宜。若在校园内发生交通事故,应向学校保卫部门报告,并由肇事地点辖区内的交警来调解处理。

发生交通事故后,不允许隐匿不报,也千万不能私了。这样不仅有利于交通事故的公正处理,也可以避免对自己造成的不必要的伤害。

4. 保护原始事故现场

事故现场的勘查结论是划定事故责任的依据之一。若现场没有保护好,会给交通事故的处理带来困难,造成“有理说不清”的情况,也就不能依法维护应有的权益。

当事人可以在交警到来之前，用绳索等设置警戒线，保护现场的原始状态，其中的车辆、人员和遗留的痕迹、散落物等，都不要随意挪动位置。防止无关人员、车辆等进入，避免现场遭受人为或自然的破坏。

需要移动事故受伤者送医院抢救时，要对伤者的躺卧位置、姿态、肇事车停车位置、各种碰撞碾压的痕迹、刹车拖痕、血迹及其他散落物设置标志。防止当事人故意破坏、伪造现场或毁灭证据等。

5. 控制肇事者

如果肇事者想要逃逸，一定要设法加以控制。自己控制不了的，可以发动周围的群众帮忙。如果实在无法控制，一定要记住肇事者的个人特征、车牌号码、车辆特征和逃逸方向等。

6. 落实防火防爆措施

当事人应关掉车辆的引擎。现场禁止吸烟，以防引燃泄漏的燃油。载有危险物品的车辆发生事故时，危险性液体、气体发生泄漏的，要及时将危险物品的化学特性，如是否有毒、易燃易爆、腐蚀性及装载量、泄漏量等情况报告交警与消防人员，以便采取防范措施。如现场发生火灾的，应迅速向消防部门报告，请求灭火支援。

7. 如实陈述事故经过

在交警勘查现场和调查取证时，当事人必须如实向交警部门陈述事故发生的经过，不得隐瞒其真实情况。同时，要积极配合、协助交警做好善后处理工作，并听候有关部门的处理。

8. 依法处理交通事故损害赔偿

发生交通事故后，要依据法律规定进行处理。当事人收到交通事故认定书后，如果对交通事故损害赔偿存在争议，可以请求交警部门协商调解，也可以直接向人民法院提起民事诉讼。

小贴士

秋、冬季驾车的四个危险时段

秋、冬季节，随着雨雾等恶劣天气的增多，交通事故也进入“多发期”，主要有四个危险时段：

1. 上午5～7点

因为早、晚温差大，秋、冬季节的清晨极易起雾，路面能见度低，视线不好，极易发生交通事故。

2. 中午 11～1 点

俗话说"春困秋乏夏打盹"。经过一上午的劳累,很多人都会感觉乏力、疲倦和注意力分散,此时驾车容易发生危险。

3. 傍晚 5～7 点

由于秋季白昼变短,天色很快变暗,司机容易出现视觉障碍,致使对路面观察不清。另外,此时正值下班高峰期,行人行走的速度快,也容易造成交通事故。

4. 凌晨 1～3 点

此时万物"休眠",司机容易产生道路"空旷"的感觉,同时这段时间人体处于大脑反应迟钝、血压降低、神经麻痹、手足僵硬的疲劳状态,也就极易出现意外状况。

三、乘坐高铁、轮船、飞机遇险的自救攻略

随着经济社会的发展和科学技术的进步,高铁、轮船、飞机成了人们所熟悉的交通工具,出行的方式也越来越多样化了。这些交通方式舒服、快捷,发生危险的概率也小,但是,一旦发生危险会带来致命的损伤。

(一) 高铁事故自救逃生

(1) 发生事故时,应马上趴下,抓住牢固的物体,并防止被箱包等其他硬物撞伤。过道上方便逃离,又能预防被车的冲击力抛动而导致受伤。车厢连接处是高危风险区域,不宜停留,应尽快离开。

① 人在座位中,发生撞击的处置。当车厢发生摇晃、倾斜或侧翻时,只要来得及,应立即平躺在地上,面朝下,手抱后脖颈。背向车前进方向的乘客,如果太晚接触地面,应赶紧双手抱颈,抗住撞击力。等事故发生后,再采取相应的逃生措施。

② 人在过道上,发生撞击的处置。立即躺倒在地上,背部贴地,后脚朝火车头的方向,双手抱在脑后,用脚顶住任何坚实的东西,膝盖弯曲。

③ 人在卫生间里,发生撞击的处置。不要管裤子是否提起,也不管手干了没有,背对着车头的方向,迅速坐在地上,手抱在脑后,膝盖弯曲,尽力支撑住身体。

(2) 高铁经过剧烈颠簸、碰撞后,如果不再动了,说明车已经停下,应迅速活动自己的肢体。如有受伤,先进行自救。一般来说,前几节车厢出轨、相撞、翻车

的可能性大，而后几节车厢的危险性则小得多。

(3) 用车窗边上的安全锤的锤尖呈 90 度方向敲击车窗 4 个角的任意一角近窗框的位置。如果是带胶层的玻璃，在砸碎第一层玻璃后，再向下拉一下，将夹胶膜拉破后，继续敲。紧急时，也可用高跟鞋的鞋跟或其他尖锐坚固的物品进行敲击。

(4) 万一砸不开车窗，可以寻找车体是否有断裂处。确定断裂处稳定的情况下，可以从断裂处逃生。在出车体的时候应注意地面的高度，在距离过高时，一定不要急于跳车逃命，可用随身携带的衣服等带状物系好车体的固定部位，再滑向地面。

(5) 如果车内发生小火灾，则立即将现有的明火扑灭。如果发现火势太大，则应利用水或饮料，将随身携带的餐巾纸、衣物等浸湿，堵住口鼻，遮住裸露皮肤后，立即顺列车运行方向撤离。因为在通常情况下，列车在运行中火势是向后部车厢蔓延的。

(6) 下车时，要"眼观六路、耳听八方"，注意周边是否有其他的危险存在。不要随身携带行李物品，避免耽误逃生。

(7) 如果被困车内无法脱身，一定要赶紧通过电话等方式联系外界。联系的时候一定要尽量保持冷静，准确告知对方地点和出现的险情，便于援助及时赶到。

(二) 乘船遇险自救逃生

不管水性好坏，出发前最好在行李中预备一个便携式气枕或者充气式救生圈，尤其是有儿童同行时。

(1) 不要乘坐无证船、超载船、人货混装船或者其他设施简陋的船只。严禁携带危险、禁运物品上船。上下船时，要排队有序，不要争先恐后，以免落水、挤伤、压伤，或造成船只倾斜，甚至引起翻船。遇到大风大雨等恶劣天气，最好不要冒险乘坐渡船或其他小型船只。

(2) 上船后，要保持安静，不要吵闹，认真听清船上工作人员的要求。留心通往甲板的最近通道和应急标志，比如逃生通道、上下楼梯、甲板集合地等。要事先了解救生衣、救生圈、灭火器等救生消防器械的所在位置。不要随意挪动这些器材设备，万一发生意外事故，便于第一时间找到。

(3) 不要独自到甲板上去，必须要去的话，也务必抓牢扶手，以免跌入水中。驶过风景区、遇到风浪或船体剧烈颠簸时，要使船保持平衡，不要聚集在船的一侧。不管现场情况多么紧急，都要听从指挥，不可盲目乱窜，以免导致船只倾斜翻沉。若水进入船内，则必须全力以赴地将其排出船体。

(4) 船上一旦失火，应立即关闭引擎。若是甲板下失火，船上的人须立即撤到甲板上，关上舱门、舱盖和气窗等所有的通风口。如果火势蔓延，封住走道，来不及逃生者可关闭房门，不让浓烟、火焰入侵。若火势无法控制时，应听从指挥，抓紧时间寻找救生设备，向上风有序撤离。撤离时，可用湿毛巾捂住口鼻，尽量弯腰、快跑，迅速远离火区。弃船后，应尽快远离船只。

(5) 两船相撞时，应迅速离开碰撞处，避免被挤压受伤。同时，就近迅速拉住固定物，防止摔伤。情况紧急时，听从船上工作人员的指挥，弃船逃生。

(6) 如果发生翻船事故，木制船只一般是不会下沉的。有的船翻了后，因船舱中有大量空气，也能漂浮在水面上。应立即抓住船舷，并设法爬到翻扣的船底上。这时，不要再将船正过来，要尽量使其保持平衡，避免空气跑掉。在离岸边较远时，最好的办法是等待救援。

(7) 船只撞到礁石、浮木或其他船只时，可能会导致船体穿洞，但是也并不一定就马上下沉，此时应迅速穿上救生衣，发出求救信号。

(8) 登上救生筏前，要对救生筏进行检查，清点好备用物品带上。将手表、手机、指南针和打火机等装入塑料袋中，避免被海水打湿。在最初的 24 小时内应避免喝水、吃饭，以培养节食的耐力。久坐在救生筏上时，要注意活动手脚，放松肌肉。同时，注意防寒保暖，不要被水打湿身体。

(9) 长期在海上随风漂流时，容易生水疱、皮炎和眼球炎症等。对于水疱，不要将其弄破，最好消毒后，令其自然干燥。对于皮炎和眼球炎症，要避免阳光直射。

(10) 满足以下任意一个条件，可以考虑弃船：船长有指令；船舱走廊到处是水或者船只已经倾覆等，迫不得已必须弃船；周围有救援船的及时接应。

听到沉船报警信号时(一分钟连续鸣笛七短声，一长声)，在工作人员的指挥下，立即穿好救生衣，将重要财物随身携带，按各船舱中的紧急疏散图示方向在最短时间内奔向通往甲板的最近出口，尽快跑到甲板上，有序离开事故船只。乘客可利用内梯道、外梯道和舷梯逃生。舱外人员可利用尾舱通往上甲板的出入口逃生。注意先让妇女、儿童登上救生筏或者穿上救生衣。

救生衣的使用方法是：两手穿进去，将其披在肩上；将领子上的带子系在脖子上；将胸部的带子像系鞋带那样打两个结；将腰部的带子绕一圈后再扎紧。如果救生衣上有防溅兜帽，应该将其套在头上，这对保持体温很重要。

(11) 海上遇到事故需弃船避难时，一般来说不鼓励先跳船。因为，不仅体温在水中下降很快，而且人也可能会被水流带走不知去向，增加搜救难度。

如果来不及登上救生筏或者救生筏不够用，只得跳水时，一定要远离船舷跳水。跳船的正确位置应该是在船尾，并尽可能跳得远一些，以防被漩涡再次吸入船只，还要注意避开浅滩礁石和水面上的漂浮物，同时不要离出事船只太远，以免影响搜救。

跳水时，眼睛望前方，双臂交叉叠在胸前，压住救生衣，双手捂住口鼻，(以防跳下时呛水)，双腿并拢伸直，脚先下水。不要向下望，否则身体会向前扑，摔进水里，容易受伤。如果跳法正确，并深吸一口气，救生衣会使人在几秒钟之内浮出水面。跳到水中后，应双脚并拢屈在胸前，两肘紧贴身旁，交叉放在救生衣上，并使头颈露出水面。

看到救援船只，要挥动手臂示意自己的位置。如果在江河湖泊中遇险，若水流不急，要尽快游到岸边。若是水流很急，则应该顺着水流游向下游的岸边。如果河流弯曲，应向内弯处游，通常那里较浅并且水流速度较慢，有利于上岸等待救援。

(12) 漂浮是水上求生的必备技能。为了节省体力，一般落水者都要脱掉沉重的鞋子，扔掉口袋里的财物。漂浮的具体方法是：仰起头，利用救生衣或抓住沉船漂浮物，使身体倾斜。保持这种姿态几秒钟后，借助救生衣的强大浮力，就可以慢慢浮上水面。使头部保持在水面以上，将手放在水下划水，以便呼吸空气。或选取最省体力的“水母漂”式，也就是吸气后全身放松，四肢自然下垂，俯漂在水面。需要吸气时，双手向上抬至额头处向下、向外压划水，顺势抬头吐、吸气，随即低头闭气，恢复漂浮姿势。在放松身体的同时，可以尝试能否踩到水底，因为很多河流并不深，这样得救的可能性就更大了。

(13) 长时间在冰冷的海水中浸泡，会引起低温症。中心体温下降到 35℃以下，会导致人体内各重要器官严重的功能失调，心室发生纤颤，是海难造成死亡的主要原因。

低温症预防的主要办法是：合理使用救生阀、救生衣和抗浸服等救生设备，避免身体与冷水直接接触，千方百计地防止或减少体热散失。如在水中，应保持身体和精神的安宁，减少活动。头部和手的防护是相当重要的，尽量避免头颈部浸入冷水，不可将防溅兜帽或头盔去掉。采取双手交叉于胸前，双腿向腹屈曲的姿势以保护腋窝、胸部和腹股沟这几个高度散热的部位。如果是几个人一起在水中，可以相互挽起胳膊，身体挤靠在一起保存体热。

在没有救生衣，也抓不到沉船漂浮物等，或者必须马上离开即将沉没的船只，以及离海岸或打捞船的距离较近时，才考虑游泳。否则，即使游泳技术相当熟练，在冰冷的水中也只能游很短的距离。据调查，在 10℃的水中，体力好的人，能游1～2千米已经很了不起了，一般的人游100米都是很困难的。

(14) 遇险求助。

① 可通过船上装备的甚高频、中频或高频数字选择呼叫设备及国际海事通信卫星，向附近船只或岸站发出求救信号SOS。

② 用手机拨打全国统一水上遇险求救电话12395。

③ 用反射镜不停照射，或利用铁或闪光的金属物，将阳光反射到目标物上去。如果阳光强烈，反射光可达15千米左右，而且从高处更容易发现。

④ 向海水中投放染料。

⑤ 发射信号弹或信号筒。信号筒有白天和晚上使用两种。白天用的信号筒会发出红色烟雾，晚上用的信号筒则会发出红色的光柱，燃烧时间约1～1.5分钟。白天在10千米内可以看到，夜间则在20千米外都能看到。

⑥ 哨子、燃烧的衣物等物品也可起到求救的作用。

⑦ 防水电筒。这是一种小型的手电筒。可以在夜间发出信号，但最多只能照射2千米左右。

⑧ 自制信号旗。将布绕在长棒的顶端来作为信号旗使用。

⑨ 海上救生灯。海上救生灯点着后，靠海水来发光，将其浸入海水可连续发光15小时，在2千米远的地方都可以发现，该工具的寿命为3年。

(15) 如果在热带海洋上遇险，雨水往往是补充淡水的主要来源。如果在极地遇险，海冰也是淡水的来源之一。此外，海洋生物，如鱼的眼珠、脊髓中也有丰富的淡水，鱼肉中也有一部分水分。如果在海上漂流时间较长，而食物不足时，可以捕捉海鱼、海鸟，或采集海藻来充饥。但那种浑身是刺或者光滑无鳞、色彩鲜艳的海鱼，多数是有毒的，尽量不要食用。

(三) 空难逃生

起飞失事、高空解体、降落坠毁是空难的三种基本形式。所谓飞机的“黑色10分钟”，是指绝大多数空难都发生在飞机起飞阶段的3分钟与着陆阶段的7分钟。空难后90秒是逃生的“黄金”时间。此时无论是一个常识性的错误或是设备使用的不熟练都足以致命。飞机内的联络和避难装置就是以机内全体人员在100秒内全部脱离飞机为标准而设计的。

(1) 矿泉水、乳霜、凝胶、喷雾、刀具、螺丝刀、扳手及打火机、火柴、电池等可以点燃的物品不能带上飞机。

(2) 选择长裤、长袖衣服和坚固舒适的系带鞋，不要穿高跟鞋或长筒丝袜。高跟鞋在逃生滑梯上不能使用，长筒丝袜则会在遇火时迅速燃烧蔓延，而光脚或只穿凉鞋有可能会被玻璃划伤，或沾上易燃液体。

(3) 不同类型的飞机都有不同的安全指导。登机后要认真听取乘务员的讲解，并仔细阅读安全卡片，注意起飞前的安全通告。

(4) 在空中永远要系紧安全带。将安全带系在盆骨以下，因为盆骨结构更易受力。如果安全带滑到肚子上，内脏受伤的概率会大大增加。

还要学会解安全带。记住是打开插销，而不是解开汽车上安全带的按钮的方法。有研究显示，在发生紧急事件时，甚至机组人员也会在这一问题上出错。如果你不能解开安全带，降落后逃生的机会就很渺茫了。

(5) 格林尼治大学的研究显示，飞机上逃生可能性最大的座位是对着紧急出口的那排座位和紧急出口前面及后面的一排座位。最危险的座位是距离紧急出口 6 排和更远的座位。

上飞机后，必须要搞清楚最近的紧急出口位置。数一数自己的座位与出口之间隔着几排。还要数一下距离最近的两个逃生口有多少排座位，以便在黑暗或浓烟中也能找到出口。再选一个逃生口是因为距离你最近的逃生口不一定可用。如果飞机发生事故，你大概在坠机前有几分钟准备时间。利用这段时间再次观察紧急出口位置，这样即使在你看不见时也能找到出口。

(6) 戴好自己的氧气罩之后再去帮助别人。如果机舱整体性被破坏，在你昏迷前只有 15 秒的时间用来戴氧气面罩。

(7) 巨大的冲击往往是对乘客的第一次考验。要立即按照乘务员的指示采取防冲击姿势——小腿尽量向后收，超过膝盖垂线以内；保护住头部，向前倾，头部尽量贴近膝盖。专家表示："正确的防冲击姿势是乘客要学会的一个重要方法，这样的姿势可以有效减少你被撞昏的风险。"

如果是马上就要坠机，请抱紧自己。把座位调到完全竖直的位置，弯腰将胸部贴紧大腿，将头放置于两膝之间，双手在小腿前交叉后抓住脚踝。不要将腿放在座位下方，以避免胫骨受伤。

(8) 失事飞机大规模的人员死亡的主要因素是火灾，尤其是烟尘。机舱起火会产生具有高浓度和高毒性的烟雾，因此要捂住(最好用湿巾或携带防烟头罩)口鼻防止吸入过量烟雾。走向紧急出口时，应尽可能俯屈身体，贴近舱底。

(9) 当飞机准备紧急着陆或迫降于水面时，要迅速取下眼镜和口袋里的其他硬物，以防止飞机落地时这些物品发生碰撞而伤及身体。如果飞机迫降前，机内有火焰，情况允许的话，头部要尽量低一些，因为下层空气较新鲜，呼吸也容易些。

(10) 飞机开始迫降时，要将背部紧贴椅背上，再拿一个枕头放在下腹部，将安全带系于腰部，这时不要系得过紧，将充气救生衣围在头部四周，再用毛毯包起来，代替安全帽，这时要盘坐在椅子上。因为飞机会因剧烈冲撞使椅子向前移动，身体大部分保护在椅子内，可以避免被撞死或夹死。

如果是降落在陆地，就得赶紧拉一下救生衣下部左右两边的拉手，使其自动充气膨胀，以减少着陆产生的冲击力。

如果迫降在海上，救生衣先不要充气，出了舱门后再充气。因为飞机内走道比较狭窄，救生衣会变成逃生的障碍。除救生衣外，飞机上的坐垫也可作为浮袋使用。另外，充气滑梯就成了救生艇，艇上备有发动机。一般情况下，艇上有三天的干粮，因此不必惊慌。

(11) 如果飞机迫降成功，就要赶快逃生，这时要打开飞机紧急舱门(太平门)，充气滑梯会自动膨胀，跳到梯上用坐着的姿势滑到地面，千万不要怕摔而犹豫，因为每秒都很宝贵，犹豫会丧失逃生的机会。滑到地面后，不要返回飞机上取行李，因为飞机的危险没有解除。如果飞机已起火，应迅速离开现场。如果飞机没有起火、爆炸的危险，不要离飞机太远，因为飞机的目标比人大，容易被搜救人员发现。

(12) 一旦飞机失事，要通过各种方式向外界传递信息，救援机构得到信息立即就会前去营救。如果救援无望，则要计划好行动路线，和大家一起行动，这样可以互相照顾和商量。

发生受伤情况的，要赶紧包扎止血，尽量延续生命。受伤不能跑时，应背向现场，俯身卧地，防止油箱爆炸给自己造成伤害，并及时告知乘务人员。他们受过严格训练，懂得相关的急救知识。

小 结

虽然交通事故的发生本身具有一定的偶然性，但大多数交通意外伤害是可以预防的。因为人是可以控制自己的行为的，对物质或机械危害的不安全程度也是可以认知的。

詹姆斯·格兰特在1988年召开的第三届健康教育大会上明确指出："几乎所有的在人类健康的主要威胁面前，个人有知识和明智的行为比医学上新的突破或者更多的专业服务都更为重要。"

交通安全对于每一个人、每一个家庭乃至整个社会来说意义重大。严谨的交通安全观念、积极的防范与风险意识、自觉遵守交通法规的良好习惯，不仅是交通安全的直接方法，也是创设良好交通安全氛围、建设交通安全长效机制的有效途径，更是一个社会保持良好秩序、正常运转的关键所在。

请记住，即使在最糟糕的事故中，也会有一线生机。任何时候都要保持冷静，有步骤地思考如何做才能提高自己的生存概率。

思考题

1. 你有过或见过在机动车道骑自行车，或者和机动车抢行的经历或现象吗？你如何看待这样的行为。

2. 你有过或见过随意闯红灯、横穿马路的经历或现象吗？你认同这样的行为吗？

3. 你有过或见过在马路上打闹、推搡、踢足球或溜旱冰的经历或现象吗？你觉得为什么会有这样的行为呢？

4. 某高校学生张宾，前一天晚上熬夜到凌晨四点多才睡。他一觉醒来已快到上课时间，就顾不得梳洗，匆匆骑上自行车，飞快地朝学校冲去。当他骑到一个下坡向右转弯的路段时，又使劲地踩了几下脚踏板。就在这时，迎面驶来了一辆小轿车。因车速太快，他避让不及。请试想一下后果，并谈谈你对这种行为的评价。

5. 某高校女生何莉莉，为赶时间乘高铁，搭乘一辆两轮摩托车狂飙，结果连人带车摔倒在马路边。何莉莉头部重伤，致脑神经瘫痪，成为植物人。而该摩托车系“野的”，无牌无证无保险，无法赔付医疗费。你如何看待何莉莉的行为。

6. 发现或发生交通事故，现场如何处置？

7. 乘船遇险，该如何自救、逃生。

8. 邀请交通民警做一场交通安全报告会。

9. 观看《萨利机长》，并谈谈自己的感想。

第四讲

消防安全

导读

“水火无情”，火灾是威胁人类安全的主要灾害之一。消防是社会稳定和经济建设的重要组成部分，也是大学生在校期间应该掌握的基本知识。

火场中，生命危在旦夕，不会正确逃生往往是造成重大伤亡的主要原因之一。万一被火围困，应保持清醒的头脑，迅速判断危险地点和安全地点，正确估计火势发展和蔓延势态，采取正确措施，更要随机应变，争分夺秒，竭尽所能设法脱险。逃生、报警、呼救要同时进行。已经逃离险境的人员，切莫因留恋财物等重返险地。

一、高校常见火灾

案例 1

某高校女生宿舍602室违章使用大功率电器引发火灾。两名女生从门口出去呼救，回来时门已因气流缘故关闭。另四名女生躲到阳台。火势越来越大后，四人惊恐万分，先后从阳台跳下，当场身亡。

案例 2

在寒冷的冬天，某高校学生陈泽洋违规使用电热毯。出门时，他忘记拔下其插头，因而引发火险。幸好，火被及时扑灭，未造成损害。

案例3

某高校学生张宗民有烟瘾，还有个乱扔烟头的坏习惯。室友说过他很多次，他也屡教不改。一晚，熄灯后，他又像往常一样躺在上铺的床上抽烟，抽完了就随手把烟头一扔。半夜，一位同学的床着火了，浓烟滚滚。全宿舍的同学都被惊醒了，邻近宿舍的同学也赶来救火。因为救火及时，没有酿成更严重的后果。

案例4

1994年11月27日13时28分，辽宁省阜新市发生了震惊全国的特大火灾。艺苑歌舞厅仅有一个0.83米宽的小门，还有5级台阶。发现火情后，所有舞池中的人立即涌向这个小门逃生。一人跌倒还未来得及爬起身，后面接踵而至的人们被绊倒，逃生者就这么“人叠人”地堵住了小门。灾后发现死者呈扇形堵在门口处，尸体叠了9层，约有1.5米高，其状惨不忍睹。这次总计233人的丧生与火灾被困人员的拥挤、踩压有关。

案例5

南方某大学一名女生在实验室做化学实验。当她从试管架上取试管时，原本应清理干净的试管内居然装满了硫酸。因为硫酸是无色的，而且又是满满的一试管，不仔细看根本看不出来里面有硫酸。在毫不知情的情况下，试管中的硫酸无情地洒在了她的手上，致使该女生手部被严重烧伤。

案例6

1985年4月18日深夜，哈尔滨市天鹅宾馆发生特大火灾。起火的楼层住着一位日本客人。他在进房前先在门口看了看周围环境，了解了疏散出口的位置。失火后，他穿过烟雾弥漫的走廊，直往疏散通道摸去，死里逃生。

“隐患险于明火，防患胜于救灾，责任重于泰山。”这充分强调不但要彻底解决已经发生的恶性事件，而且更重要的是及时发现生活和工作中的安全隐患。尤其不能违章办事。因为一旦给各种隐患留下可乘之机，那么后果将不堪设想。

财产受损了，还可以补救。生命没有了，那是无论如何也是补救不了的了！

(一) 高校发生火灾的原因

高校发生火灾，既有客观原因，也有主观原因。

1. 客观原因

例如，校内人多，居住密度高，配电不合理，电气线路老化，某些建筑耐火等级低，教学及实验存在一定的火灾危险性，安全防火规章制度不健全，缺乏必备的消防设备等。这些客观原因，从根本上讲，也是人为因素。

2. 主观原因

部分师生员工消防安全意识淡薄，不仅缺乏基本的消防知识，还会违反学校的消防安全管理规定。具体而言：

(1) 消防安全意识淡薄。有些师生员工认为消防安全工作是学校领导和职能部门的责任，与自己关系不大；在学校进行消防安全知识教育培训时，认为没有必要，多此一举、浪费时间；即便是看过一些火灾案例、图片、视频介绍，却还没有从思想上引起高度的共鸣和重视。这种思想表现在日常生活中，就是对于火灾的麻痹大意、心存侥幸、我行我素、无所顾忌，毫无畏惧之心。

(2) 消防基本知识贫乏。

① 不了解电学基本知识。一些师生员工对基本的电学知识不了解，往往由于无知而造成火灾。例如，用铜丝代替保险丝、照明灯距离蚊帐太近或长时间充电等，都会埋下火灾的隐患。

② 不懂得基本的灭火常识。初起火灾是最容易被扑灭的。但由于平时不注意学习消防安全知识，某些师生发现火险后，只会干着急，却不知道如何进行灭火处理，失去了最佳的灭火时机，以致火势蔓延扩大，终成大灾。

(3) 违反学校消防安全管理规定。有些学生为图方便、省事、痛快，无视学校的消防安全管理规定，对大家的生命和财产安全构成了威胁。

① 违章使用电器。目前大学生拥有大量的电器设备，例如电脑、手机、充电器、台灯、电暖宝、电吹风、电热杯、电热毯、电饭锅、电炉或煮蛋器等。个别大学生还贪图便宜，购买不合格或假冒伪劣的电器设备，这也是致灾因素之一。

② 擅自使用灶具。宿舍是大学生学习和休息的地方，不是住家的场所。但是，有的学生在宿舍内违章乱设煤炉、酒精炉或液化灶，在宿舍做饭做菜，这无疑就成了火灾的隐患。

③ 私自乱接电源。随着学生宿舍电脑、空调、热水器等的逐渐普及，少数学生违章乱拉电线来使用用电设备。而不合规范的安装操作会导致电源短路、断

路等，从而引起电器火灾。另外，私拉电线，也会增加线路的负荷。电线长期超负荷运行后，就容易绝缘老化，也就极容易导致火灾。

（4）胡乱丢弃烟头。烟头表面温度为200～300℃，中心温度可达700～800℃，远远超过了纸张、棉、麻、毛织物和木头家具等可燃物的燃点。许多学生对烟头的“威力”认识不足，将其乱扔。当燃着的烟头掉在这些可燃物上时，数分钟便会引起可燃物的燃烧。如果点燃的是化学纤维、橡胶等物质，还会散发大量的有毒气体，威胁人的生命。

（5）肆意焚烧杂物。使用明火最易发生火灾，因为明火实际上是正在发生的燃烧现象，一旦失去控制，马上便会转化为火灾。道理虽然简单明了，但有的学生却常常不以为然，随意在宿舍内焚烧杂物。尤其是在毕业季，某些不需要的物品就通过这种方式销毁，结果导致火灾。

（6）随意点燃蚊香。蚊香具有很强的阴燃能力，点燃后没有火焰，但能长时间持续燃烧，中心温度可高达700℃，超过了多数可燃物的燃点，一旦接触到可燃物就会引起燃烧，甚至扩大成火灾。

（7）违规使用蜡烛。蜡烛火焰看似小，但火焰温度至少600℃。作为一种可移动的火源，稍不小心，就可能烧融、流淌，或者倒下，遇到可燃物就容易引起火灾。

还有的学生会用纸张或可燃布料做灯罩，在宿舍存放易燃易爆物品，在室内燃放烟花爆竹，或者玩火等，这些不一而足，都是造成火灾的隐患。

（二）高校防火基本常识

《中华人民共和国消防法》第五条规定：任何单位、个人都有维护消防安全、保护消防设施、预防火灾、报告火警的义务。同时，《中华人民共和国刑法》第一百一十四条及一百一十五条对放火及过失引起火灾的法律责任也进行了明确的规定，其中故意纵火犯罪的最高刑罚是死刑。

学生们务必要严格遵守学校的消防安全管理规定，注意用电安全，不违章用电，做到：

（1）使用电器要有人看管。人走熄灯，关闭空调、电脑等在用电器。

（2）不要超长时间给充电器充电。

（3）不要使用电热水壶、电吹风、电热毯等大功率电器。

（4）不要使用不合格或假冒伪劣的电器产品或设备。

（5）不要擅自使用煤炉、酒精炉或液化灶等灶具。

（6）不要私自乱拉电源线路，要避免电线穿过可燃物品。

(7) 不要在床上吸烟或在室内乱扔烟头、火种。

(8) 不要在室内燃烧杂物、垃圾。打扫卫生时,要将枯枝落叶等垃圾作深埋处理或送往垃圾站场,不要点火焚烧。

(9) 不要在室内随意点燃蚊香,蚊香也不要靠近可燃物。

(10) 不要在室内使用明火照明,如点燃蜡烛看书、学习。

(11) 不要用可燃物做灯罩。

(12) 不要在室内存放易燃、易爆物品或燃放烟花爆竹。

(13) 实验课需要使用酒精灯或一些易燃易爆的化学药品,或硫酸、盐酸、硝酸等具有强烈腐蚀性的药剂时,一定要在教师的指导下严格按照操作规程进行。

(14) 要掌握常用消防器材的使用方法,爱护消防设施和灭火器材,不破坏、不随意挪动、不偷盗消防设施和灭火器材。

(15) 任何情况下,都不在楼道内堆放杂物,保持安全通道的畅通。

(16) 发现火灾险情后,拨打校内报警电话,也可视火情拨打"119"火警电话求助。

(17) 每进入一个新的场所,都要注意观察其内部结构,留心其消防安全疏散标志和安全出口及楼梯方位,以便在关键时刻能够尽快逃离火场。

小贴士

1. 最易发生火灾的时间

夜间发生的火灾多于白昼。夜间,忙碌了一天的人们都已入睡。如果事先对火源、电源管理不善,或者对易燃液体、可燃气体疏于检点,就可能会引发火灾。而且熟睡了的人们对初起的火灾往往反应较慢,待火焰燃起、烟雾扩散开来的时候,可能已失去了逃生的良机。

最易发生火灾的日子是农历大年初一。此时,烟花爆竹是火灾突出的来源。许多城市都开始禁放烟花爆竹了。

一个星期中,最容易发生火灾的时间是周末,即周六或周日的晚上。周末人们举行某种活动后,兴奋忙碌,对火源、电源和气源心不在焉,失于检点。

四季中,冬季的空气干燥,可燃物质的水分含量较少,是火灾的多发季节。工厂里的可燃性粉尘还容易同空气混合,发生粉尘爆炸。可燃性气体、易燃性液体在干燥的环境中则容易发生静电火灾。

2. 小小烟头"能量"大,当心引发火灾

吸烟不仅有害身体健康,还是引发火灾的安全隐患。

(1) 在公共场所要严守吸烟管理规定,不要在禁烟区内吸烟。

(2) 不要躺在床上或者沙发上吸烟,更不能醉酒吸烟。

(3) 工作时不宜吸烟。在使用汽油、煤油、松节油和油漆等易燃、可燃液体时更不能吸烟。

(4) 吸烟后不能乱扔烟头,尤其是不能丢在大量可燃物的附近,必须在确保烟头彻底掐灭后,方可离人。

3. 燃放孔明灯的火灾隐患

元宵节、七夕节,公园里、广场上的孔明灯,冉冉升空,在夜色中,犹如繁星点点,充满了浪漫的气息。但因燃放孔明灯而引发的火灾事件也是屡见不鲜。

孔明灯的外围用薄薄的纸张封闭,底部是一块四方蜡块,用铁丝固定。用打火机一点,蜡块便会燃烧,待孔明灯内部充满热空气后,就会冉冉上升。

蜡块燃烧时外焰温度可达300℃,一般纸张的可燃温度是130℃,普通木材的可燃温度是250～300℃。虽然孔明灯升空一段时间后,内部的火焰会自然熄灭,但常常会出现一些特殊情况,比如受风的影响,孔明灯会左右摇摆,引燃外面的纸罩,由于内部的热空气不会在瞬间消失,孔明灯就会继续飞行。如果这时碰上电线电缆,那么就会导致电线短路,而要是飘进了高楼层的窗户,那么就会引发火灾。

燃放孔明灯务必选择空旷的地域,避开高楼、加油站、飞机场、木材厂、化工厂和高压电线等场所,同时保证空中无任何可能碰挂的物体,风力也不能过大,还要尽量控制燃料的用量,只要能维持灯体燃烧5分钟就好。在燃放的孔明灯升空后,应在现场多观察一段时间,直到确保安全后再离开。最好是能用一根细长线对孔明灯加以控制,避免其飞到障碍物上。一旦孔明灯落到建筑物内或危险地带,就要立即前去查看或报警。

《中华人民共和国刑法》第一百一十五条第二款规定,犯失火罪的,处三年以上七年以下有期徒刑;情节较轻的,处三年以下有期徒刑或者拘役。若因燃放孔明灯而引起火灾事故,燃放者可能会触犯我国《刑法》,构成失火罪,承担相应的法律责任。

4. 灭火的基本方法

(1) 隔离法。将着火的物体或地方与其周围的可燃物隔离或移开。因为缺少可燃物,燃烧就会停止。如关闭电源、燃气的管道阀门或拆除与燃烧物毗邻的易燃建筑物等。

(2) 窒息法。阻止空气流入燃烧区或用不燃烧的物质冲淡空气,使燃烧物得不到足够的氧气而熄灭。如用浸湿的棉被、麻袋等去覆盖着火的燃烧物。

(3) 冷却法。将灭火剂直接喷射到燃烧物上,以降低燃烧物的温度。当燃烧物的温度降低到该物的燃点以下时,燃烧就停止了。注意,此方法不适用于电器失火。

(4) 抑制法。这种方法是用含氟、溴的化学灭火剂(如 1211 灭火器)喷向火焰,让灭火剂参与到燃烧反应中去,使燃烧链反应中断,以达到灭火的目的。

以上方法可根据实际情况,一种或多种并用,以达到迅速灭火的目的。灭火器种类有泡沫灭火器、二氧化碳灭火器、干粉灭火器和 1211 灭火器。

二、遭遇火灾如何逃生

火灾袭来时,有的人命赴黄泉,有的人终身残疾,也有人逃出火海、化险为夷。这固然与起火的时间、地点、火势大小、建筑物内消防设施等因素有关,也与被火围困的人员是否具有逃生知识密切相关。

(一) 火灾时人们的心理与行为误区

心理学知识告诉我们,事实即使对人类造成的危害很小,也会使人陷入过分的恐惧中,其程度因人而异。

1. 火灾中,不安和恐慌心理产生的原因

当处于烟和火的环境中,由于烟雾和火的刺激,人们的判断力就会减弱。身体感觉不适,便容易惊慌失措,以至延误了迅速采取疏散行动的最佳时机。而恐慌心理只需其中一个因素就会产生。

(1) 有的人一看见烟和火,就会陷入不知所措的状态中。

(2) 疏散时,如果出现停电,听见惨叫或怒吼声,往往会进一步导致恐慌情绪的发生。

(3) 如果得不到信息或是信息不准确,造成人们无法疏散。这时,现场就会发生变化。疏散人员的行动不统一等,会使不安的情绪进一步加剧,从而导致恐慌心理的增强。

(4) 疏散通道被烟和火隔断、疏散门上锁或有障碍物时,疏散人员就会左右乱窜、互相撞倒,导致心理上更加恐慌。

2. 火灾中人群的心理与行为特征

火灾中的人汇集成群,是其特有的心理反应。而共同拥有的不安和恐怖,会导致比火灾本身更为严重的灾害。具体而言,火灾中的人群具有以下特征:

(1) 因有共同关心的问题而临时、偶然地聚集在一起，易于受到周围人的感情支配与影响。

(2) 遇到火灾时的烟雾、异臭、停电或嘈杂等状况，常常会恐慌。这些汇集起来的人的心理起到了相乘的作用，使得产生的恐怖心理进一步放大。

(3) 人们在日常生活中，除了睡眠之外，大部分时间生活在明亮的环境中，对黑暗有一种不安的感觉。因此，当熊熊大火燃烧时，人们容易向光亮处跑去。

(4) 当有烟和火时，人们往往会朝着看不见烟和火的方向逃离。当身处室内，人们对情况无法做出冷静的判断时，往往又会原路返回。这样，疏散行动就变成了只是着眼于眼前危险的单纯行动。而当被烟和火逼得走投无路，没有其他任何逃生办法时，往往就会选择从高处跳下等冲动行为，从而导致重伤或死亡。

(5) 易于听从谣言或错误的诱导，自身无法判断逃生的方向，而是胡乱跟随其他人或是大多数人行动。这样，不仅会造成疏散线路的堵塞或走进死胡同，还有可能会遭遇踩踏，以至延误疏散造成群死群伤。

(二) 火灾现场逃生自救

据统计显示，火灾中被浓烟熏死、呛死的人是被烧死者的 4～5 倍。浓烟致人死亡的主要原因是一氧化碳中毒。空气中一氧化碳浓度达到 1.3%时，人只要吸上两三口气就会失去知觉，呼吸 13 分钟就会死亡。同时，燃烧中产生的热空气也被人吸入，这会严重灼伤呼吸系统的软组织，情况严重的也可导致窒息而亡。一般来说，火灾初期烟少、火小，只要迅速撤离，是能够安全逃生的。

(1) 发生火灾时，不要随便开启门窗。因为门窗紧闭时，空气不流畅，室内供氧不足，火势就发展缓慢。一旦门窗被打开，空气发生对流，就会加速火势的发展。

(2) 逃生前，必须测试门把温度。若门把温度很高或有浓烟从门缝往里钻，说明大火或烟雾已封锁房门出口，此时切不可打开房门。若门锁温度正常，门缝没有浓烟进来，说明大火离自己尚有一段距离，此时可开门观察外面通道的情况，再决定是否逃离。

逃离前，必须先把有火房间的门关紧，尤其是在住户多的大楼及宾馆酒店内。采用这一措施，可以将火焰和浓烟禁锢在一个房间之内，不至于迅速蔓延，可为逃生赢得宝贵的时间。在逃生过程中，如果有可能，也应及时关闭防火门、防火卷帘门等防火分隔物，启动通风和排烟系统，以便赢得更多的逃生和救援时机。

(3) 如果楼道中只有烟，没有火，可在头上套一个较大的透明塑料袋，防止烟气刺激眼睛和吸入呼吸道。

如果楼道中有烟，又有火，在疏散过程中，可向头部、身上浇些凉水，把浸湿的棉衣、棉被、毛毯、被子等遮盖在身上，尤其要包好头部，再用湿毛巾或手帕叠起来捂住嘴和鼻(毛巾或手帕要多叠几层，使滤烟面积增大，但不要超过六层厚)。无水时，干毛巾也可以。如身边没有毛巾或手帕，餐巾纸、口罩、衣服也可以代替。以上防护措施做好后，再向外冲，这样受伤的可能性就会小得多。

由于着火时，烟气大多聚集在上部空间，具有向上蔓延快、横向蔓延慢的特点，近地处往往残留有新鲜空气。所以，应弯腰或用膝、肘着地，匍匐前进，不要直立行走，呼吸要小而浅，即使感到呼吸困难，也不能将毛巾或手帕从口鼻上拿开。但是，如果是发生石油液化气火灾，不能采用匍匐前进的方式。因为石油液化气的比重较空气要重，泄露后会集聚在房间底部。此时，如果匍匐前进，就会吸入液化石油气或被严重烧伤。尽管液化石油气本身并无毒性，但其有麻醉及窒息的危险性。

(4) 在公共场所，如宿舍、食堂、教学楼或超市、酒店、影剧院等的门上、墙上、转弯处或顶棚上都设有“太平门”“紧急出口”“安全通道”“火警电话”以及事故照明灯等消防标志和照明设施。

当被困人员看到这些标志时，应根据火势大小，按照标志指示的方向，优先选用最便捷、最安全的通道和疏散设施，如疏散楼梯、消防电梯或室外疏散楼梯等脱离火场。注意，千万不能乘坐普通电梯疏散！因为发生火灾后，运行中的电梯随时会产生故障，被火烧坏或停电，从而造成电梯“卡壳”。另外，起火后电梯井往往是浓烟的通道，极易造成“烟囱效应”。人在电梯里会被浓烟、毒气熏呛而窒息死亡。

(5) 若起火层在所处楼层的上方，应尽快向下逃生。一般情况下，不宜向楼上逃生，因为强大的“烟囱效应”会使人昏厥甚至死亡。

若起火层在所处楼层下方且火势很大时，可迅速到顶层安全平台或附近避难层。在必须要上楼的情况下，一定要屏住呼吸上楼。因为浓烟上升的速度是每秒 3～5 米，而人上楼的速度是每秒 0.5 米。

(6) 当各通道全部被浓烟和烈火封锁，楼顶上不去，又无避难层时，应背向烟火方向离开，可从阳台、气窗、天台、突出的墙边、墙裙、雨棚等部位转移到安全区域，或利用房屋的排水管逃生。但要注意察看雨棚、管道是否牢固，防止人体攀附上去后，断裂脱落造成伤亡。也可用结实的绳索、消防水带或将窗帘、床单、被褥等撕成条，拧成绳，用水沾湿，将其一端紧紧拴在牢固的暖气管道、窗框、床架,或其他重物上,再顺着绳索,沿墙缓慢滑行到地面或未着火的楼层。

(7) 逃生时,并非跑得越快越好,必须视火势与浓烟的大小而定。火势蔓延较慢、浓烟不多时,可以迅速逃离火海。火势不大但烟却很多时,不要快跑,应压低,弯身猫腰,尽量接近地面或角落,慢慢移离火源。因为空气稀少处,快速行动会加快呼吸,增加空气的需求量,从而吸入毒气。

(8) 如果走廊或对门、隔壁的火势比较大,无法疏散,那么,在无路可逃的情况下,应积极寻找暂时的避难场所,以择机而逃,如退入一个房间内。如果是在综合性多功能的大型建筑物内,可利用设在电梯、走廊末端或卫生间附近的避难间,躲避烟火的危害。要关紧避难间迎火的门窗,打开背火的门窗,但不要打碎玻璃。当窗外有烟进来时,要赶紧关上窗户。若门窗缝或其他孔洞有烟进来,应用毛巾、毛毯、棉被、褥子、床单或其他织物封死空隙;或挂上湿棉被、湿毛毯、湿床单等难燃物品,防止受热,防止外部火焰及烟气侵入;也可用水泼在门上和地上,进行降温;还可将水从门缝处向外喷射,以达到降温、抑制火势蔓延速度的目的。

记住,千万不可钻入床底、桌下、壁橱、衣橱和阁楼处等地躲避!这些都是火灾现场最危险,又不易被消防人员发现的地点。

如果身处没有避难间的建筑物里,被困人员只能创造避难场所,与烈火搏斗,以求得一线生机。

(9) 如果被火困在楼房的第二层楼,无条件采取其他自救方法,也得不到救助。在万不得已的情况下,可以选择跳楼逃生。

首先,向地面上抛下一些厚棉被、枕头、大衣、床垫子等柔软的物品,并穿上棉衣裤,以增加缓冲。然后,用手拉住窗台底部往下滑,头上脚下,身体下垂,自然下滑,以缩小跳楼的高度,并保证双脚率先落地。

“跳楼”是在迫不得已的情况下采取的应急措施,是最不可取的逃生方案。哪怕是有一丝的求生机会,也都不要选择冒险跳楼。若是被烟火围困在三层以上的高层内,千万不要急于跳楼!因为距地面太高,往下跳很容易造成重伤和死亡。此时,应靠近窗户或阳台,将上半身探出窗外,呼吸新鲜空气,以等待救援。

(10) 若被困火场中,应赶紧拨打火警电话“119”,准确说明街道、小区、楼道及房间号,并讲明附近的标志性建筑,以便消防人员能够准确及时到达现场。

若房内没有电话或其他通信工具进行报警的话,可在窗口、阳台、房顶或避难层处,向外大声呼救,敲打金属物件或投掷细软物品。在白天,可拿各色的旗子或其布条、衣服挥动摇晃;在夜间,可打手电筒或点打火机等。要积极向外发出求救信号,以引起救援人员的充分注意。请记住:充分暴露自己,才能争取有效地拯救自己。

(11) 公共场所,如超市、网吧、宾馆、影剧院、体育馆、健身房和歌舞厅等人员密集处,用电量大、室内装修的可燃物质多、高热量的照明设备多和火种多等因素都是严重的火灾隐患,尤其需要格外注意。这些场所一旦发生火灾,常会因人员的慌乱、拥挤、聚集,甚至倾轧、践踏而阻塞通道,造成不必要的伤亡。因此,在逃生过程中,一定要听从现场指挥,有序撤离,千万不要盲目地跟从人流相互拥挤、乱冲乱窜。如果看到前面有人倒下去了,应立即招呼后面的人稍等,再将其扶起。务必竭尽全力地保持疏散通道的畅通,或可选择其他的疏散方法予以分流,以减轻单一疏散通道的压力,最大限度减少人员伤亡。

(12) 若是带着婴幼儿逃离,可用湿布轻蒙在其头上。一手把孩子抱起来,一手抓地逃离,切不可牵着孩子的手跑。穿高跟鞋的,最好把鞋子脱掉,以免扭伤,耽误逃生。

小贴士

1. 家庭常备的“四宝”

(1) 家用灭火器。备好家用灭火器,并能熟练操作。当小火苗燃起时,就可以将其迅速扑灭。

(2) 一根救命绳。住的楼层较高,当楼梯的通道又被堵塞,无法安全逃离时,可以将这又粗又长的绳子分段打结,拴在牢固的物体上,沿着绳子攀援而下逃生。

(3) 一支手电筒。万一夜间突发火灾,周围一片漆黑,这时一支手电筒,就可以照出一条逃生之路。同时,在需要求救时,它也可以发出求救信号。现在的智能手机上,一般都有手电筒的功能。

(4) 一块毛巾。毛巾是逃生时防止烟雾侵害的最佳法宝。湿毛巾也是扑灭小火苗的好工具。在危急关头,将它折三折,沾上水,捂住口鼻,就能抵御有毒烟雾的侵袭,从而死里逃生。此外,它也可以成为求救时的明显标志。

2. 家庭失火的处置

家庭火灾一般是由于人们的疏忽大意造成的,常常事发突然,令人猝不及防。

(1) 食用油都具有可燃性,在锅内被加热到一定温度时,就会发生自燃现象。炒菜油锅着火时,应迅速盖上锅盖灭火,因为锅里的油得不到足够的氧气,就无法继续燃烧了,然后把锅端开就没事了。也可以将切好的蔬菜倒入锅内,这样就可以灭火了。千万不要用水浇,以防燃着的油溅出来,引燃其他可燃物。

(2) 给酒精炉火锅添加酒精而突然起火时,千万不能用嘴吹,可用酒精炉的小盖子、茶杯盖或小菜碟等盖在酒精炉上灭火。

(3) 天然气灶、煤气灶、液化石油气灶是目前常见的三种家用燃气灶。使用燃气灶时,要随时观察火焰的燃烧情况,以防火焰熄灭而发生燃气泄漏。在使用过程中,因紧急情况需要停气的,应关闭阀门,以免恢复正常供气时,发生燃气泄漏。当嗅到屋内有特异的臭气或类似煤油气味时,应警惕燃气泄漏,要立即用一块湿布或浸湿的衣物等套住并迅速关闭燃气总开关。如果是液化气罐着火,可将干粉或苏打粉用力撒向火焰根部,在火熄灭的同时关闭阀门。并迅速打开门窗让空气自然流通。

发生燃气泄漏,千万不能在室内打电话或手机,要立即到安全处打电话通知燃气公司。不能开启或关闭家用电器,以免产生电火花,引起爆炸。要赶快疏散老人、儿童,通知周围邻居做好相应准备。同时,应对现场进行安全监护,杜绝明火,禁止火种进入泄漏区域。

另外,连接燃气管道与锅灶的橡胶软管的老化、渗漏也是燃气发生爆燃事故的重要原因之一。橡胶软管的使用期限一般为18个月,不超过两年。当燃气的软管变黄或变硬,两端接口处出现裂纹时,就要更换了。严禁使用明火方法试漏。

在燃气的燃烧点附近不得堆放废纸、汽油、干柴和塑料品等易燃物品。严禁使用第二火源,如煤炭炉、煤油炉等。不得将暖气或其他热源放置在燃气管线及其附属设施附近。气瓶内剩余残液不得自行倾倒,以防止残液流散和蒸发而燃烧起火。

3. 外出前,家中的防火检查

(1) 检查厨房的天然气等燃气阀是否关闭,明火是否熄灭,橡胶软管是否有老化、泄漏等情况,如有应立即维修、更换。

(2) 检查家中电器是否断电,最好是拉闸断电。一些必须开启的电器线路上的插头、插座是否安全,是否有带故障工作等情况。

(3) 检查阳台、走道是否堆积杂物。如遇节庆燃放烟花爆竹或楼上扔下的烟头等飞来的火种,阳台、走道就会成为火灾蔓延的媒介。

(4) 检查家中易燃物是否清扫干净,是否存放汽油、酒精或香蕉水等易燃易爆的物品。家中最好不要存放此类物品,以防一旦发生火灾,加重火情。

4. 外出时,宾馆、酒店防火的注意事项

(1) 选择消防布局合理,周围无易燃危险品的地方居住。

(2) 收看电视时间不宜过长。

(3) 最好不要在卧室内吸烟。

(4) 熟悉住宿指南，留心一下客房内外的灭火装置设置情况，如灭火器的位置。掌握灭火器的使用方法，这在扑灭初起火灾时能发挥重要的作用。

(5) 看懂安全通道示意图，留意太平门或安全出入口标志，掌握安全出口的方位，以便遇到火灾时能及时疏散。

5. 安装防盗窗的注意事项

防盗窗在一定程度上能起到防盗作用。但当遇到火灾等紧急情况时，防盗窗则会成为逃生的障碍，特别是那些无出口的防盗窗，让人无路可逃。因此，在安装防盗窗时应预留逃生口，以便自救逃生或让救援人员能够快速营救，给自己留一条“活路”。

三、电器火灾防范

随着经济、社会的发展和生活水平的不断提高，越来越多的电器产品进入人们的日常生活中。了解电器火灾的防范非常必要。

(一) 电器火灾的日常防范

1. 电脑火灾的防范

电脑等电器设备在未使用时，应及时断开电源。如果家中无人，最好将电器电源全部切断。

笔记本电脑在已经充满电的情况下，不应再长时间使用外接电源，这会让电池处于反复充电的状态，造成电池寿命变短。如果需要更换笔记本电池，应该尽量购买厂家原配电池，不要购买其他品牌的通用电池。

在使用笔记本电脑时，要时刻注意其温度变化。不要将笔记本电脑放在铺有柔软的布料或毛纺织品的床上使用或保持充电状态。因为，这会引起笔记本电脑散热不良或电池过热，如果着火则会加快火势蔓延。同时，也应该避免将笔记本电脑直接放在腿上使用，以免其过热而发生灼伤事故。

如果电脑开始冒烟或起火，应马上拔掉插头或切断总开关。为防止显像管爆炸伤人，只能从侧面或后面接近电脑，用湿地毯或湿棉被等盖住电脑。切勿揭起覆盖物观看，这样既能防止毒烟的蔓延，也可挡住荧光屏的玻璃碎片。切勿向失火的电脑泼水或使用任何性质的灭火器灭火。即使已经关闭的电脑也不能泼水，因为机内的元件仍然很热，温度突降，会使荧光屏、显像管发生爆炸。电脑内仍有剩余电流的，泼水可能会引起触电。

2. 手机的防爆

手机不仅能够打电话、发短信，还能拍照、上网、玩游戏等，已成为人们日常生活中必不可少的“亲密伙伴”。但手机也可能成为“夺命毁物”的杀伤利器，好端端的手机在边充电、边操作的过程中发生爆炸的案例不胜枚举。

一般情况下，手机爆炸有三个原因：第一，电池本身所致。由于电池内部有缺陷，电池本身在不充电、不放电的情况下发生爆炸。第二，短路。但这种可能性较小，除非是专业人士动手改装过的手机，正规出厂的手机一般不会短路。第三，不当的充电方式导致手机爆炸。电池长期过充、已经满电的情况下，继续充电，或边打电话边充电，锂电池可能会在特殊的温度、湿度以及接触不良等情况下瞬间放电，产生大量电流，造成冒烟、爆炸和变形等危险。充电器“混搭”充电也是造成手机爆炸的一大原因。不同手机其容量不尽相同，充电器的输出和输入功率也都不一样。所以，使用不同型号的充电器，尤其是不同品牌的充电器进行互充，极可能因充电器电压不稳造成手机爆炸。手机防爆注意事项有：

(1) 手机质量好坏关乎生命财产安全。不要随意改装手机，手机电池、充电器及其配件要做到“专机专用”，选择原装、原品牌的手机电池、充电器及其配件。不要使用万能充电器给手机“混搭”充电。不要为了贪图便宜而使用“三无”充电产品。不要使用破损的电池。不要将电池放在高温环境下，因为高温会导致电池热量上升，极易爆炸。

(2) 手机电池电量不能过放或过充。在手机电量还剩 20%时，就要开始充电，充满电后要立即拔下充电器。现在大部分手机都用锂电池，忌讳长时间充电，更不要通宵充电。锂电池在过量放电的情况下最易损坏。一般来讲，根据电池容量大小的不同，充电时间在 2～4 小时之间。

(3) 充电时，尽量不要玩手机。此时，手机电池会产生热量，若再继续使用手机，温度会快速上升，很容易引发危险。按照现有规定，手机发烫不应超过 50℃。

(4) 充电时，尽量不要接打电话，避免长时间用手机通话。长时间通话不仅会造成手机电池发热，还会造成手机内部电路发热，容易引发爆炸。在打电话时尽量使用耳机或外音，一旦发生意外，可以避免面部伤害。

(5) 充电时，手机要放在易散热的地方，周边切勿堆放可燃物，如衣服、床单或窗帘等。

(6) 切勿在手潮湿的情况下操作手机。因为水是可以导电的液体，手机会将电流通过水导入人体，从而引发触电的危险。

(7) 移动电源电压不稳定、经常使用，容易损坏手机电池。应尽量使用容量在 10 000 毫安时以下的移动电源。

3. 安全使用吹风机

秋冬季节吹头发和吹干衣服等都会用到吹风机。但是小小的吹风机也存在着严重的安全隐患。近几年，因不慎使用吹风机而引发的火灾事故屡见不鲜。使用吹风机时，一定要注意以下事项：

(1) 购买吹风机时不要贪图便宜，应购买经 3C 认证或行业认证的产品，保证产品的质量，防止因绝缘、隔热、散热效果较差等情况而引发火灾。

(2) 不要把潮湿的袜子、鞋子、被子等易燃物品套在吹风机口上进行烘干。因为吹风机在工作时，堵住出风口会导致吹风机内部温度过高，从而引发火灾。

(3) 在吹头发的时候，不要开太大的功率，也不要时间过长，更不要离头发太近，避免头发被绞进风口造成伤害。

(4) 尽量不要在浴室等潮湿的环境中使用吹风机。使用时双手要保持干燥，否则容易发生触电事故。

(5) 吹风机使用完毕，一定要拔掉插头，并且要等吹风机变凉之后再收起来。不要将刚用完的吹风机直接放在床、衣服或毛毯等可燃物上，以免引发火灾。

(6) 吹风机应保持干燥，摆放在通风良好的地方，防止因受潮后产生漏电打火，引发火灾。

4. 空调起火的防范

每年，空调因高温、老化、短路或气流不畅等原因“冒火”的现象并不少见。空调起火的原因主要有五个：第一，空调器在断电后瞬间通电，造成压缩机内部气压很大，使电动机启动困难，产生大电流引起电路起火。第二，冷暖型空调器制热时突然停机或停电，电热丝与风扇电机同时切断或风扇发生故障，电热元件余热聚积，使周围温度上升，引发火灾。第三，电容器发热、受潮，漏电流增大，绝缘性能降低，发生击穿故障，再引燃机内垫衬的可燃材料造成起火。第四，轴流或离心风扇因机械故障被卡住，风扇电机温度上升，导致过热短路起火。第五，安装时将空调器直接接入没有保险装置的电路。

空调起火防范注意事项：

(1) 保持良好的散热、通风。应请专业人士安装空调，保持适宜的安装高度、方向、位置，有利于空气循环和散热。同时，必须注意与窗帘或门帘等可燃物保持一定的距离，以免空调运行时将其卷入电机而使电机发热起火。此外，悬挂式空调正下方也不要放置可燃物，工作时避免与其他物品靠得太近。

（2）配备单独电源插座。每台空调应当有单独的保险熔断器和电源插座，不要与电脑等共用一个万能插座。否则，很容易因为用电超负荷引起火灾事故。

（3）定期清洗、保养。定期清洗冷凝器、蒸发器、过滤网和换热器。用干布勤擦拭插头，擦除灰尘。及时更换外部绝缘破损的电线，防止散热器堵塞，避免火灾隐患。

（4）空调外机要避免暴晒。如果空调外机长期暴露室外，遮挡面积不够，受太阳直射，并且在高温时连续运行几小时不停，就会导致压缩机过热，过载保护器频繁动作，烧毁压缩机或电路起火。所以，要尽可能避免外机长时间受到太阳的直射。遮雨棚可以防止空调外机的暴晒，但要请专业人士安装，以免影响空调的散热。

（5）如果发现空调耗电量大或是外壳温度过高等异常情况，应该及时维修。若是空调出现异常响声、冒烟或有煳味等现象，应及时断电，以防空调起火。一般的空调产品使用寿命为 10 年，超过的要及时更换。

5. 电热毯收纳的注意事项

电热毯因为直接与身体接触，存在着一定的健康和安全隐患。如果没有其他取暖办法，必须要使用电热毯，务必要严格遵照使用说明操作。另外，电热毯收纳不当会留下受潮、虫蛀以及电热元件和控温装置受损等问题，给来年的使用造成危险，甚至引发火灾。电热毯的收纳需要采取以下三步措施：

（1）清洁、晾晒，防蛀霉。电热毯在收纳之前，应清洁、晾晒，以防虫蛀发霉。清洁时，用刷子蘸洗洁精轻轻擦拭，切记不能揉搓。洗干净后，放在通风处晾干。切忌将电热毯用水洗涤，更不能通电烘干。还要注意不能用漂白剂清洗，尤其不能干洗。因为漂白剂和干洗洗涤剂会破坏电热毯的绝缘材料。

（2）通电除潮，去湿气。收纳电热毯前，应先将其平整地铺开，插上电源，通电时间 20～30 分钟为宜，并使其自然凉透，为电热丝和电器元件除潮。另外，在收纳过程中，还要做好防潮工作。盛夏和秋初空气比较干燥，可将电热毯从塑料袋中取出，在中午晾晒半个多小时。这样既能除潮，又能除虫，可以延长电热毯的使用寿命。

（3）卷起装袋，勿折压。准备一个质地比较坚硬的收纳袋或收纳箱，将去潮的电热毯轻轻拍去浮尘，卷成筒状，不要让电热毯有死弯，注意避免总在一个地方折叠，也不要为了缩小电热毯的收纳体积对其进行强力的卷曲和挤压，以防来回曲折和剧烈揉搓造成电热丝受损短路。将电热毯放置于阴凉、干燥的地方保存，其上不要放置重物，防止受到挤压。

（4）在第二年使用电热毯前，应当首先进行一次通电升温试验。如有异常，切勿贸然使用。电热毯的正常使用年限为6年，到了年限即使没有损坏，最好也不要再使用，以防出现安全隐患，引发事故。

（二）特殊状况的火灾防范

1. 雨天、高温天气的电器火灾防范

雨天电器容易发火灾主要有三个原因：第一，电线老化，长时间被雨水侵蚀，短路打火。第二，天气潮湿，电器内灰尘杂质因潮湿而变成优良导体，通电状态下被浸湿的灰尘杂质极易被电流击穿，引起燃烧。第三，电源插头接触不良，空气潮湿后导致极间导电参数变化发生漏电、短路或打火等现象。具体而言：

(1) 家用电器由于使用时间长或电器本身质量不合格、受潮受热等原因而造成绝缘性能破坏，容易发生漏电，引起火灾。因此，购买电气设备一定要选择正规厂家生产的带合格证的产品，不要因贪图便宜而购买无生产厂家、无标号、无出厂日期的“三无”产品，留下火灾隐患。

(2) 家用电器在使用中应经常检查和保养，发现问题及时修理。如发现电气线路老化、用电设备损坏等隐患，要及时通知专业人士进行维修或者更换。更换时应符合原电源线的规格，尽量采用有保护层的绝缘导线。

(3) 家庭装修中的电路施工和电气安装应多使用防火材料。尤其不要乱拉、乱接电线，不超负荷用电。千万牢记：插线板上的插座一定要插实。如果插得不紧，即会给电弧的产生创造条件。同时，电器插线板不能负荷过重，一块插线板上最好不要插3个以上插头，以防插线板内的电线发热过度后引发爆炸，连带其他电器短路烧坏，引发火灾。

(4) 家用电器使用完毕后，不仅要关闭开关，最好拔下插头，切断电源，尤其是雷雨天气的时候。更不能雨天在户外给电动车充电。

(5) 电器设备应放在室内干燥的地点，周围不得堆放易燃易爆的物品。

(6) 各种家电最好每天都开启一段时间，以利用电器通电后产生的热量对电器内部进行除湿。如果在使用时发现电器线路过于潮湿，就应先用干布将电器线路上的水汽擦干；或者用吹风机吹一会儿再使用；也可借助具有除湿功能的空调、除湿器等电器，降低室内空气的湿度，一般2～3个小时便能见效。之后，才能让电器线路投入运转。

(7) 当家电过热时应停止使用，严禁用水降温。清洁家用电器时，不要使用潮湿抹布。

(8) 如果电器设备的使用频率不高，可在其周围放一些干燥剂，然后用防尘罩或者布遮盖。

如果电器设备长期不用，最好将其装到密闭的盒子或塑料袋等较为干燥的密封环境中保存。

(9) 雨天应做好防潮工作。最好把家中上风方向的门窗关闭，只开启下风方向的门窗；也可以在早晨和晚上，湿气最重的时候，关闭朝南和东南的窗户，减少潮湿空气进入室内。

(10) 卫生间最好采用带扣盒的防水插座。因为卫生间用水比较多，用带扣盒的插座，才有可能最大限度地保证用电安全；也可以考虑将卫生间的电源开关和插座放在卫生间的外面。

(11) 当遇到电器设备冒烟时，应立即关掉总电源，用棉被、衣物等将其紧紧包住灭火，千万不能用水浇。电器设备上如有明火，在切断电源后，应用二氧化碳、干粉灭火器或者干沙土进行扑救，不能用水和泡沫灭火器扑救。在扑救时要与电器设备和电线保持两米以上的距离。若火势严重，应迅速拨打火警电话"119"求助。

2. 静电的防范

静电作为一种处于静止状态的电荷，在一定的条件下会发生放电现象，轻微时表现为间歇性的火花放电，剧烈时则是弧光放电。

在秋冬季节，人们经常会遇到静电问题。如梳头时，头发忽然"飘"了起来；脱衣服时，衣服发出"啪、啪"的响声，并出现电火花，身上立即有了被电到的感觉。静电会对一些人体植入芯片造成影响，比如心脏起搏器、人工耳蜗等。在家庭装修中，木屑和空气、油漆溶剂等的混合气体遇到静电后可能会发生爆炸。给汽车自助加油时，若操作不当，极易因静电引发火灾。此外，在生产过程中，静电也会带来不可低估的危害。在纺织行业，静电使纤维缠结、吸附灰尘；在印刷行业，静电使纸张不齐、难以分开而影响印刷速度和质量；在航海、航空、电子部门，静电可对电子元件、仪器仪表产生干扰，造成设备失控而发生事故；在化工、煤矿等行业，会因静电火花引燃易燃易爆气体和物质，导致严重的火灾和爆炸……每年因静电而造成的火灾或者意外事故时有发生。那么，日常生产、生活中如何防止静电事故的发生呢？

(1) 电源要接地。仔细检查电源是否真正接地，接地是否良好。电源接地可消除"导电体"上的静电。当导体接地时，导体上的静电荷会直接被引入地下，减少静电带来的伤害。

(2) 增加空气湿度。经常在屋内洒水或者使用加湿器增湿，促使静电电荷从绝缘体上自行消散。当空气相对湿度低于35％时，易产生静电；而空气相对湿度高于45％时，静电就难以产生。一般相对湿度控制在60％～70％，防静电的效果就非常好。同时，使用高保湿护肤品，保持身体湿润，可防止静电的“骚扰”。

(3) 经常性的“防电”和“放电”。“防电”，尽量穿用纯棉材料的衣物，使用木梳等，尽可能远离诸如电视机、电冰箱之类的电器，以防止感应起电，避免使用化纤地毯和以塑料为表面材料的家具。“放电”，触摸墙壁能够减少体表积累的电荷，将静电有效导出。摸水泥墙防静电效果比较好，木质、板材质的墙面没有去除静电的效果，因为它们不能有效地传导电流。触摸墙壁时，时间长一些，接触面积大一些，效果会更好一些。但也不用太长时间，触摸上 1～2 秒就足够了。如脱衣服后，用手轻轻地摸一下墙壁；在触碰门把手、电源开关等物前，也用手摸一下墙壁，以便将身上的静电“放”掉。离开电脑、电视后，应该马上洗手洗脸，让皮肤表面上的静电荷在水中释放掉。

(4) 合理调节饮食。多喝水，多吃蔬菜、水果，并适当增加含维生素 A、C、E 和酸性食物的摄取，如胡萝卜、卷心菜、西红柿等，补充钙质，能减轻静电带来的影响。

(5) 易燃易爆场所中的人员要做好防护。生产、使用、贮存、运输易燃易爆物品、化学危险品的单位和场所，要保持通风，做好加湿工作。进入内部的人员应穿特制的抗静电纤维工作服，严禁穿戴化纤织品的服装等。在高处作业应尽量采用金属工具，以利于静电的泄放，防止静电电击。

小贴士

1. 颜色的意义

(1) 红色：表示禁止、停止和消防。如信号灯、信号旗、机器上的紧急停机按钮等都是用红色来表示“禁止”的信息。

(2) 黄色：表示注意危险。如“当心触电”“注意安全”等。

(3) 绿色：表示安全无事。如“在此工作”“已接地”等。

(4) 蓝色：表示强制执行，如“必须戴安全帽”等。

(5) 黑色：表示图像、文字符合警告标志的几何图形。

2. 警惕身边的三大“惹火区域”

(1) 客厅。

① 沙发：装有垫子的沙发容易被未熄灭的烟蒂熏烧。这种现象不但隐蔽难以察觉，而且易产生致命的烟气。

② 空调：客厅空调放置时，应远离易燃的窗帘，或者使用阻燃型织物的窗

帘。空调运行中，若闻到异味或者冒烟，应立即关闭。

③ 电视机：电视机后面应预留充分的空间，以发散机内产生的热量。不用时要将其插头拔掉。

④ 电线：为避免电路负荷过大，切勿将过多的电器连接在同一电路上。每年至少对家中的电器装置检查一次。

(2) 厨房。在厨房中使用明火器具时，一定要远离可燃物。

① 抽油烟机：使用抽油烟机时，灶具不得干烧，避免大量热量吸入油烟机内，引燃机内油污。

② 灶具：灶具四周不得堆放杂物，如废纸或其他易燃物品，并应经常清洗，避免其积存油脂。

③ 燃气：保持燃气周围空气的流通，严禁煤气或天然气与电饭煲、电磁炉、酒精炉或煤炉等混杂使用。

④ 电冰箱：保持电冰箱周围空气流通。安装冷凝器的一面离墙的距离应在10厘米以上。不要任由灰尘积聚在马达、压缩机及线圈上，以免造成冰箱火灾。

(3) 卧室。

① 取暖设备：使用电暖器、油汀等取暖设备时，应放置平稳，切勿靠近床或沙发等其他易燃品，不要将衣物直接放在取暖器上烘干。

使用电热毯时，不要揉搓、折叠电热毯，防止电热元件受损、短路。睡觉时，应及时切断其电源。

② 床铺：切勿在床上吸烟，独居老人和醉酒者尤其应当注意。烟蒂必须在放入烟灰缸前，完全掐灭。出门或入睡前，应切断电源、关闭燃气阀门等。

3. 岁末，这些安全隐患您"打扫"了吗？

(1) 尽量清理干净阳台、楼道、屋顶与房前屋后的可燃杂物和各类堆积物。不要埋压、圈占、损坏、挪用、遮挡消火栓和灭火器等消防设施与器材。同时，楼道内不要存放电动车、自行车和其他障碍物，以免堵塞或封闭安全出口、疏散通道。

(2) 不要随便拖拉电线，不要同时启用多个大功率电器，不要擅自将保险丝换成铜丝之类等。

(3) 油烟机除了清洗表面，还要注意定期清理排烟管道。当油烟机发生堵转故障，应立即关闭开关，并拔下电源线插头。一旦油烟机着火，要及时切断电源，关闭排风机，可用打湿的棉被或家用灭火器灭火。如火势仍难以控制，应及时拨打火警电话"119"求助。

四、车辆发生火灾的处置

车辆发生火灾不仅会威胁司乘人员的生命、财产安全，毁损车辆，也会严重影响交通秩序。近年来，连续发生的多起公交车起火和小轿车自燃事件，给我们敲响了警钟。

（一）公交车起火，如何处置

公交车是承载大众的交通工具，一旦发生火灾，因其空间狭小密闭，人员密集，疏散不易，很容易造成严重的伤害和损失。如果乘客出现慌乱现象，导致发生推搡和踩踏事件，则又会进一步延误最佳逃生时机，造成更大的伤亡。

1. 严禁携带危险品乘坐公交车

为了自己和他人的人身、财产安全，每位乘客都应严格遵守公交车的安全管理规定，决不携带任何易燃易爆物品乘坐公交车，自觉抵制携带危险品乘车的行为。如发现可疑危险品时，应及时向司乘人员反映，以便立即处置，保证公交车的安全运行。

乘坐公交车严禁携带的危险品有：汽油、柴油、煤油和酒精等常见易燃品；松香、油漆、炸药、雷管、双氧水、溶剂油、煤气罐、氧气瓶、烟花爆竹以及丁烷气体等易燃、自燃、爆炸物品和杀伤性剧毒的物品；一些容易被人们所忽视的日常用品也属于易燃、易爆危险品的范畴，主要有发胶、香水、高度酒、打火机、啫喱水、指甲油、染发剂、气雾杀虫剂等；其他外包装上标有“危险品”标志的物品。

2. 公交车起火如何逃生

一旦遭遇公交车起火，司机应保持清醒的头脑，根据“先人后车”的原则，停车，开门，疏散乘客，断电，扑救，报警。此时，乘客们应保持沉着冷静，不要慌乱，不要互相推挤，迅速并有序地从门或者窗口疏散。

（1）公交车逃生路径。公交车逃生路径有三种，分别是车门、车窗和车顶应急逃生窗。其中，车门和车窗是最快捷的逃生方式。所以，当车辆起火时，乘客要第一时间寻找最近的出路，以最快的速度立即离开车厢。

① 车门逃生。如果车门可以正常开启，就尽快从车门处逃离。如果车门无法正常开启，则可以利用车门上方的应急开启按钮及时打开车门。逃离过程中，如果车门处有火，可用衣服包住头部冲下车门，切忌在车门处犹犹豫豫，耽误逃生时机。

② 车窗逃生。如果车门离自己较远或车门无法开启,可以使用车载安全锤迅速破窗而出。平日在乘坐公交车时要养成好的习惯,上车后第一时间确认安全锤和灭火器的安装位置。目前公交车普遍使用厚实的钢化玻璃。它的中间部分是最为牢固的,而四角及边缘部分则较为薄弱。若敲击玻璃中间,则受力点少,受损面积较小,玻璃不易破碎。而一阵乱敲的结果只能是受力不均匀,钢化玻璃不易碎。

安全锤的正确使用方法是：用安全锤的锤尖使劲敲打玻璃四角,再用力向玻璃中间给予猛烈一击,整块玻璃就会破裂成不易伤人的小玻璃珠。只要玻璃四角破裂,甚至用手砸或脚踢也能很轻易砸开。如果找不到安全锤,也可借助高跟鞋、灭火器或其他任何锋利的物件砸窗逃离。

③ 车顶应急逃生窗。公交车顶部一般都有两个紧急逃生出口。乘客在紧急情况下,旋转红色开关,就能打开天窗逃生。

(2) 逃生的注意事项。

① 不要乱喊乱叫。公交车发生火灾时,通常都会弥漫着浓烟。烟雾中含有大量的一氧化碳和其他有害气体。烟气的流动方向就是火焰蔓延的途径。盲目喊叫,不但会引起大家的恐慌情绪,而且大量的有毒烟雾和火焰会随着人的叫喊进入呼吸道中,导致严重的呼吸道和肺脏损伤,甚至会导致中毒或窒息死亡。

② 用衣物遮住口鼻。资料显示,火灾中被浓烟熏呛致死的人数是烧死的4～5倍。此时乘客可用毛巾或衣物遮掩口鼻。这样不但可以减少烟气的吸入,还可以过滤微碳粒,有效防止窒息的发生。若情急中找不到衣物,可在短时间内屏气,快速找到逃生出口,冲出火海。

③ 弯腰前行。浓烟除了会让人窒息以外,还会让人辨不清方向。火势顺空气上升,较低的位置烟雾浓度低,能见度也稍好。因此,逃生过程中最好是弯腰,保持俯身低姿行走状态。这样不仅可以较好地避开烟尘,而且可以避免火焰直接引燃衣物或者灼伤身体。

④ 衣燃时,勿奔跑。身上衣服烧着了,千万不要奔跑,也不要用手拍打。奔跑或用手拍打,非但不能灭火,反而会加重火势。因为,奔跑或拍打时,会形成一股风,就像给炉子扇风一样,加速了空气的流通,氧气助燃,愈烧愈烈。另外,着火的人乱跑,还会把火种带到其他场所,引起新的燃烧点。

正确的做法是,赶紧设法将着火的衣服脱下,用脚踩灭或用灭火器、水等将火扑灭。如果来不及脱下,可以就地打滚将火滚灭。切不可用灭火器直接向人身上喷射,因为多数灭火器内所装的药剂会引起烧伤者的创口感染。

(二) 汽车自燃的处置

夏季气温不断攀升,汽车发生自燃的概率增多。

1. 勤观察

行驶中,车内出现一阵阵橡胶、塑料烧焦、烧糊等气味,或发动机盖上有烟雾冒出等预兆时,应该保持警惕性,将车辆靠边停下,并进行相关的检查。

2. 关闭发动机,并切断电源

当怀疑车辆即将自燃或已经自燃后,应该迅速将车辆停靠至路边,熄火,并且远离周围的易燃物。

如果汽车自燃时,被迫困在车内,应该用身边的救生小锤或金属棒等一切工具,凿击门窗玻璃或天窗,在第一时间脱离自燃的车辆。逃生过程中,要及时脱去化纤衣服。

3. 尝试救援

确定了着火位置后,请马上找到灭火器,并戴上手套,按照灭火器的使用操作要求,对相应的位置进行喷射灭火。

如果是发动机着火,发动机盖的温度会非常高,要戴上手套,并用比较隔热的东西垫在手和车前盖之间,将盖打开,寻找着火点,并将灭火器的喷嘴从缝隙处,喷到发动机舱内,以减小火势。

4. 该撤离就撤离

由于车载灭火器的容量有限,如果一瓶灭火器还没有把火灭掉,那么就要赶紧用路旁的沙土对起火点进行覆盖,并请求周围的车主帮助;或者放弃救援,撤离到安全地带。车烧着了就烧着了,人安全才是最重要的。

5. 迅速拨打火警电话"119"

报警时,一定要尽量保持冷静,讲明起火的地点、火势,附近有无危险物等情况。切忌坐在车内打电话求助!

小贴士

1. 身上着火的处置

如果身上的衣物,由于吸烟不慎或静电的作用等原因着火,应迅速将衣服脱下或撕下;也可用湿物覆盖在着火部位;或可就地打滚,将火压灭,但注意不要滚动太快;如果有水,可迅速用水浇灭;附近有水池、河流时,可直接跳入灭火。但不会游泳的人不能这样做。

注意：如果人体被火烧伤，一定不能用水浇，以防止感染；也不要用灭火器向人体直接喷射灭火。

2. 特殊情况下，车辆起火的处置

(1) 汽车被撞后起火：先设法救人，再进行灭火。

(2) 加油过程中起火：立即停止加油，疏散人员，并迅速将车开出加油站(库)，用灭火器及衣服等将油箱上的火焰扑灭。地面如有流洒的燃料着火，要立即用库区灭火器或沙土将其扑灭。

(3) 车厢货物起火：立即将汽车驶离重点要害区域或人员集中场所，并迅速报警。同时，立即用随车灭火器扑救。周围群众应远离现场，以免发生爆炸时受到伤害。

小　结

隐患险于明火，防范胜于救灾。热爱生命，关注消防，抵御和防范火灾，是当今人类进步与发展的一大主题。只有警钟长鸣，养成良好的习惯，才能处险不惊，临危不乱。

大学生必须认真树立消防安全意识，努力了解和掌握相关消防科学知识，积极排除消防安全隐患，杜绝一切违纪违规行为，并不断提高自身防范和应对火灾的能力与水平，才能更大限度地减少火灾对生命、财产的侵袭和吞噬。

思考题

1. 当你看到一些火灾现场的图片或视频，你有什么感受？你对消防安全有何看法？

2. 高校发生火灾的原因有哪些？

3. 防范火灾有哪些基本要求？

4. 火灾现场如何逃生自救。

5. 如何防范静电。

6. 如何安全使用家用电器。

7. 公交车突然起火怎么办？

8. 以班级为单位，组织一次去消防队的参观活动。

9. 安排一次宿舍或学校礼堂的消防演练，并对演练情况进行小组讨论和点评。

第五讲

财 产 安 全

导 读

大学生思想单纯、为人善良。但是从学校到学校的经历，使其社会经验匮乏，辨别能力较差，普遍缺乏应有的安全防范意识。据统计，盗窃、诈骗、抢夺、抢劫和传销已成为当前校园频发的安全事件，而且这些类型的犯罪手段还在不断翻新，给受害人带来了沉重的经济损失和身心伤害，也严重扰乱了学校的教育教学管理秩序，有碍于和谐校园的建设。

大学生们应汲取自己和他人被害的教训，增强警惕性，丢掉侥幸心理，克服浮躁的情绪和不切实际的贪欲，养成良好的防范习惯，学会保护好自己的财产安全。

一、防 盗 窃

盗窃是指以违法占有为目的，采用规避他人管控的方式，转移而侵占他人财物管控权的行为。

我国一向重视对盗窃犯罪的打击，但盗窃案件始终处于发案率高、破案率低、报案少、黑数大的态势。大学生的自我防范意识不强，防盗知识、法律知识欠缺，给犯罪分子留下了可乘之机。遭受财物损失的学生，往往处于愤怒、焦虑等情绪之中，这给其精神状态和学习、生活带来了负面影响。

调查发现，春、夏、秋三季发生被盗案件较多，冬季发生被盗案件相对较少。这主要是因为，春季和秋季是新学期的开始，学生手头比较宽裕。尤其新生入学报到时，校园内人员复杂，容易给犯罪嫌疑人以可乘之机。夏季6、7月是高校毕业生离校的时间，这段时间宿舍的管理难度增大。在具体的时间段上，大学生的财物损失主要发生在14:00～24:00，而零点后没有被盗事件发生，这主要是因为学校对学生的作息时间作出了规定，一般在夜间24:00之前会关闭宿舍楼门，这就基本上杜绝了外来人员作案的可能性。

(一) 大学生盗窃犯罪被害原因分析

被害原因是指促使被害人受犯罪侵害的各种主、客观因素的总和。大学生盗窃犯罪被害案件的发生原因是多方面的，可以分为社会因素、环境因素和个人因素等。

1. 社会治安复杂

伴随着高校的改革，学校与社会之间的交往更加频繁和多样化，受社会环境的影响也日益加深。另外，诸多高校地处城乡接合部，周边环境相当复杂，缺乏有效的治理，超市、商场和餐馆等林立，马路上也有流动摊位，从业人员良莠不齐，一些不法分子甚至把高校当成其作案的"乐园"。校内也是人员高度密集之地，人来人往，熙熙攘攘。加之网络的普及也给校园带来了一系列的消极因素，使得高校内部治安问题日益突出。

2. 安全防范措施滞后

各项安全制度是环环相扣、互为前提的，任何一项安全管理措施的缺失，都将留下巨大的安全隐患。而当前高校的安全保卫工作普遍滞后于社会和高校的发展。校园总体安全防控体系不完善，缺乏"人防、物防、技防"的相互配合。例如，虽然已安装了防盗报警系统，但其灵敏度低，技术性能差，达不到要求，起不到防范作用；多数情况下，门岗成了"防君子，不防小人"的摆设，各类车辆及社会闲杂人员随便进出学校，没有起到第一防线的真正作用；宿舍管理人员的日常管理不够严格，闲杂人员有时随便进出于宿舍；招用的保安队员职业素质偏低，多数队员存在临时性的观念，在工作中没有充分发挥作用。

3. 震慑力不足

高校保卫部门没有执法权。保卫处只是校内安全防范、协调和协助公安部门查处案件的职能部门，在高校内发生的各类案件只能报公安部门立案调查。而公安机关本身人员少、资金少、任务量大、治安压力大，再加上高校学生盗窃案件相对而言价值不大、线索少、办案难度大，公安机关一般也只是出警到现场，了解案情，难以进行有效的侦察工作，由此便造成了破案率低的结果，也就导致了犯罪分子更加有恃无恐，频频作案。公安机关的"打"和学校方面的"防"难以有效结合，无法形成“打防结合”的合力和震慑力。

4. 防范意识淡薄

大学生思想单纯、警惕性低、缺乏社会经验、安全防范意识淡薄和自我保护能力差等，是造成校园盗窃案件多发的一个重要原因。

有些大学生认为学校治安防范工作与自己无关，是学校保卫部门的任务。在这种“事不关己，高高挂起”的思想支配下，他们对钱财和贵重物品就会保管不严；即使碰到有可疑人员也不会加以盘问；甚至听到有人叫喊捉贼也不出来帮忙擒贼。这些都为窃贼的偷盗行为打开了方便之门。

(二) 大学生盗窃犯罪被害案件的特点

据统计，目前在高校校园内发生的盗窃案件约占高校各类案件总数的60%～70%，并呈上升趋势。盗窃案件大部分发生在宿舍、餐厅、教室、图书馆以及大学生礼堂等场所。其中入室盗窃最为常见，数量大、发案率高、危害面广。一般而言，高校宿舍发生的盗窃案件有以下几个特点：

1. 目标的准确性

作案人员一般对校内已经发生或将要发生的事情比较关注，且会事先多方打听、摸底，并伺机作案。

2. 人员的组成特性

作案人员主要有三类：第一，内部人员，多为同学、室友、生活在周围的其他人员或被高校处理的离校人员。他们对侵害对象的生活、作息规律及钱、财、物存放的位置非常熟悉，作案有目的、有准备、速度快，现场极少留有破坏痕迹。第二，外来人员。他们往往会打扮成学生模样，以认老乡、探亲友、找同学朋友、寻求帮助或推销商品等为借口，混入学生宿舍区，伺机作案。第三，内外勾结，校内人员串通校外人员进行作案。他们对侵害对象和目标也是比较了解的，往往很容易得手。

3. 时间的规律性

高校有独特的学习、生活和活动规律。这些规律直接影响和制约着盗窃行为的具体实施。据统计，作案时间多发生在以下时段：

(1) 刚入学或放假前。校内人员流动大，学生心情放松，安全警惕性也放松了。

(2) 假期。此时，校园内人员稀少，易发生撬门扭锁型盗窃。

(3) 上午第一、二节课时或晚自习时。此时，宿舍内要么无人，要么仍然处于睡眠状态中。

（4）夏、秋季节。开窗睡觉，易被“钓鱼”盗窃。开门多，易发生乘虚而入型的盗窃。

（5）学校举办大型文体活动时。外来人员剧增，发生盗窃的可能性也会相应增加。

（6）学校考试周、开大会、周末看电影等。因宿舍里的学生都已走空，就容易发生盗窃。

（7）新生异地军训和毕业生实习期间。宿舍长期无人居住，容易被盗。

4. 作案方式多样化

（1）顺手牵羊。临时起意，趁人不备，将放在桌上、走廊或阳台等处的衣物、钱财等盗走。

（2）溜门行窃。趁室内无人，房门、抽屉未锁之机入室行窃。如果推门发现屋里有人，他们会借口找人立即离开；一旦屋里没人或学生在睡觉，他们就会迅速下手拿走手机、钱包或笔记本电脑等。作案后，他们会快速离开现场。

（3）窗外钓鱼。用竹竿等工具在窗外将衣物或贵重物品钓走，有的甚至把纱窗弄坏，钓走放在桌上和床上的物品。

（4）翻窗入室。通过攀爬气窗、窗户和阳台等进入室内盗窃。没有安装护栏的窗户、露台和易于翻越、攀登的窗户，盗贼都有可能翻入。

（5）撬门扭锁。探得宿舍内无人后，即采取插门缝、撬门锁或直接撞门等手段入室行窃。这类案件的主要窃取的目标是现金和价值较高，又便于携带的贵重物品。室内翻动较大，抽屉、箱子和橱柜等都被撬遍。

除上述五类外，还有偷配钥匙、预谋行窃、以推销产品等名义混入宿舍而伺机行窃等。

如果不是在现场人赃俱获，这类案件的破案难度很大。有的作案人员进入宿舍作案，在盗窃难以得逞，一时又逃不出去时，往往会躲入厕所、阳台或空房间等，先逃离发现者的视线，再从容离去；或者装出一副可怜的模样，哀求私了或放过；有的作案人员甚至会铤而走险，掏出凶器威胁发现者。

5. 案值的增大性

盗窃外形大的物品很容易引起他人的注意，因此窃贼一般都会选择体积较小、案值较大的物品，如现金、手机、游戏机、笔记本电脑、就餐卡、名牌的衣服或鞋子等。这些物品一旦失窃，大都会构成刑事犯罪案件。

6. 侦查复杂性

这些盗窃案件的隐蔽性强、作案时间短，甚至很少在被盗现场留下痕迹与物证，因此破案难度很大。

被害人学的研究表明，从被害人的角度出发，采取多种被害预防措施，能够有效地减少犯罪的发生。被害人增强防范意识、掌握防范技巧、熟悉法律知识，能够更好地预防被害和维护自己的合法权益。

(三) 发生盗窃案件后的应对措施

1. 封锁和保护现场，及时报案

一旦发现财物被盗，一定不要惊慌失措，要保持清醒的头脑，迅速组织在场人员保护好现场，不准任何人进入现场，并及时向学校保卫部门报告。万一进入现场后才发现被盗，则不要随意在室内走动，并注意不接触门把手和锁具，以免破坏有价值的指纹、脚印和痕迹物证等。应马上撤离现场，不得急急忙忙地先翻动、查看现场物品，检查损失情况等，以免影响公安人员现场勘查取证、准确分析和判断侦察的范围。

2. 发现可疑人物，及时控制

如果发现可疑人员，一定要沉着冷静，主动上前询问。询问时，要注意讲究方式方法。一旦发现其回答吞吞吐吐、有疑问，则要设法将其稳住，并及时向学校保卫部门报告。还要注意防范作案人员狗急跳墙，伤及自己。在当场无法抓获盗贼的情况下，应记住盗贼的特征，包括性别、年龄、相貌、衣着、口音、身高、胖瘦、动作习惯、佩戴首饰和逃跑的方向等，以便向公安、保卫部门提供破案的线索和信息。

3. 及时报失，配合调查

发现存折、银行卡或校园卡被盗，应尽快到银行或学校职能部门挂失。知情人员应当积极配合学校保卫部门和公安部门的调查取证，实事求是地回答相关提问，不得隐瞒不报。相关管理、侦查部门有责任、有义务为提供情况的学生保密。

现实生活中，有的人对与己无关的案件不愿多讲；有的人不敢提供相关情况，担心受到打击报复或影响同学关系等。这些都是错误的行为，会给案件侦破工作带来诸多困难，也会贻误破案的最佳时机，还会使犯罪分子逍遥法外，继续为害。

(四) 大学生盗窃犯罪被害案件的自我防范措施

防盗的基本方法有人防、物防和技防三种。其中，人防是预防和制止盗窃犯罪唯一可靠的方法。物防是一种应用最为广泛的基础防护措施。技术防范则是可即时发现入侵，能够替代人员守护，且可长时间处于戒备状态的，更加隐蔽、可靠的防范措施。

大学生要正确认识当前盗窃犯罪存在的客观性，加强个人被害预防的自我教育，利用自身的生理、心理和各种社会资源，主动实施消除和减少自身被害性的培养和训练，通过以下几个环节提高防盗能力。

1. 居安思危，提高防范意识

(1) 平时千万不要怕麻烦，养成随手锁门、关窗的习惯。这不仅是对自己负责，也是对室友负责。即便是买饭、打开水、上厕所或去串门聊天等短时间离开宿舍，也要及时锁门。上自习、外出锻炼或夜间睡觉等，也不要因为室内有人就放松警惕，而应随手锁门。

如果门窗或防护栏发生了破损，一定要及时报修，以免给作案人员留下可乘之机。可以在门后放置一个瓶子或其他容易发出声响的物品作为警报器，以便及时发现有人进入了宿舍。

平时要注意保管好自己的钥匙，包括教室、宿舍、抽屉、橱柜和箱包等处的各种钥匙，不要轻易将钥匙借给他人或乱丢乱放。发现钥匙丢失后，要及时换锁，以防复制或伺机行窃。

(2) 大额现金不要随意放在身边，应及时存入银行，同时办理加密业务，并将存折、银行卡和印鉴、密码、身份证、学生证等证件分开存放。密码应采用难以破解的数字设定，千万不要选用自己的生日、学号、手机号码、电话号码、家庭门牌号码或其他单一的、容易被他人破译的数字。破解密码盗取存款的案例已屡见不鲜。在银行存取款时，注意遮挡输入密码，警惕旁人偷记。万一丢失存折或银行卡，应立即挂失。

(3) 校园卡等各类有价证卡最好的保管方法是放在自己贴身的衣袋内。袋口应配有纽扣或拉链。所用的密码一定要注意保密，不要轻易告诉任何人，以防身边有“不速之客”。参加体育锻炼等活动必须脱衣服时，应将各类有价证卡锁在自己的抽屉、箱子里，或委托可以信任的同学、朋友代为保管。

(4) 最好不要将贵重物品带入校内。如果已经带入校内，如黄金饰品、高档衣物、高档手机、笔记本电脑和照相机等，要放置在带锁的抽屉、箱子和橱柜等安全保险的地方妥善保管，并最好留上特殊的记号。睡觉时，不要把贵重物品和衣物放在窗口或靠近窗口的位置上。笔记本电脑要安装笔记本电脑锁。放假离校时，应将贵重物品随身带走。有些贵重物品实在无法带走的，如台式电脑，应根据学校的有关规定，交给学校统一保管。

(5) 在食堂、教室、超市和图书馆等公共场合，应将随身携带的物品放在自己的视线范围之内，或交给同学、朋友帮忙看管。千万不要拿装有贵重物品的书包等占座，以免发生拎包事件。如果要出去办事或者上厕所，而又无人帮忙看管时，应把书包等带在身边。参加体育活动时，尽量不要把眼镜、手机、钱包、书包或衣服等放在运动场的边角处，这样很容易造成物品被盗。

(6) 相互关照，勤查勤问。遇到来回走动、窥测张望的形迹可疑人员应加强警惕、多加留意。如果发现有人盗窃时，不要慌张，立即找个偏僻处报告校内保卫部门或拨打匪警电话“110”。

(7) 积极参加班级、学生会或学校保卫部门等安排的安全值班，协助做好校园安全防范工作。这样的安全防范实践，既可以保护自己和他人财物的安全，也可以锻炼和增长自己的社会实践才干。

2. 遵纪守法，落实学校的安全管理规定

为营造一个安全和谐的校园环境，学校有关部门制定了相关的安全管理制度，以规范学生的日常行为。但还是有个别学生往往会为了个人的“一时之利”，违反规定，结果造成损失。

(1) 在宿舍违规留宿他人，造成财物被盗的案件很多。学生们应该从中吸取教训，不要随意留宿外来人员。

文明礼貌、热情好客是好事；同学、朋友、老乡来访，也是很正常的事。但有些学生，对来访的人员并不十分熟悉，又碍于情面，不加拒绝，便违反学校规定，留宿他人。这在客观上为盗窃案件的发生创造了条件。尤其，对于那些刚认识不久或假意“求助”的陌生人，更要保持警惕性，以防引狼入室。如果“来客”一时无法离开，学校和周边都有宾馆或酒店可以住宿。要是客人想在宿舍留宿，也应及时向宿舍管理部门汇报，并办理相关登记手续。

(2) 爱护公共财物，保护门窗和室内设施的完整性。有些学生平时忘带宿舍钥匙后，为图省事，便毁锁开门；还有的学生会因故损坏抽屉、桌子和橱柜等。这些公物损坏后，如果不及时报修，那么就形同虚设，起不到任何保护财物的功能。

3. 提高修养，养成良好的生活习惯

有关调查研究表明，作案分子盗窃欲望的产生，在许多情况下是受到盗窃目标的诱惑与刺激，加上日常生活中的不良习惯，给作案分子提供了机会。如大额现金有意无意地在人前炫耀，贵重的手机、照相机、笔记本电脑随意摆放在室内等，都是盗窃案件易于产生的原因。所以，加强自身财物保管，是减少被盗的有效途径。另外，还要注意搞好团结，与人友好相处，形成互相帮助的善良风气。注意谨慎交友，少交酒肉朋友，克服哥们义气，防止引狼入室，甚至同流合污。

(五) 家庭防范盗窃的注意事项

小区的电子门损坏未修、便于攀爬的外墙或水管上没有加装倒刺或涂刷油类润滑剂等都会给盗窃行为留下隐患,需要给予高度重视。对于家庭而言,防盗需要注意以下几个方面:

(1) 房屋装修好后,及时更换门锁,防止被盗。

(2) 安装质量过硬的防盗门和防盗窗。低楼层住户可以安装防盗护栏,并在门窗附近安装报警装置,还要经常检查家中的门、锁、窗的防盗情况,发现问题及时维修。

防盗门的选购要求:门框的钢板厚度要在 2 毫米以上,门体厚度要在 20 毫米以上,外表应为烤漆或喷漆,手感细腻光亮,整体重量重、强度高,一般在 40 公斤以上,并要有公安部门的安全检测合格证书。防盗锁具也必须是公安部门检测合格的,锁体周围应装有加强钢板。

防盗护栏的选购标准:首先,护栏铁栅间距要小于 16 厘米,这样人才无法钻入。其次,护栏一定要制成“井”字形,这样即使窃贼将铁护栏弄断两三根也是无济于事的。另外,铁护栏的材料最好选用不锈钢钢管,里面再套上一根钢筋,这样既美观又牢固。还要注意留下逃生通道,一旦发生险情便于及时逃生。

如果没有安装防盗门或防盗护栏,为阻止窃贼利用软插片从门缝拨开锁舌后入室,可在锁舌外侧的门框上钉一枚铁钉,预留部分凸出,并使铁钉露出木头部分的长度正好弥补木门与门框之间的空隙;也可以用三角斜坡木枕顶住房门;还可以在门的上下两端各装一个暗插销,入睡前将暗插销插上,以此加强防范。

(3) 平时要养成外出随手关闭门窗和反锁防盗门的习惯。不管是临时串门,还是下楼取快递或倒垃圾等,都要如此。

(4) 慎重为陌生人开门

遇有人敲门或按门铃时,应先从猫眼向外观察。如果是陌生人,可隔着门先问明其身份与来访目的,避免自称是推销员、快递员、抄表员或家人朋友的陌生人进入家中。假如是陌生人要借用家中电话或其他器材,应婉言拒绝。

上门服务和维修等事宜应尽量约定在家中人多时进行。注意不要对他们讲述家中的情况。不是很熟悉的朋友,也不要轻易带回家中。

(5) 及时清理插在门上、信箱内的各类小广告、传单等。一旦出现堆积,就会很容易被确定家中无人,而成为窃贼的目标。

(6) 晚间若要开窗通风,务必要关闭靠近落水管和空调外机等部位的窗户,可在窗框、落水管和空调室外机架等部位安装防盗爬刺等;也可在窗口放一些多刺的植物或风铃和酒瓶等，这样可以起到惊醒主人、吓退盗贼的效果；还可在阳台上安装一个感应灯，在临睡前打开开关，一旦有人攀上阳台或有声响，灯就会亮，从而可以吓跑窃贼。如果卧室离阳台较远，还可以将灯和一个小型蜂鸣器连在一起，灯亮的同时会发出鸣叫声，也可起到提醒主人的目的。

(7) 家里不要放置过多的现金。不要把存折和银行卡等放在抽屉或柜子里，这些位置都是入室窃贼喜欢翻找的地方。贵重物品要妥善存放，可拍照或刻上姓名，万一失窃便于日后追回，同时也为窃贼销赃制造障碍。保险箱不要放置在客厅或门厅，以防窃贼从门口窥探到。最好将衣物、钱包、手机和笔记本电脑等物品放在远离窗口，或窃贼不易够到的地方。出门注意不要露富。

(8) 傍晚临时外出时，可在房间开一盏灯或打开音响，模拟家中有人的状态；或可安装智能监控系统，一旦有人非正常进入，主人可通过手机短信等方式接到警报。吹空调时，尽可能给空调房间的门留出一点小缝隙，以便听到家中的动静。

(9) 刀具不要放在家中的显眼处，以防窃贼进入家门后，拿到凶器伤人。

(10) 回家时，若发现有人在家中行窃，应立即将门反锁或悄悄找邻居、小区保安看守，并迅速报警。在拨打“110”时千万不要慌张，要将姓名、事由、地点讲准确。若不熟悉该地点，一定要描述位置的环境特征，越详细越好。

(六) 其他各类盗窃案件的防范常识

1. 医院防范盗窃的注意事项

到医院看病，往往会携带数额较大的现金，而这些“救命钱”却成了不法分子下手的目标。

(1) 排队挂号、缴费或者取药时，要将背包移到身前，不要把现金、手机等随手放在口袋里。同时要多留意那些来回乱窜、老在眼前晃动的人。

(2) 在心电图室、B超室、化验室做检查时，应将口袋里的物品取出，放到较为安全的地方，或交由随行人员妥善保管。

(3) 进出电梯时，对贴得很近或故意拥挤的人要多留神。

(4) 不要让装有贵重财物的包离开自己的视线。不要将现金、手机、手表等贵重物品随手放在病房里。如果病房的床头柜有锁，尽量将贵重物品锁起来。如果有陌生人进入病房，务必提高警惕。

2. 浴室防范盗窃的注意事项

此类案件主要集中在中、低档浴室，选择目标为更衣柜中的现金和首饰等贵重物品。作案人员多以浴客身份混入，利用浴客洗浴期间疏于防备，便以技术开锁或撬衣柜等手段，将更衣柜内的财物盗走。因此，到浴室洗浴时，应尽量少带贵重物品，必要时可到服务台寄存。

3. 饭店、商场防范盗窃的注意事项

秋冬季节，由于室内外温差大，餐饮场所拎包案件较为突出。在包间就餐时，应关上门，以防外人进入。在大厅就餐时，要将手机、拎包等贵重物品始终置于自己的视线范围之内。在人多拥挤，付款或接取食物托盘时，也要注意财物安全。还要留心自己放在椅背上的物品，离开时不要遗忘或丢失。

商场购物时，尽量结伴而行，警惕和远离那些往人多处拥挤却不买商品，和专盯顾客口袋、提包，并尾随、贴靠、碰撞顾客的人。寄存物品时，应警惕他人的偷窥，妥善保管好开箱密码。无论是试衣裤，还是试鞋等，要将随身衣物置于视线以内，注意力不要全部集中在商品上，同时留几分以防范窃贼。及时检查随身物品。有同伴随行的，试衣时最好由同伴看管钱物。

4. 防范盗窃摩托车、电动车

（1）上好车牌。在正规的车辆销售点购车。一定要带好发票等到上牌点登记上牌。这样的话，万一发生失窃，便于警方在追回被盗车辆后，根据有效信息核对失主，返还车辆。

（2）加装防盗报警器或防盗锁。应购买品牌锁具。为了对付"万能钥匙"，在锁具的选择上，尽量挑选锁眼为环形或弧形的锁具。

（3）车辆尽量放在有人看管的车棚或防范可靠的车库内。如果没有车棚，则尽量将车辆停放在银行、小区或商店门口。因为，这些场所有保安、营业员或摄像头，窃贼作案可能性较小。

车辆临时停放的话，尽量将其停放在自己的视线范围之内，不要将其停放在人流较少或者偏僻的地段。上锁时，要尽可能地将车与地锁、固定物体锁在一起。还可在车辆已锁的情况下，在车轮上再加一把防盗锁。

（4）做好电瓶防盗措施。电瓶是电动车最值钱的部件。要给电瓶加装非十字的网格式的防盗架或电瓶防盗锁，并在电瓶内加装防盗器。如果从不把电瓶取下充电的话，可以想办法把电瓶封死在车上。

（5）在车上安装"车卫士"防盗终端。利用GPS卫星定位技术和通信技术，一旦车辆发生异常震动或移位，防盗系统会自动发送短信至车主手机提醒。

（6）发现车辆被盗，一定要及时报案，以便及时找回车辆，挽回损失。

5. 防范盗窃汽车及车内财物

（1）安装使用防盗锁、报警器和GPS定位系统等防盗器材。

（2）将汽车停放在有人看管的停车场或有防盗设施的车库。

(3) 车内不存放现金、贵重物品和备用钥匙等。拎包和袋子等不可随手放在副驾驶座位上。如要放在副驾驶座位上，要将包带绕在手刹上。

(4) 驾车时，锁闭车门。下车时，也必须锁门。即使离开车辆时间很短，也要立即锁好车门，关严车窗。锁车时，要观察周边是否有可疑人员靠近。在每次遥控锁好车门后，要再拉一下车门，防止被干扰，导致车门未锁闭。

(5) 遇到有人借故敲窗搭讪，不要轻易摇下车窗玻璃。要查看车子是否已上锁，物品存放是否安全，最忌贸然下车。

(6) 发生刮擦事故，如果是在白天、热闹地段，下车后就要将车辆锁上。如果在偏僻路段，或附近有可疑人员出现时，可将车辆上锁后，坐在车内拨打交通事故报警电话“122”。

6. 银行取款时，防范被尾随

到银行提取大额现金时，应有人陪同。要注意周围有无可疑人员，在提取现金后不要中途停留。更不能在人离开车辆后，将现金留于车内。如果存取大额现金，可拨打匪警电话“110”，要求护送服务。

7. 使用银行卡的安全注意事项

(1) 银行卡要在银行的正规网点办理。不要找他人代为办理银行卡，以防被他人冒领。

(2) 刷卡进入自助银行的门禁时，要先检查一下刷卡槽。在确认没有多余的设置后，再刷卡，并且无需输入密码。

(3) 在 ATM 机上操作之前，要先检查一下 ATM 机是否有多余的装置，留意密码键盘、插卡口和出钞口等是否异常，如卡口的附加物、张贴的可疑告示或微型摄像头等。如果有被改装的痕迹，务必重新选择一台 ATM 机使用，并及时向银行报告或拨打“110”报警。

(4) 不要轻信张贴在 ATM 机上的手写或打印的银行“提示”或者可疑的手机短信，也不要拨打提示上的陌生电话。整个交易过程中，不要接受任何陌生人的帮助或询问，不管与谁联系(包括银行)，都不要告知对方自己的银行卡密码。做到密码必须保密。

(5) 若 ATM 机提示取款成功、有交易流水单打出或听到机器已有声音，却不吐钞时，若有同伴，可留守一人，另一人向银行求助；若银行就在旁边，可向银行的大堂经理或保安求援；或可在原地拨打银行客户服务热线进行求助；也可利用手机向警方求援。同时，要仔细观察机器周围有无异常人员。

如果 ATM 机出现吞卡的情形，不要轻易离开，应耐心检查一下机器。一定要取到吞卡凭条，判定确实吞卡后，可向银行求助。如果发现人为破坏，应立即报警。

(6) 在开放式的 ATM 机上取钱时，应用一只手遮住键盘或用物品遮住键盘上方，另一只手快速输入密码，谨防被不法分子安装的盗码器和摄像头等作案工具窃取信息。不要让背后的陌生人靠得太近，以防偷窥。对于过于靠近机器的人，可礼貌地提醒他站在“一米线”外。在等待出钞时，应一只手捂住插卡口，另一只手挡住出钞口，以防不法分子借故将卡调包或直接拿走钞票。

离开 ATM 机之前，不要忘记取走银行卡与钞票，并确认该卡是属于自己的。同时，切莫随手丢弃交易流水单，应妥善保管或及时处理、销毁单据。

(7) 在消费结账时，要留意银行卡的去向。切忌将银行卡交给他人在自己视线以外的地方刷卡，谨防银行卡的信息被盗取。

(8) 要养成定期对账的良好习惯。经常有转账来往的，一定要确认核实转账短信的真假。一旦发现不符，应及时与银行联系。

8. 防范银行卡被盗刷

(1) 不轻信。在接到银行卡消费短信时，不要轻易相信提醒的内容，也不要拨打短信上的咨询电话，以免遇到短信诈骗。如有疑问，应直接与银行客服联系。

(2) 不代刷。用银行卡消费时，尽量不要让他人代刷。如果是代刷，一定要让银行卡保持在自己的视线范围内，留意收银员的刷卡次数，并确认收回的是本人的银行卡。还要注意身边的可疑人员，以防密码被偷窥。

(3) 要升级。带芯片的银行卡中有读写保护和数据加密保护，复制难度非常高，安全性更好，建议及时将磁条卡升级为芯片卡。

(4) 要盖住。信用卡背面后三码(紧跟着卡号后面的三个数字)是信用卡的“第二密码”，为防止卡片被“克隆”，可以用胶带将后三码盖住。

(5) 签购单不要随意扔。在商场刷卡消费后，要把签购单的客户联带走，不要随意乱扔。在收到银行的对账单后，应仔细核对消费记录。如有疑问，可及时向银行咨询。

小贴士

1. 不要随意填写快递单

快递单应如实填写。如果发生收到的物品与填报的物品不符的情况，可以直接拨打“110”报案。贵重物品在寄件时一定要保价；收件时，务必要验收。

2. 旅途中的防盗窃

学生放假、返乡、返校和外出实习、求职途中容易发生被盗事件。为防被盗，需要注意以下几点：

(1) 乘车前，不要大量饮酒，以保持清醒的头脑。可以随身携带清凉油、风油精等，必要时抹一些提提神。

(2) 提前到达车站候车，这样可以有充足的时间购票、取票、进站和上车，避免忙中出乱。

(3) 要用的钱最好事先准备好，尽量少带现金，而是以微信、支付宝或银行卡的形式携带。现金要放在内衣口袋或提包内，并护在胸前。在购票、检票时，钱物不要与车票混在一起，尽量减少翻动现金或随意清点钱款的次数。

(4) 项链、耳环和戒指等贵重物品，应放在贴身的衣服口袋内，或者提前取下，放在较为安全的地方。不要在携带贵重物品时打盹或睡觉。不要将贵重物品交给陌生人看管。证件和卡类要分开存放。手机要放入包内，或握在手中。带包乘车时，要将包的拉链拉上，并尽可能将拉链面紧贴身体。遇到有人故意碰摸、紧贴时，要加倍小心。

(5) 上车后，携带的包裹等行李物品要放在视线能及的行李架上。如果行李架已满，可放在茶几、座位的下面，以提高安全系数。如需将衣服挂在车厢两侧的衣帽钩上，应提前将衣服内的物品取出。如果携带的贵重物品较多而需要存放时，可与乘警联系。如有结伴同行者，可轮流休息，以保持足够的防范精力。

(6) 上下车时，不要争抢。车快到站时，起身带好随身物品，有秩序地向车门口移动。同时，对那些手拿报纸、雨伞、塑料袋等简单物品，眼神经常游离在旅客的衣袋和背包上，在人群中故意挤搡或用身体阻挡旅客或多次重复上下车的行为反常的人要特别注意。

(7) 不要喝陌生人的饮料，不要委托陌生人打开水，不要委托陌生人帮助看管行李。遇到突发事件时，例如有人在面前打架，要特别注意周围的人，发现异常要及时远离或报警。

3. 谨防利用手机二维码盗取个人网银的案件

目前，智能手机用户日益增多，手机二维码使用的范围也越来越广泛。

二维码本身不会携带病毒，但有些二维码被黑客加载了带有病毒程序的网址链接。用手机扫描后会得到该链接，如果进一步点开操作，就会在联网的状态下使手机中毒。这样，手机里存储的通讯录和银行卡号等隐私信息就会泄露，甚至被乱扣话费和消耗上网流量。此种情况与手机登录恶意网站、下载病毒应用程序一样，是PC互联网和移动互联网上的变种，只不过是改头换面通过二维码这一载体表现出来而已。

应到官方应用商店、正规论坛下载扫描二维码。不要扫描一些来路不明的网站上的二维码，更不要点开其链接或者下载安装。手机中要安装相应的防护程序，一旦出现有害信息，就及时杀毒。如果发生被盗、被骗的情况，务必及时报警处理。

二、防诈骗

案例 1

2013年10月，某高校女生张璐被自称“来自香港的交换生”男子以带其熟悉校园为借口，拦住搭讪。后又以住在酒店已欠下住宿费为由，向张璐借银行卡转账。事发后，一直未见该人还款，也无法联系该人，张璐才明白过来，自己被骗走了5 000元。

案例 2

某高校学生鲁岩在网上购物时，对方称其淘宝账号被锁住了，需要验证码。鲁岩未经思考，便将验证码发给了对方。可没过多久，鲁岩发现自己的4 000元从账户上消失了。

案例 3

某高校学生范青青接到“邮政快递”电话通知，其从深圳邮寄来的包裹内因夹带有违禁物品，已经被市缉毒大队调查，必须尽快联系处置。此后，范青青在恐吓和威胁下，一步一步听从对方的指挥，最终给对方的指定账号转账5 200元。

芸芸众生，人海茫茫。纷繁复杂的社会如同烟波浩渺的大海，有时风平浪静，有时波涛汹涌，有的地方隐藏着暗礁，有的地方弥漫着迷雾。要知道，熟人之间尚且“画虎画皮难画骨，知人知面不知心”，更何况是那些素未谋面的陌生人呢？若是奸诈者再包装成善良人的面目出现，就又更容易使人迷惑，以至上当受骗了。各类诈骗案件不断见诸报端，也在时刻提醒着我们留个心眼以及防范诈骗的必要性。

目前，社会上出现了多种多样的诈骗，其作案手段和形式可谓不断推陈出新，电话诈骗、短信诈骗、网络诈骗、推销诈骗、兼职诈骗、培训诈骗、情感诈骗及利诱诈骗等层出不穷。真是可恶至极！

大学生是不法分子实施诈骗的主要目标。这不仅会给大学生的人身、财产造成损害，影响大学生的正常学习和生活，还可能会引发其心理障碍，也助长了诈骗组织或个人的嚣张气焰，是造成校园秩序不稳定的因素之一。

（一）高校诈骗的概念

诈骗是指以非法占有为目的，采取虚构事实或者隐瞒真相的欺骗手段，使受害人陷于错误的认识，并“自愿”处分财产，以骗取数额较大的公私财物的行为。高校诈骗是指以高校大学生为诈骗对象的诈骗行为。高校网络诈骗是指借助网络媒介实施的以高校大学生为诈骗对象的诈骗行为。

（二）大学生受骗的客观原因

1. 高校开放式环境的影响

我国大部分高校为开放式管理，社会环境相对复杂，社会人员素质参差不齐，潜藏着许多不安全的因素。这给诈骗分子进入校园，开展推销、假装“落难”等提供了一定的便利条件。

2. 诈骗环节严密、内容逼真隐秘

不法分子设计的诈骗环节相当严密，虚构的“事实”极为逼真，采用的题材又大多源于日常生活，使人较容易消除防范戒备的心理。

（三）大学生受骗的主观原因

调查显示，大学生受骗的主要心理因素是无知、轻信、贪心、好奇心、侥幸心理、盲目自信、禁不住诱惑和难以拒绝别人等。

1. 思想单纯、轻信偏信

当代大学生多为独生子女，具有强烈的社会交往的愿望，热情好客，乐于助人。但因长期生活在校园、家庭两种环境中，大学生的思想较为单纯，缺乏社会生活经验，与社会的阴暗面接触更少，想当然地认为大学校园也是一方净土，警惕性不高，即使是对素不相识的陌生人也常怀善良之心、慈悲之心及同情之心，缺乏基本的防备心理，遇到问题的时候，未经深入思考和探究就轻信偏信。

2. 贪慕虚荣，急功近利

有的大学生贪图安逸、喜好面子，享受心理较为严重。受功利心和虚荣心的驱使，一心想结识所谓的“富豪”“高干子弟”“海归”或“华人”等过上安逸、奢靡的生活；或想通过一些具有显赫身份的人物提高自己的身价。当不法分子利用这些“显赫”的身份开展诈骗犯罪活动的时候，这一类的学生就毫无还手之力。

3. 急于求成，轻率行事

大学生思想活跃，参与意识强，很希望通过参加各种社会实践活动或勤工俭学来丰富自己的社会阅历，提高自己适应社会的能力，以便为将来更好地走上工作岗位、实现自我价值打下前期基础。但是，由于大学生社会交往的局限，信息来源较少，且无时间、无精力到处收集、整理、分析信息资料，就会常常盲目相信各种媒体广告或到处张贴的小广告。只要是有信息，就想当然地、不加辨别地以为是真实可靠的，因而容易钻进诈骗分子事先设计的圈套而上当受骗。

4. 因老乡观念而上当受骗

许多大学生特别是新生，首次离开父母开始独立生活，不管在哪里遇到同乡人都会产生一种自然的亲近感。校园里老乡观念也较为盛行。老乡的交往超出了班级、专业、院系，甚至本校的范围，有的老乡还会定期组织同乡会，开展联谊活动等。而一些诈骗案件的作案人员非常了解这一点，他们会把自己打扮成本校或外校的大学生，利用所谓的或捏造的“同乡”关系来与大学生交往，以获取其信任，从而骗取钱财。

(四) 常见的电信诈骗手法

1. 冒充 QQ 好友诈骗

利用木马程序盗取对方的 QQ 密码，然后截取对方的聊天记录，在熟悉对方的情况后，冒充该 QQ 账号的主人对其 QQ 好友或家人以“患重病、出车祸”或“急需用钱”等紧急事情为由实施诈骗。

2. 以微信渠道实施诈骗

(1) 微信伪装身份诈骗。利用微信“附近的人”查看周围朋友情况，伪装成“高富帅”或“白富美”，加为好友，骗取感情和信任后，随即以资金紧张或家人有难等各种理由骗取钱财。

(2) 微信假冒代购诈骗。在微信朋友圈假冒正规微商，以优惠、打折或海外代购等为诱饵，待买家付款后，又以“商品被海关扣下，要加缴关税”等为由要求加付款项。一旦获取购货款后，则人间蒸发，再也无法联系。

(3) 微信发布虚假爱心传递诈骗。将虚构的寻人、扶困帖子以“爱心传递”的方式发布在朋友圈里，引起善良网民的转发。实际上帖内所留的联系方式绝大多数为外地号码，打过去不是吸费电话，就是电信诈骗。

(4) 微信点赞诈骗。冒充商家发布“点赞有奖”信息,要求参与者将姓名、电话等个人资料发至微信平台。一旦“商家”套取足够的个人信息后,即以缴纳手续费、公证费和保证金等形式实施诈骗。

(5) 微信盗用公众账号诈骗。盗取商家公众账号后,发布“诚招网络兼职,帮助淘宝卖家刷信誉,可从中赚取佣金”的推送消息。受害人信以为真,遂按照对方要求多次购物刷信誉,之后发现上当受骗。

3. 电子邮件中奖诈骗

通过互联网发送中奖邮件,受害人一旦与犯罪分子联系兑奖,犯罪分子即会以缴纳个人所得税、公证费和转账手续费等各种理由要求受害人汇钱,以达到诈骗目的。

4. 冒充身份诈骗

(1) 冒充知名企业中奖诈骗。冒充知名企业,预先大批量印刷精美的虚假中奖刮刮卡,通过信件邮寄或雇人投递发送后,以需交手续费、保证金或个人所得税等各种借口,诱骗受害人向指定银行账户汇款。

(2) 冒充公、检、法诈骗。冒充公检法工作人员拨打受害人的电话,以事主身份信息被盗用或涉嫌洗钱等犯罪为由,要求将其资金转入所谓的“国家账户”配合调查。

(3) 冒充医保、社保诈骗。冒充医保、社保中心的工作人员,谎称受害人医保、社保出现异常,可能被他人冒用、透支,涉嫌洗钱、制贩毒等犯罪。之后冒充司法机关工作人员以调查为由,诱骗受害人向所谓的安全账户汇款。

(4) 补助、救助、助学金诈骗。冒充民政、残联等单位的工作人员,向残疾人员、困难群众或学生家长打电话、发短信,谎称可以领取补助金、救助金或助学金,要其提供银行卡号,然后以资金到账查询为由,指令受害人在自动取款机上进入英文界面操作,并将钱转走。

(5) 收藏诈骗。冒充各类收藏协会,印制邀请函邮寄至各地,称将举办拍卖会,并留下联络方式。一旦事主与其联系,则以预先缴纳评估费、保证金和场地费等名义,要求受害人将钱转入指定账户。

(6) 机票改签诈骗。冒充航空公司客服,以“航班取消,提供退票、改签服务”为由,诱骗购票人员多次进行汇款操作,实施连环诈骗。

(7) 冒充房东短信诈骗。冒充房东群发短信,称房东银行卡已换,要求将租金打入其他指定账户内。部分租客信以为真,将租金转出后方知受骗。

(8) 退款诈骗。冒充淘宝等公司的客服,拨打电话或者发送短信,谎称受害人拍下的货品缺货,需要退款,要求购买者提供银行卡号、密码等信息,实施诈骗。

(9) 解除分期付款诈骗。通过专门渠道购买购物网站上的买家信息，再冒充购物网站的工作人员，声称“由于银行系统错误，买家一次性付款变成了分期付款，每个月都得支付相同费用”，之后再冒充银行工作人员，诱骗受害人到ATM机前办理“解除分期付款手续”，实施资金转账。

(10) 快递签收诈骗。冒充快递人员拨打事主电话，称其有快递需要签收，但看不清具体地址、姓名，需提供详细信息便于送货上门。随后，快递公司人员将送上物品(假烟或假酒)。一旦事主签收后，犯罪分子再拨打电话称其已签收，必须付款，否则将会找麻烦。

(11) “猜猜我是谁”诈骗。获取受害人的姓名和电话号码后，打电话给受害人，让其“猜猜我是谁”，随后根据受害人所述，冒充熟人身份，并声称要来看望受害人。接着，编造其被治安拘留、交通肇事等理由，向受害人借钱。一些受害人没有仔细核实，就把钱款打入到犯罪分子提供的银行卡内。

(12) 金融交易诈骗。以某证券公司名义通过互联网、电话、短信等方式散布虚假股票内幕信息及走势，获取事主信任后，又引导其在虚假交易平台上购买期货、现货，从而骗取事主资金。

5. 娱乐节目中奖诈骗

以热播栏目节目组的名义向受害人手机群发短消息，称其已被抽选为幸运观众，将获得巨额奖品，之后以需要交各种手续费、保证金或个人所得税等为借口，实施连环诈骗，诱骗受害人向指定银行账户汇款。

6. 虚构绑架诈骗

虚构事主亲友被绑架，如要解救人质需立即汇款到指定账户并不能报警，否则撕票。当事人往往会因情况紧急，不知所措，就按照犯罪分子的指示，将钱款汇出。

7. 虚构手术诈骗

以受害人子女或老人突发急病或车祸，需紧急手术为由，要求事主转账，方可治疗。遇此情况，受害人往往会心急如焚，一步步按照犯罪分子的指示转款。

8. 购物诈骗

(1) 购物退税诈骗。事先获取到事主购买房产或汽车等信息后，以税收政策调整可办理退税为由，诱骗事主到ATM机上实施转账操作，将卡内存款转入诈骗分子的指定账户。

(2) 网络购物诈骗。开设虚假购物网站或淘宝店铺。一旦事主下单购买商品，便称系统故障，订单出现问题，需要重新激活。随后，通过QQ发送虚假激活网址，受害人填写好淘宝账号、银行卡号、密码及验证码后，卡上金额即被划走。

(3) 低价购物诈骗。通过互联网、手机短信发布二手车、二手电脑或海关没收物品等转让信息。一旦事主与其联系，即以缴纳定金和交易税、手续费等方式骗取钱财。

9. 办理信用卡诈骗

通过报纸、邮件等刊登可办理高额透支信用卡的广告。一旦事主与其联系，犯罪分子就以缴纳手续费、中介费和保证金等虚假理由，要求事主连续转款。

10. 群发短信诈骗

(1) 刷卡消费诈骗。群发短信，以事主银行卡消费可能泄露个人信息为由，冒充银联中心或公安民警连环设套，要求将银行卡中的钱款转入所谓的安全账户，或套取银行卡账号和密码从而实施犯罪。

(2) 引诱汇款诈骗。以群发短信的方式，直接要求对方向某个银行账户汇入存款。由于事主正准备汇款，因此收到此类汇款诈骗信息后，往往未经仔细核实，即把钱款打入诈骗分子的账户。

(3) 贷款诈骗。通过群发信息，称其可为资金短缺者提供贷款，月息低，无需担保。一旦事主信以为真，对方即以预付利息和保证金等名义实施诈骗。

(4) 高薪招聘诈骗。通过群发信息，以月工资数万元的高薪招聘某类专业人士为幌子，要求事主到指定地点参加面试，随后以缴纳培训费、服装费或保证金等名义实施诈骗。

(5) 复制手机卡诈骗。群发信息，称可复制手机卡，监听手机通话信息。不少群众因个人需求，主动联系嫌疑人，继而被对方以购买复制卡和预付款等名义骗走钱财。

11. 包裹藏毒诈骗

以事主包裹内被查出毒品为由，称其涉嫌洗钱犯罪，要求事主将钱款转入“国家安全账户”以便调查，从而实施诈骗。

12. 提供考题诈骗

针对即将参加考试的考生拨打电话，称能提供考题或答案。不少考生急于求成，将款项转入指定账户，之后发现被骗。

13. 订票诈骗

利用门户网站、旅游网站、搜索引擎等投放广告，制作虚假的订票公司网页，发布订购机票、火车票等虚假信息，以较低票价引诱受害人上当。随后，再以“身份信息不全”“账号被冻结”或“订票不成功”等理由要求事主再次汇款，从而实施诈骗。

14. 合成图片实施诈骗

犯罪分子收集公职人员的照片后，使用电脑合成淫秽图片，并附上收款卡号邮寄给受害人，勒索钱财。

15. 伪基站诈骗

利用伪基站向广大群众发送网银升级、“10086”移动商城兑换现金的虚假链接。一旦受害人点击后便在其手机上植入获取银行账号、密码和手机号的木马病毒，从而进一步实施犯罪。

16. 兑换积分诈骗

拨打电话，或者发短信谎称受害人手机积分可以兑换智能手机、现金等。如果受害人同意兑换，对方就以补足差价等理由，要求先汇款到指定账户，或者要求受害人按照其提供的网址输入银行卡号、密码等信息，受害人银行账户的资金即被转走。

17. 二维码诈骗

以降价、奖励为诱饵，要求受害人扫描二维码加入会员，实则附带木马病毒。一旦扫描安装，木马病毒就会盗取受害人的银行账号、密码等个人隐私信息。

（五）诈骗案件的防范对策

防止诈骗案件的发生，谨慎行事是关键。大学生应提高防范意识，严格遵守校纪校规，多学习相关的法律法规，努力了解和掌握一些基本的诈骗手段和防范技能，做到洁身自好，以确保人身和财产的安全。

1. 树立良好的个人价值取向

大学生应树立良好的个人价值取向，做到“无功不受禄”。在提倡助人为乐、奉献爱心的同时，应提高警惕性，不能轻信花言巧语，避免具有讽刺意味的“善良的代价”。

2. 要有反诈骗意识

俗话说“害人之心不可有，防人之心不可无”。大学生应学会自我保护，遇事与人应有清醒的认识。对于任何人，尤其是陌生人，不要因为对方的许诺而轻信盲从。

3. 培养良好的心理素质

诈骗分子在实施诈骗的过程中，多是利用他人的惊喜或是恐慌心理来下套的。遇到急事、大事，不要轻易做出决定，一个人急急忙忙地处理，而应多与家长、老师、同学或朋友交流沟通，听取他们的建议。一旦发现被骗，千万不要慌张，要赶快想办法，掌握对方的犯罪证据，并立即报警。

4. 忌贪小便宜

俗话说："贪小便宜，吃大亏。"要努力克服爱贪小便宜的不健康心理。对飞来的横财和好处，特别是不熟悉的人所许诺的利益要深思、调查，理性对待，要知道天上是不会掉馅饼的。"君子爱财，取之有道"，少了贪欲就少了上当受骗的可能性。

5. 懂常识，信科学

根据我国法律的规定，公安机关、检察机关、法院在侦查办案中都不会通过电话进行案情询问，更不会询问群众家中的存款情况，也不可能提供所谓的安全账户以及要求群众转账等。"110"系统是只能接进电话，而无法呼出电话的。多了解这些方面的常识，就能识别诈骗分子的诡计了。

同时，大学生应该了解一些自然科学方面的知识，破除迷信，不要相信什么巫婆、神汉或神医之类的谎言，也是防骗之道。

6. 个人及家庭的资料要注意保密

现今社会，个人信息泄露严重，一不小心自己的信息就会被他人获取。

大学生在QQ、微信、微博等网络平台发布个人消息的时候，应注意对姓名、电话、家庭地址、家人姓名和个人的定位等信息加以保护。

在现实生活中，与人交往也要把握分寸。在没有充分了解对方的时候，不要轻易将私人的资料随便泄露，以免引来不必要的麻烦和后果。

此外，应妥善保管自己的身份证等相关证件的原件及复印件，不要随意到处办理会员卡或信用卡，甚至直接把身份证转交给他人代办。这样会存在极大的安全隐患。在用身份证的复印件办事时，应在其上注明仅限于某某用途，以防被人利用。

7. 慎重交友，不感情用事

"路遥知马力，日久见人心。"交友要谨慎，信任是要逐渐积累的。在与同学、老乡或朋友的交往中，要富有爱心，要懂得尊重他人，强调自律意识，乐于助人，但不被坏人利用。对突然出现的"老乡""校友""朋友"或"老师"等，要多想、多问、多核实，避免以感情代替理智。如果只凭感情用事，一味"跟着感觉走"，往往容易上当受骗，后悔莫及。

8. 自觉遵守校纪校规，服从校园安全管理

为了加强校园安全管理，学校制定了一系列的制度和规定，用来规范大学生的行为。这些在执行过程中可能会给大学生带来一些不便，但却是必不可少的，目的是在于维护学生的正当权益和校园秩序。因此，大学生一定要认真服从校

园管理规定，自觉遵守校纪校规，以减少上当受骗的可能性。

如果遇到麻烦，应迅速向学校保卫部门和公安机关报案，并保留证据，协助调查，尽可能将损失减少到最低的程度，也避免了让诈骗分子逍遥法外，继续危害他人。

综上，尽管诈骗手段层出不穷，花招屡屡翻新，但万变不离其宗。只要大学生们保持清醒的头脑，树立较强的反诈骗意识，克服内心的一些不良心理，坚信“天下没有免费的午餐”，做到“三思而后行”，就一定可以有效预防被诈骗。

小贴士

1. 警惕“兼职刷信誉”诈骗

随着淘宝网店生意竞争的日渐激烈化，不少网店都在想方设法提高自己的知名度，其中刷信誉就是一项重要的手段。就此，网上出现了一种新的兼职方式“刷信誉”。而一些别有用心、心怀不轨之徒就打起了这个“兼职刷信誉”的主意。下面就是“兼职刷信誉”的诈骗伎俩：

(1) 工作轻松，高报酬。诈骗分子首先会打出诸如“一天在家上上网，就能轻松赚上好几百”的诱人价码，以诱骗那些想着“天上掉馅饼”的人。总是会有人禁不住高薪又轻松的诱惑而被骗。

(2) 流动资金，卡单。诈骗分子会叫你先用自己的钱付款购买商品，声称会将你的货款和佣金打回给你。但等你付款之后呢？会出现以下几种可能：第一，直接消失，把你拉黑；第二，一直借故拖延，要你再做几单然后一起返还；第三，借口卡单或没收到账款等，要你重新拍。不论哪种情形，肯定都是被骗了。

(3) 确认收货，虚拟。你可能会对网上的兼职有警惕。当你表现出自己的怀疑时，诈骗分子就会说：“你付完款不要收货啊，这样的话，就算是骗你的，你也可以退货或退款啊。”就是这句话，让很多人放松了警惕，信以为真。但诈骗分子让你拍的单子或买的商品其实都是虚拟的，如话费、Q币或游戏点卡等，而这些都是自动发货，没有退的。

2. 征婚交友网站的防骗术

(1) 花篮托、酒吧托、饭托。首先，假借婚恋交友的名义与征友对象频繁联系，以骗取对方的信任。然后，会找来所谓的“亲属”，使征友对象对其身份、地位和财力产生信任。之后，就以公司开业或店面开张等为由要求对方到指定的花店买花，或到指定的酒吧、饭店约会消费，并与这些场所对收入进行分成。

(2) 机票托。此类诈骗案件通常为团伙作案。其中一人负责与征友对象进行联系,建立信任。在一定程度的交往之后,以乘坐飞机前去看望或出差为由打来电话,谎称钱包被盗等,要求征友对象给其汇款购买机票,并利用事先录制好的机场录音来迷惑征友对象。团伙内的其他不法分子,则假扮机场工作人员等其他角色,与该征友对象通话,以骗取信任达到目的。

(3) 借贷诈骗。不法分子与征友对象经过一段时间的了解,确立一定的信任后,会出现如下情形:

① 女孩声称没钱上学,或声称父母家人患病,急需救治,寻求经济帮助。

② 男性冒充海归,声称患病、钱包丢失、资金周转不灵或受到政治迫害等,欲借取钱财。

③ 在约会的过程中,来电谎称在途中发生了车祸,要求对方把钱打到自己的卡上。

(4) 高额声讯电话。不法分子以高额收费的声讯电话号码作为自己资料中的联系电话。他人一旦拨打过去,将会产生高额的话费。

(5) 香港赛马会。不法分子的账号注册地多为广州、香港,在取得征友对象的信任后,谎称自己是某某赛马协会的工作人员,可以知道赛马的内幕消息,从而引诱征友对象进行巨额投资。

(6) 冒充成功人士。冒充单身或丧偶的成功男士,在短时间内大量地向对方发出交友信息,深情的讲述自己寻偶的真诚或丧偶的不幸,待逐渐博得对方的信任与好感之后,开始骗取钱财。

(7) 仿冒征婚交友网页。行骗者伪造、冒充正规征婚交友网站(一般是在网址上做略微变动更改),通过假网页发布各类抽奖活动,进行公开诈骗。

3. 旅途中的防诈骗注意事项

学生放假、返乡、返校和外出实习、求职途中,容易发生被诈骗的情况。因此,需要注意:

(1) 不要在与他人的交谈中随意透露家庭联系电话或地址等,以防不法分子盗取个人资料后,向家人行骗。

(2) 注意防范不法分子设置的诱饵,例如在路上放置钱物,以捡到钱物平分为借口而行骗。

(3) 进站、上车时,不要随便让人带路,防止拉客人员以老乡或工作人员身份取得旅客信任后,将下车中转或到站的旅客带上黑车或带进黑旅店。

(4) 警惕不法分子谎称以帮旅客退票为由而行骗。

三、防抢夺、抢劫

案例

某地周边连续发生数起“打闷棍”抢劫案。犯罪嫌疑人手持木棍，戴口罩，骑摩托车，利用天色全黑、路上行人稀少的时间段，在僻静无路灯处，选择骑自行车或电动车经过此处的单身人员作案，先跟踪尾随，然后伺机从背后突袭，用木棍猛击目标头部，致目标倒地后，将目标身上的手机、现金等财物全部抢走。

（一）抢夺与抢劫的概念

抢夺与抢劫，从普通人的角度看，是没什么差别的两个概念。但从法律的角度讲，抢夺与抢劫的差异是很大的。抢夺是以非法占有为目的，乘人不备，公开夺取数额较大的公私财物的行为。而抢劫则是以暴力、胁迫或其他方法强行抢走财物的行为。这两者在方法的选用上是有很大的不同的。另外，从犯罪人的角度来讲，抢劫的主观恶性更大。在一定的情况下，抢夺案件容易转化为抢劫案件，同时这两类案件也很容易转化为伤害、强奸或凶杀等恶性案件，不仅侵犯受害人的财产及人身权利，还会造成受害人身体及精神上的伤害，甚至会危及生命。

（二）大学生抢夺、抢劫案件的概念

大学生抢夺、抢劫案件是指以大学生为目标和受害人的抢夺、抢劫案件。

大学生由于涉世不深、缺乏社会经验，以及在被抢夺或抢劫后，大多只是默默承受，不敢反抗，因此往往会成为不法分子实施此类犯罪的主要目标。

（三）大学生抢夺、抢劫案件的特点

1. 作案对象

作案的主要目标是穿着时髦、势单力薄、携带贵重财物、看电影或晚自习晚归的学生及在昏暗、无人地带谈恋爱的大学生情侣等。

2. 作案时间

作案时间具有一定的规律性，一般是在夜深人静、行人稀少之时及学校开学

阶段，特别是大学新生入学之际。因为夜深人静、行人稀少时，受害人往往孤立无援，犯罪分子易于得手。有的新生及家长会带有较大数额的现金，为不法分子所觊觎。

3. 作案地点

作案地点一般是在偏僻、人少、昏暗、地形复杂或治安状况较差的地段。例如树林中，小山上，远离宿舍区的教学、实验楼附近，或无路灯的人行道，以及正在施工的建筑物内等。僻静的街道、小巷、地下通道及便于逃脱的岔路口、广场等地也是主要的作案地点。

4. 作案手段

抢夺案件主要以飞车抢夺为主。所有飞车抢夺均为两人合伙作案，一般为两个人骑一辆摩托车(通常是无牌、假牌或遮盖车牌的赃车)在自行车道上作案。靠近目标之后，坐在车后的不法分子瞬间伸手去抢受害人的手提包等，而后迅速驾车逃离。

抢劫案件通常是抓住人胆小怕事的心理特征，对受害人进行暴力威胁或言语恫吓，实施胁迫型抢劫；或采用殴打、捆绑等行为实施暴力型抢劫；或利用部分学生单纯幼稚的特点，设计诱骗其上当，实施诱骗型抢劫；或利用学生热情好客等特点，冒充老乡或朋友，骗得信任，继而寻找机会用药物将学生麻醉，实施麻醉型抢劫等。

5. 作案人员的团伙性

作案人一般为校园附近的农村、城乡接合部或工厂等单位中不务正业、有劣迹的青年或流窜作案人员。

这些人往往三五成群，结伙作案，共同实施抢夺或抢劫犯罪。他们往往在抢劫前进行周密的预谋，有明确的分工，有的充当诱饵专门物色犯罪对象，有的专门充当打手。

(四) 大学生抢夺、抢劫案件的预防

预防抢夺、抢劫案件一定要在思想和行为上高度重视，不给不法分子以可乘之机。

(1) 各高校都有相应的安全纪律，如严禁外宿、晚归；晚上睡觉时，务必反锁房门；不得在校外私自租房等。大学生应严格遵守这些安全管理规定，并自觉落实到日常生活中。

(2) 衣着打扮不要装酷。少数大学生喜欢刻意穿着时髦，往往给自己埋下了安全隐患。

(3) 尽量避免携带过多的现金。学费最好是通过银行汇兑或代扣，并将多余的现金及时存入银行。进出银行等金融场所时，如确需要支取大量现金时，应找一位自己信任的同学或朋友等陪同前往。在校验密码时，注意“一米线”范围内的人员。不要把填写有误的存、取款单随手扔掉，而应进行粉碎处理，因为存款单上可能留有自己的账号及身份证号。在取出现金后，不要将钱款放在自行车、摩托车或电动车的车篮等显眼处，而应放于外衣内部或提包内层。同时，要注意避让尾随跟踪、企图接近的可疑人员。最好是驾驶汽车或乘坐出租车离开，并记下所乘坐车辆的车牌号码。如发生紧急情况，可在有把握的前提下，抛弃或毁掉银行卡，但要注意千万不能被不法分子发现，否则极有可能招致更大的伤害。

(4) 尽量避免携带贵重物品或佩戴贵重首饰。平时，应将贵重物品藏于隐蔽处，不外露或向人炫耀。如果必须要携带一些贵重物品，如笔记本电脑，就最好驾驶汽车或乘坐出租车，并记下车辆的车牌号。高档手机不要挂在腰上或胸前到处跑，也尽量不要边走路、边拨打手机，特别是在经过地下通道和过街天桥时。

(5) 不要走偏僻的小道。应选择比较繁华、明亮的地段和路线行走，特别是在晚上、深夜和凌晨时。男女朋友约会时，也不要为了浪漫，而到这些不安全的地方去。在宿舍楼关门之前，务必返回宿舍休息。

如果必须要通过僻静、黑暗处，最好是结伴而行，或随身携带一些防卫工具，且在心理上应有一定的准备，做到前瞻后望，左顾右盼，快速通过。若发现有人在不远处的身后跟踪，则要提高警惕，想方设法避开，避免停下来与对方发生正面的冲突，可大叫熟悉的同学或老师的名字，并立即向人多、繁华和有灯光的地方，如宿舍区、商场等走去。同时，及时拨打电话与家人、朋友联系，也可向学校保卫部门或“110”报警。对于悄悄驶近的摩托车、小汽车等，更要特别注意防范。

(6) 外出时，应结伴而行。不要去爬野山。爬山时，不要另辟蹊径，应走正规的线路。

(7) 行走时，无论路上人多人少，应尽量靠近人行道的最里侧，远离行车道，还要边走边察看行走沿线的地形地貌。尤其是拎着包的时候，应尽量将包放在靠近人行道里侧的一边，并斜挎在胸前，不要将包背于身后。

骑车时，不要将包直接放在车筐内，最好是用一根小绳将包绑牢在车把上，或把包带在车把上绕几圈，也可在车篮上加装盖子，再上锁。当发现车子突然出现无法骑行等故障时，首先要将车篮内的物品抓牢，将包保护好。因为常有不法分子往后车轮扔布条、钢丝等，在受害人查找原因时，他们就趁机抢包。

驾驶汽车时，要锁好前后车的门锁。即使为了通风，也不要将车窗玻璃完全降下。同时，车内的财物尽量不要放在驾驶台或副驾驶座等显眼的位置。在比较偏僻和人流量稀少的路段发生交通事故时，应锁好车门，仔细观察对方的情况，并尽快拨打交通事故报警电话“122”。

(8) 与可疑的陌生人或障碍物保持必要的安全距离，并注意身上的物品。如果要去不熟悉的地方，尽量自己找或问警察，切忌让陌生人带路。

(9) 不贪小便宜，不迷信。尽量不要参与路边的围观，有可能是引诱受害对象的托儿和陷阱。不要因为身边的一些异常现象，如有人丢钱、打架等，而分散自己的注意力。和朋友一起走路聊天时，也不要过于投入，应该时刻保持警惕。

(10) 不要乘坐私自载客的摩托车或“黑的”。发现两人共骑一辆无牌摩托车在周围游荡时，应特别防备。若听到有摩托车无缘无故地靠近或从背后冲来，也要特别警觉。对于那些无牌、假牌、无证、假证的摩托车或小汽车及可疑人员，应及时报告。

(11) 不要随便交友。对一些初识的人，如所谓的“老乡”、朋友等应保持警惕，不要被对方的“热情”所迷惑，也不要轻易相信他们，更不要随便吃他们提供的香烟、食物、酒或饮料等，以防其中放入了麻醉品。

(12) 如有陌生人敲门，无论任何理由，都要核实对方的身份后再开门。在无法确定真假时，不妨婉言拒绝，待知情者回来后再说。外出时，应锁好门窗。还要搞好邻里关系，以便相互照应。

(五) 遭遇抢夺、抢劫的处理

若遭遇抢夺、抢劫，应尽量保持镇定，不要慌乱。针对不同环境、不同情况，在做好自我保护的前提下，以灵活的方式与不法分子斗智斗勇，切勿盲目追击和正面对抗。

(1) 俗话说“三十六计，走为上”。当自己的力量无法与对方抗衡时，可看准时机，迅速向人多或有灯光的地方奔跑。不法分子因为心虚，一般是不会穷追的。

如果离路边不远，大声喊叫可以发动周围的群众、师生进行围追堵截。但是，如果发案地点偏僻，周围又空旷无人，就不能一味地大喊大叫，以免引起不法分子的杀机。

(2) 当面对的不法分子并非熟练的老手，且体格较小、有制服的可能性时，应大胆地采取反击措施。例如，操起手提包或其他触手可及的物品向对方的眼睛、耳朵和鼻子等易受攻击的部位猛砸去；或抓一把沙土，朝对方脸上撒去；或趁对方不备用膝盖猛顶其裆部；也可利用身边的一切器材，如木棒、石头等击打对方。打击时，必须做到“稳、准、狠”，即不反击则已，一反击就要达到使对方暂时无力攻击的目的。

（3）当发现不法分子心理上的脆弱、心虚的一面时，可主动与其拉家常，或进行法治宣传，晓以利害，从心理上战胜不法分子。

（4）当遇到极凶残的不法分子时，必须“破财挡灾”，千万不能硬碰硬。有的大学生由于生性刚烈，往往鲁莽行事，容易被犯罪分子伤害。

（5）谨记不法分子的特征和其他情况，如脸部、头发、年龄、身高、体态、衣着、疤痕、口音、所驾驶车辆的颜色、车牌号码和逃跑方向等。还可趁其不备，在其身上留下暗记。例如，向其衣服上擦墨水等，便于为公安部门侦破案件提供线索。

（6）无论被抢夺或抢劫的数额有或无、多或少，都要尽快拨打校内报警电话或匪警电话“110”，向学校保卫部门或公安机关报案，并迅速、准确地说清案发地点、不法分子的特征及有关情况，以便保卫、公安部门能马上组织力量，追捕不法分子。

小贴士

1. 如何应对暴力持械劫匪

（1）遇到手持匕首或菜刀的劫匪时，要在保持一定距离的情况下，与劫匪周旋，并寻找时机，用脚踢其手腕，以夺下凶器。

（2）若劫匪从背后袭击，脖子被其双臂勒住时，可用肘部向后猛击劫匪的腹部，或用脚后跟猛踩其脚面和小腿，以迫使其松开双臂，从而得以脱身。

（3）在搏斗中，应充分利用现场的地形地物。如用砖头、瓦块击打对方，用泥土、沙砾迷对方的眼睛，用手中的雨伞狠刺对方，或用身上的皮带等物防身。

（4）无力抵抗劫匪时，要迅速向有人、有灯光的地方奔跑，逃离现场。要侧身变向跑，以防背后袭击，并大声呼救。

2. 谨防入室抢劫

（1）正规的煤气公司每两年上门安检一次，每两个月上门抄表一次，住户可以推算时间来进行判断。同时，有些公司会将该小区指定的抄表员的信息贴在小区门口，而有些公司则是在接到客户电话后才会上门进行安检服务。提供上门服务的公司人员是有专门的制服和工牌的，其制服和工作包上也会有公司的标识。

(2) 针对各种上门服务的人，单独在家的人尤其应该提高警惕。不要偷懒，根据季节相应地多穿点衣服；可以适时假装和屋里人说话聊天；或者假装打电话给朋友、家人；也可以带上钥匙出门或下楼拿快递等，以拒绝其进入家中。

(3) 网络购物要做到：第一，收货地址最好选择单位，而不是私人住址。如果选择私人住址，则不要留下非常具体的地址，留下居住小区名称或者楼栋号即可。取快递时，可以电话与快递员约定取件地点。第二，最好选择熟悉的快递公司。因为快递公司会安排专人负责某个区域，一般不会出现生面孔的快递员。如果遇到陌生的快递员敲门，一定要先核实对方的信息及所购物品，不要因为购物过多而嫌麻烦。第三，独自一人在家时，要下楼取货，别让快递员送货上门。第四，快递签收单不要随意丢弃。为了避免个人的信息泄露，要尽快涂掉单子上的姓名、电话、地址和购买产品等一系列个人信息。

四、警惕传销

案例 1

某高校大四学生王鑫，家境困难、成绩优秀，曾多次获得校级奖学金。2015 年 1 月课程结束后，王鑫外出找工作屡屡受挫，遂被老乡以介绍工作为由拉入某传销组织，并成为其中的骨干力量，导致无心完成学业，无法正常毕业。

案例 2

某高校大二学生秦川，在班级中沉默腼腆，急于找兼职锻炼。一天，他被师姐以介绍兼职为由拉入“完美”做变相传销。此后，秦川不仅经常在周末外出听课，还鼓动同学加入该组织，并经常请假回家，以各种理由向家里要钱。后来，经老师分析传销的真相，他才醒悟，断绝了与“完美”的联系，并积极投身学习和学校集体活动中。

近年来，面对严峻的就业形势、企业对实际工作经验的要求或自身学费、生活费、人际交往等的开销需求，越来越多的大学生选择兼职、实习等活动。与此同时，地下传销和变相传销活动抬头，全国各地先后发生多起大学生参与传销的案件，尤其是在毕业求职阶段，影响相当恶劣。2017 年 7 月大学生李文星网上求职误入传销组织导致死亡事件，引起社会对传销的更大关注。

（一）传销的概念及其法律规制

1. 传销的概念

20 世纪 20 年代，传销在美国产生。一个企业或组织只要其核心的营销方式是发展下线，即“拉人头”，而不是由销售人员直接面对终端消费者，那么其本质就是传销。传销活动破坏经济秩序，干扰社会生活，给社会稳定带来各种不安定因素。长期以来，世界各国均对传销实行严格限制、监管或者禁止的政策。

2. 传销的特征

从组织方式看，传销组织者承诺给予参加者的行为以发展他人加入高额回报，加入者再以同样的方式介绍和发展其他人加入该组织，以此形成上下线紧密联系的传销网络。

从计酬方式看，组织者以参加者发展下线的数量为依据计算和给付报酬，或以参加者发展的下线的销售业绩为依据给付报酬，形成传销的“金线链”。

从销售方式看，与直销的单层次销售（即推销员直接将商品推销给最终消费者）相区别，传销是多层次网络式销售。

从经营目的看，传销不以销售商品为最终目的，而以发展人员数量、骗取钱财为最终目的。

3. 传销的法律规制

（1）国外对传销的法律规制。美国把传销定义为金字塔欺诈销售，出台了《反金字塔式促销法》《多层次直销法》《禁止金字塔销售法》等法律法规加以限制和打击。澳大利亚《贸易实践法》把传销定性为非法行为，对其进行严格的监管。日本把非法传销称为无限连锁链，通过《无限连锁链防止法》，禁止相关违法欺诈活动。如果传销过程中涉嫌人身拘禁、洗脑宣传等罪行，还可能罪加一等，数罪并罚。加拿大《公平竞争法》和德国《反不正当竞争法》也都对传销进行严厉处罚。

（2）我国对传销的法律规制。作为一种营销模式，传销自 20 世纪 90 年代进入我国，逐渐盛行且发生了变异。一些不法分子利用传销组织结构的封闭性、传销活动交易的隐蔽性、传销人员的分散性等特点，进行严重危害社会的违法犯罪活动。

1998 年，国务院颁布《关于禁止传销经营活动的通知》，坚决禁止我国境内任何形式的传销经营活动，要求外商投资的传销企业也必须进行转型经营。

2001 年，传销进入刑事案件领域。最高人民法院对《关于情节严重的传销或者变相传销行为如何定性的批复》指出：对于1998年国务院《关于禁止传销经营活动的通知》发布以后，仍然从事传销或者变相传销活动，扰乱市场秩序，情节严重的，以非法经营罪定罪处罚。

2005年国务院又相继发布了《直销管理条例》和《禁止传销条例》。法律许可的直销是单层次营销，即直销员的收入来自个人销售货物所获得的利润。传销是多层次的营销，其价值链或收益来源全部来自最末端，即下线，这是明令禁止的。

2009年《中华人民共和国刑法修正案(七)》明确规定了“组织、领导传销活动罪”。关于该罪的定罪标准，《最高人民检察院、公安部关于公安机关管辖的刑事案件立案追诉标准的规定(二)》规定：涉嫌组织、领导的传销活动人员在30人以上且层级在3级以上的，对组织者、领导者，应予立案追诉。

我国政府禁止传销经营活动，已经形成了比较完善的法律体系和各个部门相互配合、分工负责的工作体制，与国际社会的做法保持一致。工商行政管理部门主要依据《禁止传销条例》以及其他相关法律法规，对传销行为进行查处。对于情节严重、涉嫌犯罪的传销行为，由公安机关依据刑法以及有关司法解释、法律规定等进行立案侦查。

(二) 大学生参与传销的危害

大学生参与传销活动，戕害青春、消耗金钱，各种负面效应不言而喻。

1. 影响大学生的思想行为观念

传销组织通常以谈心、游戏、煽动性口号和“成功人士”讲座等宣传方式鼓吹所谓的“成功学”传销理论。深陷传销的大学生的思维方式、道德观念和行为方式极易发生蜕变，个别大学生甚至不惜以身试法，走上违法犯罪道路。

2. 侵害大学生的人身和财产安全

大量的传销案件中，大学生自身或亲戚朋友的财物遭受损失已不足为奇，大学生的自由权、生命健康权遭到侵害也司空见惯，精神崩溃、失踪甚至死亡的后果屡屡发生。

3. 破坏大学生的人际关系

传销的本质是“信任透支”，突破法律的底线，肆意践踏社会诚信和良知，以明显背离道德标准的“杀熟”方式追求利益最大化，给大学生的人际关系造成巨大的损失和伤害。

4. 危害高校学生管理工作

大学生隐瞒学校陷入传销组织后，不仅迟到、旷课、早退时有发生，不能正常完成学业，导致休学、退学或无法正常就业等，还常常大肆宣传各种传销思想，严重干扰了正常的教育教学和管理秩序，对良好的班风、学风、校风造成了极大的冲击，影响学校的声誉和长远发展。

(三) 大学生参与传销的自身的原因

1. 缺乏正确的世界观、人生观和价值观

有的大学生虽然受过良好的知识教育，但思想单纯、心理不成熟、社会阅历相对浅薄。在充满浮躁与诱惑的社会环境中，面对经济、求职和就业压力，容易受到拜金主义思想的影响和利益的驱动，幻想投机取巧、一夜暴富，缺乏“君子爱财，取之有道”的思想境界，缺乏诚信意识、自我保护意识和法律素养。

2. 心理健康状况堪忧

少数大学生性格内向，平日沉默寡言，感觉被人忽视。传销组织宣扬亲情化管理，在一定程度上满足了这部分大学生的情感需求。一些大学生悲观、消极情绪大，容易被传销组织煽动和蛊惑。一些大学生叛逆心理强，对生活的期望值过高，缺乏对自身的正确评价，加之好奇、虚荣、从众、模仿的心理作祟，使得大学生比较容易接受传销以迎合自己的心理需求。

(四) 大学生如何远离传销

大学生应努力加强科学文化知识的学习，加强《禁止传销条例》《直销管理条例》和《中华人民共和国劳动合同法》《中华人民共和国劳动法》《中华人民共和国就业促进法》和《消费者权益保护法》等相关法律法规的学习，提高法律素养，积极主动通过互联网等媒介深入了解传销，提高对传销的识别能力。

大学生应树立正确的财富观和成功观，脚踏实地，克服浮躁的情绪和不切实际的贪欲，谨慎交友，珍惜个人信誉，增强社会责任感，筑牢思想道德防线。

尤其是在毕业求职阶段，大学生应保持良好的心态和正确的择业、就业、创业观，从可靠的渠道收集就业信息，注重安全技能的培训和锻炼。对于网络平台发布的就业信息，务必先了解网络平台的可靠性，再对用人单位的营业执照、组织机构代码和就业信息的合法性等多加甄别。遇到传销，应及时积极举报，杜绝李文星式的悲剧重演。

小 结

随着生活水平的提高，大学生的生活条件发生了巨大的变化。大学生的各类学习用具和生活用品的质量也越来越高，如手机、数码照相机、笔记本电脑等贵重物品逐年增多，侵犯大学生财产权利的案件也屡屡出现。

“害人之心不可有，防人之心不可无。”大学生们一定要增强自我的财产保护意识，管理好自己的财物，不要轻信偏信。发生案件后应及时报案，便于追究犯罪，挽回损失。

思考题

1. 你知道盗窃案件有哪些特点吗？
2. 你知道发生盗窃案件后的应对方法吗？
3. 如何防范家庭盗窃案件的发生。
4. 你知道常见的电信诈骗手法吗？
5. 如何防范诈骗案件的发生。
6. 如何防范抢夺、抢劫案件的发生。
7. 大学生如何远离传销。

第六讲

心理健康

导读

现代社会,"健康"的概念已不仅仅包括身体健康,而且还包括心理健康。心理健康,是指一种持续的积极的心理状态,表现为人的基本心理活动过程内容完整、协调一致,即认识、情感、意志和行为等能适应外部环境。

生活中,每个人都会不同程度地受到来自各方的精神压力。压力若得不到有效的缓解,就容易引发各种心理疾病。大学生作为社会发展中的特殊群体,同样也面对着各种压力源,如学业困惑、情感问题、生理疾患、家庭变故、经济压力和社会的激烈竞争等,从而产生各种各样的情绪困扰。

大学生了解和掌握一些关于心理健康的理论与方法,养成积极的学习、思考习惯是十分重要和必要的。因为,只有保持身心的健康,才能更好地适应社会,更好地生活。

一、常见的心理障碍及其调适

案例 1

某高校学生孙文华,父亲身体残疾,母亲于一年前病故,家庭经济特殊困难。悲痛万分的孙文华产生了悲观绝望的情绪。他对生活失去了信心,开始厌学,处于退学的边缘。

案例 2

某高校女生苏媛，因第三者插足，与男友分手。分手后，她变得特别依赖同学，总像是一个小女孩一样跟在别人的身后，受一点委屈就坐在地上痛哭流涕。一开始只是在宿舍里这样，后来发展到在教室里与同学发生争执后，也会坐在地上痛哭。

案例 3

某高校女生邱娟，一个普通家庭的独生女。父母的期望使她感到了巨大的学业压力。她总是坐在教室里，东想西想，精神不能集中，也看不进书。她对自己的行为很不满意，非常担心自己就一直这样下去。更由于身材矮小偏胖，她总感觉别人会嘲笑她的外貌，渐渐地就形成了孤僻、自卑的封闭性格。有一次在寝室里聊天，她与室友因为观点不同而发生了争执，突然拿起板凳砸向室友。室友躲避不及，腰被板凳砸中。

健康的心理是大学生学习和生活的前提与保障，也对其今后的健康成长、发展以及更好地服务社会起着非常关键的作用。衡量心理是否绝对健康是非常困难的，个体的遗传禀赋、家庭的教养状况、受教育的方式与程度及个体社会化的过程与效应等，无不影响或是决定着大学生的心理健康水平。

（一）心理健康的原则

判断心理是否健康，一般有以下三项原则：第一，心理与环境的统一性。正常的心理活动在内容和形式上，与客观环境能够保持一致性。第二，心理与行为的统一性。个体的心理与其行为是一个完整、统一和协调一致的过程。第三，人格的稳定性。人格是个体在长期生活过程中形成的独特个性心理特征的具体体现。

（二）心理健康的指标

我国著名心理学专家、中国心理学会常务理事王登峰教授等根据各方面的研究结果，较为详细地提出了有关心理健康的指标，具体如下：

1. 智力正常

智力是人的观察力、记忆力、想象力和思考力等思维能力的综合表现。智力正常是人正常生活的最基本的心理条件，是心理健康的主要标准。

2. 心理行为符合年龄特征

人的生命发展的不同年龄阶段都有相对应的不同的心理行为表现，从而形成了不同年龄阶段独特的心理行为模式。心理健康的人应具有与同年龄段的大多数人相符合的心理行为特征。

3. 了解自我，悦纳自我

一个心理健康的人是具有自知之明的。他既能体验到自己的存在与价值，也能了解自己，接纳自己，满意自己。能对自己的能力、性格、情绪和优缺点做出恰当、客观的评价，对自己定出的生活目标和理想也是切合实际的，并不会对自己提出过高的、苛刻的、非分的期望与要求。另外，他还能做到努力发展自身的潜能。即使对自己无法补救的缺陷，也能泰然面对，安然处之。

4. 接受他人，善与人处

心理健康的人，在社会生活中具有较强的适应能力和较充足的安全感。他乐于与人交往，能够悦纳他人，认可他人存在的重要性和意义。他自身也能为他人和集体所接受和理解，乐群性强，人际关系协调。既能在与挚友团聚之时共享欢乐，也能在独处沉思之时而无孤独之感。积极的态度，如同情、友善、信任和尊敬等，总是多于消极的态度，如猜疑、嫉妒、畏惧和敌视等。

5. 热爱生活，乐于工作

心理健康的人珍惜和热爱生活。他们会积极投身于生活，在生活中尽享人生的乐趣。他们把工作看作是乐趣而不是负担，既能在工作中尽量地发挥自己的个性和聪明才智，也能从工作的成果中获得激励和满足感。他能把工作过程中积累的各种有用的信息、知识和技能存储起来，便于随时提取使用，能够勇于克服各种困难，使自己的行为更有效率，工作更有成效。

6. 面对现实，接受现实，适应现实，改变现实

心理健康的人，能够面对现实，接受现实，并能够主动地去适应现实，进一步地改造现实，而不是逃避现实。他们能对周围的事物和环境作出客观的认识和评价，并能与现实环境保持良好的接触，既有高于现实的理想，又不会沉湎于不切实际的幻想与奢望。他对自己的能力有充分的信心，对生活、学习或工作中的各种困难和挑战都能妥善处理。

7. 能协调与控制情绪，心境良好

心理健康的人，愉快、乐观、开朗、满意等积极情绪状态总是占据优势的，虽然也会有悲伤、忧心、愁苦、恼怒等消极的情绪体验，但一般不会太久。他能适当地表达和控制自己的情绪，做到“喜不狂，忧不绝，胜不骄，败不馁，谦虚不卑，自

尊自重”。在社会交往中既不妄自尊大,也不畏缩恐惧,对于无法得到的东西不会过于贪求。争取在社会规范允许范围内,满足自己的各种需求。对于自己能够得到的一切,感到满意。

8. 人格和谐完整

心理健康的人,其人格结构包括气质、能力、性格和理想、信念、动机、兴趣、人生观等,各方面能够平衡发展。思考问题的方式是适中和合理的,待人接物能够采取恰当灵活的态度,对外界刺激也不会有偏颇的情绪和行为反应,能够与他人步调合拍。

美国著名的心理学家马斯洛也曾提出心理健康的十条标准,分别是:有足够的自我安全感;能保持人格的完整与和谐;能适度地发泄情绪和控制情绪;能充分地了解自己,并对自己的能力作适当的估价;生活理想切合实际;能保持良好的人际关系;不脱离周围现实环境;在符合集体要求的条件下,能有限度地发挥个性;在不违背社会规范的前提下,能恰当地满足个人的基本需求;善于从经验中学习。

一般来说,心理健康的人情绪正常,人格和谐,能够善待自己,善待他人,也能够与环境和谐相处。心理健康的人并非就是没有痛苦和烦恼的人,而是他们能够积极地寻求改变不利于现状的新途径,适时地从痛苦和烦恼中解脱出来。他们既能够深刻体察人性的善恶面,也能够深切领悟人生冲突的严峻性和不可回避性。他们既能够自由、适度地表达、展现自己的个性,也善于不断地学习、总结,会利用各种资源与渠道,不断地充实和提升自我。他们不会去钻牛角尖,而是善于从不同的角度分析与看待问题,既会享受美好的人生,也懂得知足常乐的道理。

(三)大学生常见的心理障碍

心理障碍是指心理疾病或轻微的心理失调。当代大学生产生心理障碍大多数是由于身心疲乏、紧张不安、心理矛盾冲突、遇到了突如其来的问题或难以协调的矛盾。其心理障碍产生的时间较短,程度较轻微,随情境的改变可以消失或减缓。而极个别心理障碍时间较长、程度较重的学生,则可能不得不休学,甚至退学。

心理障碍的表现形式多种多样,主要表现在心理活动和行为方面。心理活动方面,如体感异常、意识模糊、心理紊乱、疑病妄想、难以相处、感觉过敏或迟钝以及产生错觉或幻觉等;行为方面,如冷漠、焦虑、固执、攻击性强,甚至痛不欲生等。

1. 社交恐惧症

社交恐惧症，也称为社交焦虑障碍，是大学生个人对公众场合预先感到的一种持久的、非理性的恐惧。如今的大学校园内团体众多，活动丰富多彩，学生自我锻炼的意识也在不断增强。但是，不少学生很少在公众场合抛头露面，所以就担心会在社交场合出丑，害怕当众表现某种动作，进而会努力去回避社交或表演性的场合。如果非去不可的话，就会表现出极端的紧张或者发生恐惧。

大学生的社交恐惧症大致表现在生理和心理两个方面。生理上，可能会紧张到不住地流汗、发抖或心跳加快等；心理上，可能会感觉自己正被所有人盯着，而且他们还在心里嘲笑自己。因此，非常想逃到一个被人遗忘的角落，从而减轻自己的紧张情绪。这种因为害怕他人的拒绝和审视，让许多学生产生了过度的焦虑，从而对自己的正常大学生活造成了负面的影响。女生的情感较之男生更为细腻，这种焦虑症状也会更加明显。

导致社交恐惧症的因素多种多样，不一而足，如性格、生理、害羞心理、自卑心理、青春期特殊原因和家庭环境原因等。有些因素并不是单独出现的，而是有可能几种因素或所有因素同时出现在相关的大学生身上，从而容易出现社交恐惧症。

调适方案：

(1) 需要从思想上意识到"唯一值得恐惧的，就是恐惧本身"。相信自己，自信的人最美！

(2) 脑子放松，心态放空，多给自己积极的心理暗示，多多地鼓励自己。

(3) 理智地面对现实，不要对自己提出过高的要求，不要沉浸在消极的想法里。要知道"生活，有时就是笑笑别人，也让别人偶尔笑笑自己"。

(4) 尝试着慢慢地与身边的人交往，逐渐地扩大交际面。

(5) 经常地与家长交流沟通。亲子关系的融洽，会在某种程度上增强人的社交勇气。

(6) 针对因为生理原因所诱发的症状，可用药物疗法加以治疗。

2. 强迫症

强迫症，是一类神经强迫症性障碍，以反复出现强迫观念和强迫动作为特征。有的学生一踏进大学的校门，就担心未来的就业问题，导致越是为此苦恼，越是影响学业，形成恶性循环，致使大学四年或五年浑浑噩噩，虚度年华。

调适方案：

(1) 找到强迫症的根源所在，以便对症下药。强迫症是内外因素综合作用的结果，一般包括为遗传因素、心理因素和应激因素等。

(2) 找到强迫症的仪式，以便找到调整的抓手。强迫症的仪式是为了减轻由强迫思维带来的焦虑和痛苦而采取的一种行为。仪式行为可以分为外显行为和内隐行为。外显仪式容易识别，表现为反复检查、洗手或洗澡等；内隐仪式识别起来比较困难，如某人每次锁门后都不放心，要数数后才认为门已经锁好了。

(3) 积极主动地融入集体之中，多参加一些集体性文化娱乐等活动，有意识地培养自己生活中的兴趣与爱好。这样，便于建立新的兴奋点，去抑制病态的兴奋点。

(4) 增强自信，注意心理卫生，培养敢于承受困难和挫折的心理素质，锻炼自己“随它去吧”的心态。

3. 猜疑心理

猜疑心理，是一种由主观推测而产生的不信任的复杂的情绪体验。比如，看见两个同学窃窃私语，就以为在议论自己；他人无意之中看了自己一眼，就以为那人不怀好意，别有用心；或者别人无意之中说了一句笑话，也以为是在讥讽自己，瞧不起自己。猜疑是破坏人际关系、影响人际正常交往的一个重要因素，甚至有时还会造成人际关系的严重冲突。

调适方案：

(1) 提高个人的品性修养，做到心胸开阔、充实自我、满怀信心地生活。这样就不会也没有时间去胡思乱想，怀疑他人了。

(2) 学会及时解疑释惑。在人际交往过程中，发生误会是在所难免的。一旦发生误会，首先要保持冷静，学会全面、辩证地看待事物，不要纠结于一时、一事或一处，可以彼此开诚布公地谈一谈，弄清真相，消除猜疑。

(3) 学会自我解脱。“谁人背后无人说，哪个人前不说人?”遭遇别人的误会、不同见解、非议和流言等，没什么可大惊小怪的。“大肚能容，容天下难容之事；开口便笑，笑天下可笑之人”“任凭风浪起，稳坐钓鱼船”，避免偏听偏信，不听信流言蜚语，可以避免自己的纠结与烦恼。

4. 孤独心理

青少年正处于“自我统合”时期，既希望与他人交往，又容易因强烈的自尊心和自我意识而把自己封闭起来，从而导致孤独感。需要区别的是：独处是一种客观状态；心理上的孤独是一种情绪体验，并不等于一个人独处。

德国心理学家斯普兰格，在他的著作《青年心理》一书中，曾生动地写道：“没有谁比青年从他们的孤独小房里，更加用充满憧憬的目光眺望窗外世界的了。没有谁比青年从他们深沉的寂寞中，更加渴望接触和理解外面世界的了。没有谁比青年更加向远方世界大声呼唤的了。”

心理学家认为，真正的孤独往往产生于那些虽有表面接触，但却没有情感和思想交流的人。例如，新生到校，人生地不熟，如果缺少关心和思想交流，就容易产生孤独；性格内向、不善交流的同学，在遇到不顺心的境况时，也容易出现孤独感。

调适方案：

(1) 相信自己是有价值的人，要让他人能够有机会在日常的生活中认识和了解你。

(2) 积极主动地融入集体中，多参与集体活动，以便体会集体的归属感与安全感，并锻炼自己适应社会的能力。

(3) 培养自我表达能力，学会表达自我。自我表达除了指朋友之间的感情表达，还有个人意见与才能的表达。恰当而不引起误会的表达，有利于同他人的交流和沟通。

(4) 与他人友好相处，善于听取别人的建议和看法，并尊重大家的一致见解。

(5) 敢于跳出孤独的陷阱，好好地思考自己能为他人做些什么。记住，“温暖别人的火，也会温暖自己”“赠人玫瑰，手留余香”。

5. *羞怯心理*

羞怯心理，是害羞和胆怯的统称。胆怯是想交往又怕交往的一种心理准备状态。害羞是胆怯在交往中的心理表现。羞怯心理较重的学生在人际交往中往往表现为话未开口脸先红，话语低沉心发跳；或在遇到问题时，宁可憋在肚子里，也不好意思向他人问询或请教。羞怯心理的产生有三种原因：第一，出于青春期生理变化引起的脸红、冒汗和心慌等感应性反应。第二，自卑心理的影响，担心出错。第三，成长中的环境影响，例如童年、少年期经历过被嘲笑、戏弄或训斥的阴影，从而导致在以后进入类似的环境中会出现胆怯。

调适方案：

(1) “尺有所短，寸有所长”，努力树立交往的自信心，相信自己身上总有吸引他人的闪光点。

(2) 切实拓展知识面，并学习和掌握一些社交的知识和技能，增强交往的勇气。

(3) 积极把握一些沟通与交流的机会。各种场合下，鼓励自己大胆表现，锻炼并展示自我的能力。

6. *抑郁心理*

抑郁，是一种心因性疾病，是长期生活在痛苦中的遭遇、恶劣的情绪累积郁结在心头无法宣泄，造成的内分泌失调、神经功能紊乱，导致积郁成疾。抑郁心理的病因构成是复杂的，主要诱因是挫折、自尊心受到伤害、生活中遭受困难、人际关系不融洽或是婚恋矛盾等。因为这些因素而引起的情绪突然变化，破坏了自身的情感平衡。而忧郁的性格，则更能放大这种抑郁心理。

心理学家表示，抑郁症是一种可以控制的疾病，其完全治愈率为 60%～80%。但抑郁症已日益扮演着“超级杀手”的角色，是自杀案件的重要诱因之一。国际医学专家也指出，到 2020 年，抑郁症可能会成为除心脏病之外的最大杀手。

调适方案：

(1) 学会宣泄郁积于心的事情。可以找家人、朋友、老师或专业的心理咨询师、心理医生推心置腹地谈心交流，勇敢地倾倒出情绪垃圾。对于那些涉及隐私和一些不方便当面说的话，则可以通过电话或网络宣泄，以免除羞涩与尴尬。

(2) 学会放松精神，凡事想得开，“天塌下来，有高个的顶着”。可以听听音乐、练练书画、做做家务、锻炼身体、种养小盆栽、与友人闲聊或与大自然亲密接触等，以此安定心神，享受生活的美好。

(3) 理性分析抑郁心理产生的原因。学会客观地认识问题，换个角度思考问题，乐观地、积极地解决问题，勇于承担属于自己的责任。这样，就会减轻思想包袱，积聚心头的阴云也就会慢慢地消散。

(4) 饮食上多吃鱼类。有调查显示，每周吃鱼不到一次的人比吃鱼次数多的人患抑郁症的可能性高出 31%。这是因为鱼类含有多不饱和脂肪酸奥米伽-3，即 PUFA。及时补充这种物质，可以在某种程度上缓解抑郁心理的出现。

(5) 科学研究发现，浓雾弥漫、阴雨连绵的日子里光照不足，会造成人体松果腺体分泌的松果激素过多，容易导致人产生抑郁情绪。因此，适度地多晒晒太阳，或在室内接受包括红外线、紫外线在内的模拟日光的照射，有益于缓解抑郁心理。

7. 自卑心理

自卑，是一种消极的自我评价或心理暗示，总是自惭形秽，容易产生压抑、孤独、焦虑的情绪，是实现人生志向的巨大心理障碍。人的性格、气质、教养、身份地位以及家庭背景等，都会对自卑心理产生一定的影响。严重的自卑心理会导致一个人消沉、沮丧、颓废、落伍，甚至是心灵的扭曲。

调适方案：

(1) 客观地认识自己，增强自信心和面对生活的勇气，不要被消极暗示所左右。

(2) 善于自我满足，学会欣赏“残缺的美”。不要轻易否定自己，要充分发挥自身的优势,努力以自己的小成绩来弥补自身的欠缺和不足。一个生活充实、乐观积极的人是不会有时间来顾影自怜的。

(3) 广交良师益友,正确对待他人的评价。在交流与沟通的过程中,释放自卑情绪;在友爱的环境与氛围中,平复心理的创伤。

(4) 坦然面对挫折。人生不可能一帆风顺,在逆境中成才,更能为人所敬佩。

8. 嫉妒心理

嫉妒,俗称"红眼病"。心理学家指出,嫉妒是一种难以公开的阴暗心理,是一种以自我为中心的病态心理,也是一种以自己地位相似、水平相近、年龄相仿的同辈人为指向的带有敌意的心理倾斜现象。对与那些与自己毫不相干的人,是不容易产生嫉妒心理的。

研究表明,受嫉妒心理支配的人,轻则出现烦闷、失眠或神经衰弱;重则出现心理失衡、变态或暴力行为。同时,还会造成神经系统功能失调,导致心律不齐、高血压、冠心病、胃和十二指肠溃疡的发生。英国哲学家培根曾说过:"犹如毁掉麦子一样,嫉妒这恶魔总是在暗地里,悄悄地去毁掉人间的美好东西!"

调适方案:

(1) 这是一个开放、合作型的社会。嫉妒者不仅无法与他人有效开展合作,也不能更好地适应社会,立足于社会。而且事实上,这种嫉妒根本否定不了他人,只会不断销蚀自我精力,影响自我进步和造成自我伤害。

(2) 消除"唯我独尊"的心理品质。必须从小"我"的圈子里跳脱出来。要相信自己通过努力,也能创造出属于自己的成就。但如果事事都要求出人头地,那就是自寻苦恼了。

(3) 正确认识自己的不足,找到自我的最佳位置,争取做到"今天的我,比昨天的我更好",就是一种超越与进步了,没有必要去嫉妒他人。

(4) 充实自己,乐观向上。

(5) 达观处世,树立起对人的平常心和同情心,就能轻松看待人事纠葛、功名利禄,也就不容易产生嫉妒了。

(6) 许多嫉妒是由于误会而造成的。敞开心扉,主动接近,相互沟通,就会避免这种误会的产生。

9. 自私心理

自私,被不同的文化传统和道德规范批评为一种恶习。不择手段,一味地只想满足自己的各种私欲的人,就是具有自私心理的人。人的本质属性是社会性,人的需求不能违反社会道德伦理、法律法规,也不能罔顾社会历史条件的要求。自私的人,如果总停留在狭小的自我的束缚里,就永远无法想象和体会帮助他人的乐趣。

调适方案：

(1) 自我反省。从自私行为的不良后果中看到其危害和问题，从而打心眼里要改正自己的自私心理。

(2) 多做好事或参加志愿活动。这样，就可在行为中纠正过去那些不正常的心态，从而净化心灵。

(3) 一旦产生自私的念头或行为，即可用缠绕在手腕上的橡皮筋弹击自己，从痛觉中意识到自私是不好的，促使自己回避自私行为。这是心理学上以操作性反射原理为基础、以负强化为手段而进行的一种训练。

10. 冷漠心理

冷漠心理，是一种不良性格特征的体现，是人际交往中的大忌。冷漠可能是出于一些错误的认识，比如觉得"酷"才帅气；还有可能是出于内向型性格。冷漠不仅失去了认识别人的机会，也失去了让别人了解自己的机会，是导致心理行为不健康，甚至心理疾病的重要因素。

调适方案：

(1) 下决心改变自己。法国雕塑家罗丹说过："生活中不是缺少美，而是缺少发现美的眼睛。"受那些美好事物的感染，逐渐让自己尘封的心软化解冻。

(2) 慢慢试着敞开自己的心灵，以热情的方式去待人接物，体验温暖、理解、关心与帮助，这样就提升了热爱生活的可能性。

(3) 积极培养兴趣与爱好，逐渐增加对生活的热情与情趣。

11. 逆反心理

逆反心理，就是在某种条件下，某种事物使人产生反向感觉的心理状态。这种心理的产生往往与"物极必反"的客观规律相关。适度叛逆的人，敢于创新，会给团队注入新鲜的血液。但如果过分叛逆，则会很难融入团体，甚至无法与人沟通。

调适方案：

(1) 意识到逆反心理会造成的不良后果，客观地认识和冷静分析事物，不能过于情绪化，也不要出于好奇或标新立异而故意出格。

(2) 采用更具亲和力的、平等的思想交流方法，遵循对方的思路进行交流。

12. 骄傲心理

骄傲，是片面性认识的结果，又与环境的封闭性息息相关。常言道"骄兵必败""长江后浪推前浪，世上新人赶旧人""骄傲使人落后""满招损，谦受益""山外有山，人外有人"等。

调适方案：

（1）开阔眼界，将自己置于宏观的坐标系中。任何人的智力、能力和业绩都是相对的。在不断发展的社会中，若自以为是、原地踏步，必然会被时代的洪流所淘汰。

（2）任何成就的取得，都与前人积累的经验、失败和教训紧密相连，也少不了人与人之间的互相配合，协作努力。而骄傲，就会使人脱离人众，不能客观地分析、评估现状，以采取应对措施。这样，要想成功就不是那么容易的了。

13. 浮躁心理

浮躁，是一种焦灼、忙碌、浮泛和混乱无序的心理状态。尤其是在现代社会日新月异的变化之中，如果没有明确的人生理想，缺乏矢志不移的人生信念，就不能沉下心来，会容易被一时的功利所迷惑。

调适方案：

（1）结合社会的发展需要，根据个人的兴趣、爱好或实力，做出准确的自我人生定位。这样就可以较为单纯和专注地去追求奋斗目标，远离浮躁的困扰。

（2）如果出现了浮躁的心理，就采取"暂停"的方法，让脚步等等心灵的步伐。想想浩瀚的宇宙与大自然的漫长进化历程，任何追名逐利的行为都变得渺小而不足挂齿，也就可以让身与心渐渐地安静下来。

14. 愤怒心理

愤怒，并非完全是一种消极的心理，有时也是正义感的表达。从心理学的角度看，一般的愤怒会干扰人们的交流沟通，破坏人际关系，甚至危及个人前途；而极度的愤怒则会使人失去自制力，甚至陷入疯狂的状态，做出不可想象的可怕事件。从病理学的角度看，愤怒只会更多地销蚀自己，会引起高血压、心脏病、胃溃疡和神经衰弱等病症。尤其是生闷气，积怨在胸，更容易引发疾病。

调适方案：

（1）"人生不满百，常怀千岁忧。"生活中有许多矛盾或不如意，因此一定要学会控制自己的情绪，冷静地思考，不要让他人搅乱自己平和的心境，影响自己的精神状态。"愤怒是魔鬼"，愤怒的人更容易被别人控制。

（2）"惹不起，躲得起"。遇到令人愤怒的事情，可以离开是非之地，或是做做自己感兴趣的事情，想想开心的事情，以此转移兴奋点，逐渐消解愤怒的情绪。

（3）"不要用别人的错误，来惩罚自己"，学会以幽默的态度对待愤怒。火上浇油，会使得事态进一步扩大。如果以幽默的态度来对待愤怒，就可以避免"火气冲天"。

（4）"退一步海阔天空""君子和而不同"。每个人都要为自己的行为负责。

学会尊重他人的意愿和选择，多些宽容和理解，自然就不容易愤怒了。

15. 偏激心理

有偏激心理的人思想固执，不容易接受别人的意见，会为某个事情与他人争执得脸红脖子粗，从而影响正常的判断和推理。

调适方案：

(1) 学会从不同的角度和层次，客观地认识和分析问题。避免顾此失彼，以偏概全，也不要简单地否决他人的看法。

(2) 加强品性修炼，培养沉着、冷静的处世观，避免轻易与人起争执。

(3) 谦虚谨慎，以此赢得思考的空间，避免贸然行事而导致被动。

(4) 坚持学习，不断提高认识的水准，以便丰富自我的见解与知识，有理有据地表达个人的观点和态度。

16. 虚荣心理

虚荣，是一种焦虑、自欺欺人的攀比心理的表现。“死要面子活受罪”，在现实生活中并不少见。

调适方案：

客观地认识自己，理智地面对自己。不要对自己提过高的期望。每个人的能力有大小，学会去发现自己的长处。能在自己的水平上充分展现自我就好，知足常乐。

17. 偏执心理

偏执的人永不服输，善于诡辩。具有偏执心理的人一般性情多疑，易嫉妒，好争斗，不能很好地适应社会环境。偏执心理不是一朝一夕形成的，其与遗传因素和生长环境密切相关。

调适方案：

(1) 意识到偏执的危害，努力使性格变得圆润和随和一些。

(2) 学会克服主观片面性，做到客观地认识和分析事物，对于非原则性的问题，不必过于计较，要知道“水至清则无鱼，人至察则无徒”。

(3) 学会克制激动的情绪，努力做到虚心、耐心、沉着和稳重，既不强词夺理，也不鄙视他人。

18. 烦恼心理

烦恼，是一种由于外力作用，使人陷入盲目性而难以自拔的破坏性心理情绪。现代医学表明，有35%的人会因为烦恼而引起各种疾病，有70%的疾病在消除了各种烦恼之后，会不治而愈。想通过大发雷霆、借酒浇愁、吃喝、性、毒品或赌博等来发泄烦恼，最终只会导致更加烦恼的恶性循环。

调适方案：

(1)“人生不如意十之八九。”淡泊名利，不要把愤怒和苦恼埋藏在心底。

(2) 克制感情冲动，学会冷静处理问题。不要自怨自艾，不要贬低他人，也不要盯着消极的事物，自我制造烦恼。

(3) 学会多种途径宣泄苦恼，以求得心理的平衡。

(4) 积极投入健康的体育、文娱等活动中去，转移烦恼的兴奋点。但也不可因此而沉迷于游戏或娱乐中。

19. 懊悔心理

懊悔，是在心理上引起的一种力图补偿而不可得的心理状态。“世上没有后悔药。”

调适方案：

(1) 克服急躁心理。在处理问题时，一定要冷静分析，全面、客观地对待，避免先入为主、晕轮效应等认知偏差。

(2)“亡羊补牢，为时不晚。”当差错或失误出现后，积极采取补救措施，力争“大事化小，小事化了”，将损失降到最低程度。

(3)“化悲痛为力量”，以此更好地弥补以往的过失。

20. 焦虑心理

焦虑心理的本质是一种徒劳无益的零行动。终日忧心忡忡、忐忑不安，也徒劳无益，无助于事情的解决。焦虑还常常伴有植物神经亢进的表现，如心里发慌、呼吸急促、手掌出汗或腰酸背痛等。而这些生理异常又加重了焦虑的情绪，形成了焦虑的恶性循环。

调适方案：

(1) 根据自己的能力和条件，设立恰当的生活目标，并为之努力。不要把生活的目标定得过高，或者纠结于一些臆想的事情。

(2) 一旦出现过度的焦虑，就要学会把注意力集中到当下正在做的事情上来，学会控制自己的情绪。只要内心充实了，生活丰富了，焦虑情绪也会随之渐渐消解。

21. 恐惧心理

恐惧心理，就是对所害怕的事物，越害怕越躲避，逐渐习惯成自然，形成恐惧情绪。其个体的原因是由于固执于以往的心理暗示，而失去了正常的观察与分析能力，不能正确地进行判断和推理。另外，过于追求完美，也是造成恐惧心理的一个因素。

调适方案：

(1) 面对恐惧的事物,尝试表现自己的能力。其实一旦接触,并不会像想象的那样恐惧。

(2) 不要一味地固守以往的心理暗示,而应勇于面对现实,磨炼意志,逐步摆脱恐惧。

22. 依赖心理

依赖心理,又称惰性心理,是一种懒惰的心理表现。依赖一旦形成习惯,便会淡化奋发进取的精神,使人丧失独立人格,变得脆弱和缺乏主见。

调适方案:

树立人生的使命感和责任感,"吃自己的饭,流自己的汗,自己的事情自己干"。无论做什么事,都有意识地不依赖于他人,有意识地锻炼自己的独立能力。

23. 盲从心理

即"羊群效应",可以说就是糊里糊涂地随大流。其实质是缺乏独立的分析、判断,而盲目地接受多数人的影响。

调适方案:

(1) 树立判断事物的独立主体意识,不能听风就是雨。一旦参与的行为出了问题,就应该承担相应的责任。

(2) 人的认识是有局限性的。"当局者迷,旁观者清",对一些把握不准、不够明确的事情,要广泛地听取亲人、师长或朋友的建议,以便采取最佳的方案。

(3) 如果不是太紧急的事情,可以经一段时间的冷处理后,再加以判断怎么做才更合适。

24. 攀比心理

攀比心理,是用外在的某种单一的价值尺度来评估自我的生活质量时,产生的一种"不比别人差"的心理欲求。具有攀比心理的人,也是心怀嫉妒的人。"欲多伤神",不断地攀比只会徒增烦躁与压抑。

调适方案:

(1) 明确攀比心理的危害,避免造成心理、生理的压力与负担。

(2) 控制不良的攀比欲望,明白"平平淡淡才是真"。

(3) 根据自身的情况,量入为出,自得其乐。

25. 自恋心理

自恋心理,就是对自己的评价过高,认为他人都不如自己。思想幼稚、偏执、骄傲自满,容易导致自恋心理。

调适方案:

(1)"金无足赤,人无完人",意识到自己并非完美无缺。

(2) 摆脱“井底之蛙”的想法,认识到“强中更有强中手”。

(3) 认识到人在群体中生活,大家都应平等和谐相处。

(4) 学会关心、爱护他人,培养团队合作意识。

26. 自杀心理

自杀与个人的精神刺激、挫折承受能力明显相关,也与所处社会的政治、经济和文化等因素密不可分。

调试方案:

(1) 加强心理的承受力。自杀的具体原因是复杂多样的,心理脆弱的人面对升学就业、经济困顿、婚恋失败、家庭矛盾、教育方法不当或各种不良的心理情绪等,就会产生严重的挫折感。而当这种情绪极度紧张,无法排解,走投无路时,就会把自杀当作唯一的选择。相反,心理承受力强的人,面对挫折,却能客观而辩证地分析,勇敢地走出人生的逆境与低谷。

(2) 自尊、自重、自立、自强、自信,摆脱忧郁情绪的干扰。遇到棘手的问题时,要学会排解、看轻看淡问题,明白“留得青山在,不怕没柴烧”的道理。

(3) 积极进行心理咨询求助,学会发泄郁闷、委屈、悔恨或愤怒等情绪,以减少内心的压力,扬起生命的风帆。

(4) 一般人在自杀前,都会有生死抉择的犹豫。此时,如果能与他人建立起情感和语言的联系,就能够缓解这种求死的冲动。

二、常用的自我心理调节方法

生活中,时常会遇到不尽如人意之处。美国医学专家研究发现,人类的65%~90%的疾病都与心理的压抑感有关。联合国国际劳工组织发表的一份调查报告也认为,“心理压抑是20世纪最严重的健康问题之一”。相对而言,大学生年轻、单纯、阅历浅、情感丰富,更容易在面对压力源时出现一些心理问题或障碍。如果任凭这些不良情绪在心中郁积,就会背负着沉重的心理包袱,从而损害个体的身心健康,阻碍个人的正常发展。因此,我们要学会一些常用的心理调节方法,善于摆脱不良情绪的困扰,保持心理的平衡。

(一) 倾诉

倾诉,即向他人诉说。倾诉可以采用口头的形式,也可以是书面的形式,一吐为快。心理学研究认为,倾诉可以有效地帮助个体取得内心情感与外界刺激的平衡。所以，当遇到苦恼、困难或不幸等境况时，可以通过聊天谈话、发电子邮件、微信或 QQ 等方式，将自己的现状向值得信赖的良师益友倾诉。这样，心情就会顿感舒畅。哪怕仅仅是对身边的动物、植物或毛绒玩具讲，也可以缓解内心的不良情绪。

心理学研究还表明，向异性倾诉比向同性倾诉更能获得良好的心理平衡效果。但是，向异性倾诉时，一定要注意把握分寸，注意区别“能聊得来”“红颜知己”“蓝颜知己”与“喜欢”、陷入“情网”的差异。

（二）忘却

时间是解决问题的一剂良药。随着时间的推移，一切曾经的曲折坎坷、贫穷苦闷、屈辱无奈、侮辱诽谤以及羡慕嫉妒恨等社会附加物都会淡然离去，也就不必对这些耿耿于怀了，一笑置之，心理自然就会获得平衡感，轻松许多。

（三）阅读

阅读，可以说是最轻松与简便的消遣方式了。沉浸在知识的海洋之中，那么，生活中的一切烦恼也会渐渐地被抛于脑后。书中哲理名言、圣人训导，还可以开导、安慰和鼓励自己。这就不仅是缓解了压力，还在无形中增加了乐趣与修养。

（四）幽默

幽默是心理环境的“空调器”。尝试采用幽默的方法，往往可以使不愉快的情绪瞬间化解。

（五）听音乐

音乐是人类最美好的语言。音乐不仅可以唤起听者的情绪体验，激发和释放内心积极的情感，宣泄消极的情感，还能吸引和转移人的注意力，改变或抑制现有的不良情绪，从而获得心理的安定与平和。因此，多听一些优美的音乐，可以缓解不愉快的心情，也可以帮助克服孤独、懦弱、忧郁、兴趣索然、想入非非等缺陷性心理因素。另外，放声歌唱、弹奏乐器，也有助于平静心绪。

（六）笑一笑

笑是用来释放积聚的能量、调整机体平衡的有效方式。研究显示，大笑时，人的心肺、脊背、四肢和身躯都能得到快速的锻炼。大笑之后，人的血压，心率和肌肉张力都会降低，这样人体就能得到放松，人的紧张情绪就能得到缓解。

(七) 求雅趣

养花、垂钓、打牌、琴棋书画、适当的娱乐等都是控制和调节心态的好方法。可以根据自己的兴趣、爱好和经济状况加以选择。从事喜欢的活动，就能暂时放下烦恼，情感就会有所寄托，不良的情绪会很快消失，再重新思考解决问题的办法也就会更加理智与可行了。

(八) 自我暗示

自我暗示，即通过内部语言来提醒和安慰自己。心理学研究表明，暗示对心理活动和行为具有显著的影响。因而，平时要养成积极的而不是消极的自我暗示习惯，以给自己助力加油。例如“不要着急”“不要丧气”“相信自己”“坚持到底就是胜利”“冬天已经到了，春天还会远吗”或“不经一番寒彻骨，哪得梅花扑鼻香”，等等。

(九) 想象调节

想象调节是指在想象中对现实生活中的挫折情境，或使自己感到紧张、焦虑的事件，进行预先的演练，从而学会在这种预先的演练中放松自我，并使之迁移，达到能在真实的场合下对付各种类似的不良情绪的目的。

(十) 换换环境

环境对人的情绪、情感起到重要的调节和制约作用。当一个人压力太大、情绪压抑的时候，如果换换环境，投入大自然的怀抱中，感受大自然的生机勃发与生生不息，就能够旷达心胸、欢娱身心，回归安宁的状态。尤其是山区或海滨周围的空气中含有较多的负离子，有利于促进机体的健康。

(十一) 适当运动

运动不仅能增强机体的免疫能力，提高对外界的适应能力，而且有助于调节神经，增加自信，有利于身心健康。

(十二) 放松调节

放松调节是通过对身体各部分主要肌肉的收缩、放松练习，来抑制伴随紧张而出现的血压升高、手脚冒汗、头痛或腹泻等生理反应，从而减轻心理上的压力和紧张焦虑的情绪。按摩对减轻压力感也非常有效。呼吸调节也是放松调节的一种。通过深呼吸,可以缓减精神紧张和疲劳感。

(十三) 合理宣泄

宣泄是人的一种正常的心理和生理需要,能够起到心理调节的作用。但宣泄要注意时间、场合、方式和对象等,不应无故迁怒于他人或它物。例如,可以在僻静处放声大哭,或在空旷地大喊大叫,也可以干干体力活,这些都可以使得心情平复。

(十四) 保持冷静

心理学家认为,保持冷静是防止心理失控的最佳方法。要学会从一些不必要的杂乱和疲劳中摆脱出来,对自己的期望值不要过高,用随遇而安的心态面对生活,淡泊为怀。有研究表明,过度焦虑烦躁的人,如果每天花 10 分钟静坐,集中注意力数心跳,就能够使自己的心跳速度逐渐放缓。10 个星期后,他们的心理紧张感均有一定程度的减轻。

(十五) 换位思考

当遇到认为不公正的事件、不协调的人际关系,以及不愉快的情绪体验时,如果能够尽量将心比心,站在对方的角度思考问题,那么很多时候也就能理解并释怀了。

(十六) 学会宽容

宽容是人的一种美德,能消除许多无谓的矛盾,“化干戈为玉帛”。宽容的人,能够保持良好的心态,能够很快适应各种不同的环境,能够融洽地与他人合作相处,充分展现自己的潜能。因此,在适当的时候表示自己的善意与宽容,不要处处与人争斗,自然就会朋友多,隔阂少。

(十七) 精神胜利法

这是一种有益身心健康的心理防御机制。荣辱、升降或得失等,往往不以个人的意志为转移。不妨用这种“阿 Q 精神”来调适失衡的心理,从而营造一个坦然、豁达的心境,做到知足常乐。

(十八) 帮助别人做事

这不仅可以使自己忘却烦恼,而且可以表现出自己的存在感和人生价值,更可以获得珍贵的友谊与快乐。有了这样的生活体验,也就容易产生心满意足的感觉了。

（十九）注重过程，淡化结果

每个人都有自己的人生抱负。但要注意建立合理的、客观的自我期望值，而不是苛求自己能力范围之外的目标。不论是学历、职称、职务，乃至人生境遇等，“只问耕耘，不问收获”。努力了也就对得起良心了。

（二十）懂得平衡生活

处理工作和生活中的一些难题，要学会换一个角度思考，在非原则性的问题上不去斤斤计较，在琐碎的小事上不去过度纠缠，对于不便回答的问题佯装不懂，适当承认自己的能力有限，并学会对某些人或某些事说“不”。

小贴士

积极自我暗示的六句话

生气是用别人的错误惩罚自己。——康德

困难就是机遇。——温斯顿·丘吉尔

热爱你所拥有的。——列夫·托尔斯泰

只要下定决心克服恐惧，便几乎能克服任何恐惧。因为，请记住，除了在脑海中，恐惧无处藏身。——戴尔·卡耐基

这世上的一切都借希望而完成。农夫不会播下一粒玉米，如果他不曾希望它长成种子；单身汉不会娶妻，如果他不曾希望有小孩；商人或手艺人不会工作，如果他不曾希望因此而有收益。——马丁·路德

我奋斗，所以我快乐。——格林斯潘

三、健康的恋爱观的培养

案例 1

某高校学生宿舍楼前，一名男生与一名女生交谈几分钟后，男生突然掏出小刀割腕。该女生称，她和此男生原是恋人，几天前刚分手，男生割腕是“因不堪分手”。

案例2

某高校女大学生苏敏与同乡杨奇相恋并在校外租房同居，然而不久就因各种原因产生分歧，于是苏敏向男友提出分手，并搬回了学校宿舍。杨奇不甘心分手，残忍地将女友杀害。

案例3

某高校男生王维因承受不了“被甩”的打击，在校内各处张贴了一百多张“失恋公开信”。信中用大量的侮辱性言语对前女友进行人身攻击和名誉诋毁。

案例4

方洁是个非常爽朗的女孩，和班上男生的关系都不错，和陈楠的关系尤其要好。他俩经常一起自习、吃饭和聊天。大三的时候，方洁有了自己的男朋友，慢慢地和陈楠接触的时间就少了，陈楠的情绪因此出现了异常。终于有一天晚自习后，陈楠约方洁去操场散步，问：“你是爱我，还是爱他?”方洁非常惊讶：“咱俩不是好朋友、铁哥们儿吗？他是我的男朋友，你和他不一样啊。”陈楠把双手放在方洁的肩上，看着她，认真地说：“我比他更爱你!”瞬间，纯洁的友情就这样因为爱情远离了他俩，弄得双方都很尴尬。

爱情是一个古老而常新的话题。诗人艾青说：“这个世界，什么都古老，只有爱情，却永远年轻。”从古至今，无数的文人墨客用最美的语言去描绘爱情的浪漫与迷人。但面对爱情的到来，有的人从中获得了全新的自我体验和人格重塑；有人的迷失了自我，彷徨痛苦；有的人遭受了打击，悲观消沉，甚至滋生怨恨，走上了毁灭的道路。

德国大作家歌德说：“哪个少男不痴情，哪个少女不怀春。”大学生正值谈情说爱的季节，谈恋爱比较普遍。没有谈恋爱的学生也对爱情充满了无限的憧憬和向往。影响大学生谈恋爱的因素很多，例如生理和心理发展成熟、情感满足的需要、从众和模仿心理的作用、家庭和社会的影响、外来文化的侵入以及大学生价值观念的变化和学校的态度等，既有积极的因素，也有消极的因素。因此，重视培养大学生健康的恋爱观，是促进大学生健康成长的重要保证，也是其今后建立稳定、美满家庭的重要前提。

（一）爱情的本质

什么是爱情？好像不太好说。因为每个人对爱情的感受是不一样的。酸甜苦辣咸，各种滋味都有。有人感觉到浪漫，有人感觉到幸福，有人体会到平淡，有人体会到失望，也有人可能十分地后悔。

俄国哲学家、作家、文学评论家车尔尼雪夫斯基说："爱一个人意味着什么呢？这意味着为他的幸福而高兴，为使他能更幸福而去做需要做的一切，并从中得到快乐。"苏联诗人施企巴乔夫也曾说："爱情是一本永恒的书，有人只是信手拈来，浏览过几个片段。有人却流连忘返，为它洒下热泪斑斑。"

马克思和恩格斯在全面考察人类社会产生、发展及家庭、婚姻的基础上，对爱情作出了合理的解释。爱情是人的自然属性和社会属性相互统一的产物，是一对男女基于一定的社会基础和共同的生活理想，在各自内心形成的相互倾慕，并渴望对方成为自己终身伴侣的一种强烈、纯真和专一的感情。一方面，性爱是爱情的生理性要素，直接来源于双方身体上的吸引（性感），性激素（荷尔蒙）在其中起作用；另外繁衍后代的遗传基因也是爱情产生的自然条件。另一方面，爱情是以政治、经济、文化和观念为背景的男女双方更多地在理想目标、生活追求、兴趣爱好、品行、责任感和奉献精神等方面的相互认同与共鸣一致。性爱、理想和责任是构成爱情的三个要素。其中，性爱把爱情与亲情、友谊等情感区别开来。理想和责任则是爱情的社会性要素。

心理学研究表明，纯生理性的爱情，最多能够保持30个月的时间，哪怕对方长得再漂亮、再英俊，随着时间的推移，也都会出现"审美疲劳"，彼此间的爱情就会慢慢消逝。德国大哲学家黑格尔说过："爱情里确实有一种高尚的品质，因为它不只停留在性欲上，而且显出一种本身丰富的高尚优美的心灵，要求以生动活泼、勇敢和牺牲的精神和另一个人达到统一。"苏联教育家苏霍姆林斯基也曾教导儿子："要记住，爱情首先意味着对你的爱侣的命运、前途承担责任。爱，首先意味着献给，把自己的精神力量献给爱侣，为她缔造幸福。"像马克思与燕妮、居里夫妇、周恩来与邓颖超，他们的爱情婚姻是美满的，除了性爱，更重要的就是共同的理想追求、奉献与责任。

（二）爱情产生的过程

美国耶鲁大学心理学家罗伯特·斯腾伯格提出了"爱情三因论"。这一理论认为，不同类型的爱包含了三个基本的成分：激情、亲密和承诺。激情是指双方关系中令人“热血沸腾”的部分，它指向伴侣的生理唤醒，包括性吸引力。亲密指的是与伴侣亲近和相联系的感觉，两个人通过相互沟通，能够经常彼此分享自己的内心世界，并得到对方的接纳。正是因为不断深化的相互了解，两个人变得越来越亲密。终于有一天，双方愿意为对方承担责任，并与对方保持恒久的关系，这就是承诺。

（三）爱情在人生中的位置

爱情是人生中一道亮丽的风景线，不仅能够给双方带来身心上的欢愉、生活上的充实，而且还是人们拼搏进取、成就事业的强大精神动力。甚至有人说，没有爱情的人生是苍白的、没有意义的。

尽管如此，爱情并不是人生中最重要的部分，更不是人生的全部。在人生中，除了爱情之外，还有理想、事业、家人、朋友之爱和对社会、国家之爱。俄国哲学家、文学评论家别林斯基说：“如果我们生活的全部目的仅在于个人的幸福，个人的幸福又仅仅在于一个爱情，那么，生活就会变成一片遍布荒茔枯冢和破碎心灵的阴暗的荒原。”鲁迅说过：“不要只为了爱——盲目的爱——而将别的人生要义全盘疏忽了。人生第一要义便是生活，人必须生活着，爱才有所附着。”匈牙利大诗人裴多菲也说：“生命诚可贵，爱情价更高，若为自由故，二者皆可抛。”

因此，我们需要摆正爱情的位置，不应沉溺于爱情，而忘记了理想、事业、家庭和友谊。

（四）大学生恋爱的利弊得失

首先，需要明确的是大学里的中心任务是学习。大学里不禁止谈恋爱，但也不提倡谈恋爱。从性生理、心理的发展角度来看，大学生恋爱是一种正常的、无可非议的自然现象。有位著名的学者曾经说过，如果能在大学校园里寻觅到牵手一生的伴侣那是何其美哉！2005 年我国也已经从法律层面上，允许在校大学生结婚。但大学生可以结婚，并不意味着提倡大学生结婚。

大学生恋爱的利弊得失不可一概而论，关键在于恋爱者本人如何趋利避害。目前，大学生恋爱总体上是文明、得体、节制和上进的。但仍有部分大学生在恋爱问题上处理不当，有些行为与社会伦理道德和学校纪律格格不入，造成了不良的影响，应该及时矫正。例如，建立恋爱关系的时间过快；不以婚姻为目的、寻求感情寄托的情况增多；占用了大量的学习时间；缩小了人际交往的范围；高消费、打斗现象和违法乱纪现象增多；更有甚者会因为恋爱出现造谣中伤、毁容报复、跳楼自杀，或者杀害对方等犯罪行为。

有这样两对大学生恋人：一对整天黏在一起，经常逃课、耽误学习，脱离集体、疏远同学，虚掷光阴，多门课程不及格，导致无法正常毕业，更无法找到工作，结果两人黯然分手；另一对恋人平日在学习上互相帮助，在生活上互相关心，毕业时双双考上了研究生，研究生毕业之后又在同一个城市找到了合适的工作，建立了美满的家庭，孕育了可爱的宝宝。至今这第二对恋人，都还是学弟、学妹们学习的好榜样。两对恋人对于爱情截然不同的态度及其结果，值得我们深思。只有妥善处理好学习、交往、工作、生活等关系，才能让爱情之花更加绚烂。

(五) 大学生恋爱的心理问题及其调适

爱情是两个人之间微妙的感情，往往会伴随着各种矛盾和冲突。有学者将恋爱心理动机划分为事业型、爱情型、含蓄型、逆反型、钟情型、目标型、盲从型、实用型和生理型等。上述恋爱心理动机有些是可取的，有些则会阻碍准确地选择恋爱对象或导致不良的后果。“金无足赤，人无完人。”有的大学生眼界过高，为现实中找不到自己的偶像而失望懊丧；有的大学生消极地等待意中人的出现，而失之交臂；有的大学生犹豫不决，而错过合适的机缘；有的大学生一见钟情，缺乏了解，导致问题多多。

一般来说，恋爱动机的纯洁和健康是恋爱顺利进行的重要基础，而循序渐进的交往方式更有助于造就健康、巩固和成熟的爱情。

1. 单恋

单恋，是单相思的一种，是一种强烈的情感，但却不是互爱意义上的爱情。单恋只能从内部消耗一个人的精神力量，从而造成心灵的创伤。生活中，有的大学生一旦爱上某个人，就完全不顾对方的感受和反应而苦苦追求，甚至可以做到丧失自尊，不顾人格地去表达自己的爱，以致干扰对方的生活和学习，有的还会走向极端，甚至做出伤害他人的蠢事。

单恋如果得不到及时的纠正，可能会严重影响人的知觉和理性判断，甚至会造成精神错乱。如果一旦发现自己是在自作多情，那么就应该抛弃幻想，控制感情，调整心态，减少对单恋对象的关注。爱上一个不爱自己的人，是永远不会幸福的。如果你真的爱对方，就应该尊重对方的选择。

2. 暗恋

暗恋，也是单相思的一种表现形式，常见于性格内向而又好幻想的大学生中。暗恋具体表现为不表露内心体验，被恋对象被蒙在鼓里，根本就不知道有这么回事。暗恋者往往对所恋对象朝思暮想,可遇见时又会紧张回避,由此会形成痛苦、压抑、焦虑或失望等不良情绪,严重影响自己的生活和学习。

如果暗恋者用文学创作、写日记、写微博等正当的途径来化解和宣泄,则可以在一定程度上释放并缓解这些不良的情绪。暗恋者也不妨鼓起勇气和信心,寻找合适的时机,采用合适的方式,向对方作一次表白,看对方的反应如何。如果有意的话,则进一步发展关系;无意的话,也就此打住,了结这番心事,不必再为此闷闷不乐,耗费宝贵的时间和精力。

3. 多角恋爱

多角恋爱,就是企图同时占有数种不同的感情,同时与数个异性建立恋爱关系,一只脚踏两只船或更多的船,做玩弄爱情的游戏。多角恋爱把自己的幸福建立在牺牲他人的感情的基础之上,是典型的用情不专,为社会和道德所不容,不仅给他人带来了烦恼,耗费他人的时间、精力与情感,还会严重影响当事人的学习、生活和人际关系,甚至可能产生可怕的、意想不到的后果。

4. 失恋

在恋爱的过程中,如果发现对方不适合做终身伴侣,分手就是对彼此最好的交代,也是最佳的选择。失败的恋爱过程积累了经验和教训,何尝不是好事一桩呢? 没必要在一棵树上吊死。分手后,彼此都有机会去寻找更加适合自己的恋爱对象,才能有机会建立适合自己的婚姻与家庭。

(六) 大学生恋爱行为不当及其矫正

1. 亲昵过度

爱是一种能力,也是一种艺术。马克思在向燕妮表达爱的时候,就采取了极为含蓄的方式。一天,他拿着一个小匣子对燕妮说,自己爱上了一个世界上最好的姑娘,匣子里有她的照片。燕妮迫不及待地打开匣子,可是里面根本没有照片,只有一面小镜子映出了燕妮惊慌失措的脸。她旋即明白了,并羞红了脸。人的感情世界是非常神秘、微妙的,与其直截了当地表露爱,不如让恋人自己慢慢地去品味,更能促进爱情的浓烈与长久。马克思在给他未来女婿的信中写道:“在我看来,真正的爱情是表现在恋人对他的偶像采取含蓄、谦恭甚至羞涩的态度,而绝不是表现在随意流露热情和过早的亲昵。”

处于恋爱中的大学生,做出一些拉手、拥抱或接吻的亲昵举动是爱的表达。但是,一定要注意适度,过早或过分地亲昵会引起对方的反感。而在大庭广众之下的勾肩搭背、拥抱接吻,则是免费播放了一场大电影,不仅有损于爱情的纯洁和尊严,也有害于恋爱者的心理卫生。

2. 婚前性行为

英国最杰出的戏剧家莎士比亚有句名言："爱和炭相同，烧起来得想办法叫它冷却，不然会把一颗心烧焦。"恋爱的不确定性，要求恋人要尽量理智、克制，把握住婚前、婚后的界线，不要轻易发生性行为。婚前性行为会给双方造成心理压力，甚至身心痛苦。尤其对未婚先孕的女性来说，这种伤害更为严重。

（七）恋爱中的道德要求

真正的爱情，体现出的是一种由理智支配的细腻的感情组成的精神活动，是一股积极向上的力量。它使恋人们为维护自己在对方眼里真、善、美的形象，不断地扬长避短，自我完善。正因如此，法国剧作家莫里哀说："爱情是一位伟大的导师，它教会我们重新做人。"

1. 尊重人格平等

尊重是爱情的前提条件，是人格独立和平等的具体表现。彼此既有给予爱、接受爱和拒绝爱的自由，也要尊重对方的理想、兴趣、工作和社交等权利。任何一方都不能强迫或诱骗另一方接受自己的爱，即使这种爱是真诚的。任何一方也不必屈服于某种压力，勉强自己去接受一个根本不爱的人。没有尊重的爱情只能沦为统治和占有，也只有痛苦和煎熬。

2. 文明相亲相爱

处于恋爱中的青年男女，感情始终是热烈而浓厚的。但这并不意味着恋人们可以不分场合地勾肩搭背，旁若无人地搂抱亲吻。含蓄、文明的恋爱方式是良好修养的表现，是对恋人的尊重和热爱。那种举止轻浮和对情欲肆无忌惮的放纵是对爱情的践踏，绝不应该是大学生的明智之举。大学生们不仅在公共场合要注意遵守社会公德，独处时也要做到讲文明、有道德。

3. 自觉承担责任

无论对方身处顺境或是逆境、富裕或是贫穷，健康或是疾病，爱一个人或接受一个人的爱，就要自愿地为对方承担责任。这不是单纯的"我的心中只有你"的反复吟唱，而是爱情本质的体现，也是需要见之行动的自觉。它常常体现在日常生活的点点滴滴之中。

四、学习与心理健康

学习是维持生存和发展所必需的条件，也是适应环境的重要手段。"活到老，学到老”，学习活动贯穿于人的一生，尤其是在这样一个知识突飞猛进、更新换代异常迅速的年代里。实践也证明，大学生深入而创造性地领会和掌握学科知识和人文素养，不仅是智能开发的必要前提，也是未来从事某项事业的基础条件。大学生只有更加地自觉和努力，才能更好地提升自我，适应未来的不断变化与挑战。

(一) 学习与心理健康的关系

1. *大学生学习活动的特点*

与中学生相比，大学生的学习有明显不同的特点。这些特点就是学习目的的探索性、学习内容的专业性、学习过程的自主性和学习方式的多样性。

(1) 学习目的的探索性。伟大的物理学家爱因斯坦曾强调：“教育必须重视培养学生的批判性思维和探索创新的精神。”这就要求大学生不但要掌握所学的基本知识，而且要掌握知识的形成过程与科学的研究方法；不仅要了解学科发展的前沿和存在的问题，还要知晓解决这些问题的可能性。

(2) 学习内容的专业性。对自己的专业是否感兴趣会直接影响大学生的学习热情，并进而影响其整个学习效果。现在高校在大一阶段开展通识教育、科学学习，以便大学生能够真正去学习自己感兴趣的专业，充分发挥自己的聪明才智，展现自身的潜力。

(3) 学习过程的自主性。大学的学习活动主要靠的是大学生的自主性。这表现为自觉性和能动性两个方面。提前预习、认真听课及课后的消化、巩固和提高都依靠学生独立去完成，而不再像高中阶段那样会有家长和老师们的耳提面命了。

另外，大学里的课程分为专业必修课、公共必修课、专业选修课和公共选修课等。这些选修课需要大学生根据自己的目的、兴趣和未来的发展方向等去自主性地选择学习。

此外，大学里休闲时间比较充裕，这就更加需要大学生发挥主观能动性，科学地、有计划地、全面合理地去安排、分配学习与娱乐、工作、交友等活动的时间，以便学业与各方面都能稳妥推进，协调发展。

(4) 学习方式的多样性。有人形象地说：“大学是个小社会。”这也就意味着，对大部分学生而言，四年或五年的学制完成，大学生们就会步入社会的大熔炉之中。也正因此，大学阶段成了很多人整个人生中最为宝贵的、专门的、最后的能够一心一意用来学习的完整的时间。显然这个时间段中，大学生仅仅掌握课堂知识是远远不够的。

大学生不仅要学习理论知识，还要提升各方面的能力水平，学习“如何持续学习”的能力，培养社交能力、沟通能力、工作能力和心理素质等；既要向课本学习，也要向实践学习；既要多跑跑图书馆，也要在网络上学习；既要向他人学习，也要向社会学习。这无疑是一个全面的、多样化的、终生的学习过程。

2. 学习活动对心理健康的影响

心理卫生学认为，一定的智力水平是心理健康的基础。对于大学生而言，最重要的“工作”就是学习。学习不仅可以增长知识，也可以开阔视野，开发潜能。学习还可以培养自信，获得满足感。

心理卫生专家研究发现，献身于某些引人入胜的工作是实现心理健康的基本条件。每当完成一项任务，取得一项成绩，人就会从中感受到自己的价值和尊严，产生一种自我效能。美国心理学家奥尔波特提倡要实现“成熟个性”就应“专注工作”。即便遇到不如意时，若能埋头工作，也能够实现“注意力转移”，忘掉苦恼。所以，努力学习，善于学习，有助于人的发展与心理健康。

同时，学习也是一项艰苦的脑力劳动，会消耗大量的生理、心理能量。如果对与学习有关的问题选择不当、规划不清、执行不力或要求过高，就会对心理健康带来不同程度、不同性质的负面影响。例如，学习方式不当，就会事倍功半，影响学习积极性；学习负荷过重，不注意劳逸结合，就会产生疲倦、松懈、枯燥乏味等情绪；学习环境嘈杂、肮脏，则会降低学习效率，使人心烦意乱等。

3. 心理健康状况对学习的影响

学习活动是智力因素和非智力因素共同参与的过程。对于具备一定智力基础的大学生来说，非智力因素比智力因素更具有影响力。非智力因素指的是价值观、目标、动机、意志、态度、个性、兴趣、情感及情绪等因素。这些非智力因素实现着对人的认识活动和行为的驱动、定向、引导、持续、调节和强化等功能。

良好的心理健康状况，如正常的智力、正确的自我意识、良好的个性、健康的情绪、强烈的求知欲、顽强的意志和较强的适应能力等，有助于推动智力活动的持续深入，对于大学生的学习效果有积极的促进作用；反之，如果心理健康状况不佳，甚至有心理疾病，那么就会不同程度地阻碍大学生的学习，抑制大学生潜能的开发，甚至使某些大学生中断学业。一般而言，心理健康的大学生在各方面的发展往往优于心理不健康者。

（二）大学生常见的学习心理问题及其调适

大多数学生能够面对紧张而有节奏的学习生活和各方面素质要求的综合考验与挑战，能够顺利地完成学业，正常地毕业。但是，也的确有部分大学生存在着或长或短、或轻或重的学习困难,需要及时应对与调节。如果这些学习心理问题得不到及时矫治,就不可能坚持完成学业。从分析来看,导致学习困难的因素多种多样,但主要表现为心理障碍。常见的学习心理障碍有缺乏学习动力、学习疲劳和严重的学习焦虑等。

1. 缺乏学习动力

(1) 缺乏学习动力的表现:

① 逃避学习。缺乏人生抱负和期望,对学习厌倦、冷漠。课前很少预习,硬着头皮上课,上课无精打采或开小差,无法集中精神积极思考。课后很少复习,作业不认真,常把主要精力放在与学习无关的活动上,例如上网交流、看影视剧、玩游戏、兼职或经商等。

② 焦虑过低。丧失应有的自尊心、羞耻感和必要的压力。懒于学习,课程是否及格无所谓,学习不好也不觉得难为情。

③ 注意力分散。容易受到各种内外因素的干扰,对学习采取的基本是"应付"的状态,常常主次颠倒,满足于一知半解,而在学习之外的事上花费大量时间和精力。有的学生索性休学或退学。

④ 欠缺适宜的学习方法。消极的学习态度是不可能摸索出一套适合自己的学习方法的,因而也就难以适应紧张、繁忙的学习状态。

(2) 缺乏学习动力的原因。应该说,造成大学生学习动力匮乏的原因是多方面的,但是大体上可以归为两类:内部因素和外部因素。

内部因素表现为:第一,没有明确的人生规划和学习目的,没有把自己的学习和社会的发展、国家的进步、民族的振兴联系起来,属于被动学习。第二,不少大学生的高考志愿是家长的选择、是社会的"热点"或是无奈的服从调剂,而并非源于学生的兴趣。兴趣是指积极探究某种事物或从事某种活动的过程中的一种积极的心理倾向,是引起和维持注意的一个重要内部因素。对所学专业没有兴趣,也就难有学好它的积极态度。第三,把自己的学习动力缺乏归结为外部的原因。例如,机遇不好,考题太难或老师教学无方等,而不是自己的能力不足、努力程度不够,从而影响学习动机、兴趣和态度。心理学认为,做内部归因的学生更能真实地面对困难,积极地解决困难。

外部因素是指来自社会、学校和家庭中的负面的影响。例如,市场经济大潮的冲击和有的家庭急功近利,不考虑孩子的专业兴趣等。

(3) 如何增强学习动力:

① 强化学习动机。学习动机是学生学习活动的主观意图,是推动学生进行学习的内在力量。苏联心理学家列昂捷夫说:"学生学习的自觉性是和动机分不

开的。”事实上，有正确学习动机的学生才有主动性，学习劲头大，能克服困难，提高学习效果。

② 培养学习兴趣。“兴趣是最好的老师。”有兴趣就会心驰神往，保持积极的学习态度。而学习兴趣是可以培养的。这种培养是一个过程，需要恒心和耐力，需要长期的积累，不是一蹴而就的。可以通过教师、学长、网络等多种途径和方式，认识、了解所学专业的产生、现状、不足、前沿等，通过具体事例、讲座、竞赛活动或社会实践等唤起对专业的好奇心和兴奋感等，从而激发学习兴趣。

③ 端正学习态度。学习态度是指对学习的较为持久的肯定或否定的内在反应倾向。学习态度是受到学习动机的制约的，是影响学习效果的一个重要因素。苏联著名作家高尔基曾说：“一个人追求的目标越高，他的才能就发展得越快，对社会就越有益。”因此，在我们确立人生的奋斗目标时，应注意将树立远大理想和脚踏实地结合起来，既不好高骛远，也不妄自菲薄。每天进步一点点。

④ 改善学习的外部条件。社会、学校和家庭等应多方面努力改善学习的外部环境和条件，以提升大学生的学习动力。例如，培育尊师重教的社会氛围，创造良好的学习氛围，严肃学校纪律和奖惩条例等。

2. *学习疲劳*

(1) 学习疲劳的表现。学习疲劳是由于长时间持续从事心智活动，导致感觉器官活动机能降低、注意力涣散、思维迟钝、情绪躁动，甚至头晕目眩，致使学习效率下降，不能继续学习的状态。

学习疲劳可分为生理的和心理的两种。生理疲劳，主要是肌肉受力过久，或持续重复伸缩造成的腰酸背痛，打瞌睡，肌肉痉挛、麻木，眼球发胀、发疼等。心理疲劳是大脑皮层兴奋区域的代谢逐步提高，消耗过程超过恢复过程，大脑得不到休息所引起的。

学习疲劳是一种保护性抑制。但是如果长期处于疲劳状态，就会导致大脑兴奋和抑制过程的失调，严重的还会引起神经衰弱。

(2) 学习疲劳的应对。长时间学习、缺乏学习兴趣、学习内容枯燥乏味、学习过分紧张，或在光线不足的不良环境下学习等，都会造成学习疲劳。克服学习疲劳，应注意劳逸结合，科学用脑。因为，大脑的两个半球具有不同的功能，左半球与逻辑思维有关，右半球与形象思维有关。那么，摸清自己的生物钟，适当地休息，保证充足的睡眠，把握学习的“黄金时间”，交替使用大脑，就可以避免过度疲劳的现象发生。

3. 学习焦虑

学习焦虑是指经过竭尽全力，却仍然达不到预期的、过高的目标或抱负，不能克服障碍，而形成的一种紧张不安、带有恐惧的情绪状态。现代心理学把焦虑分为低、中、高三个档次，并且认为适当水平的焦虑，可以增强学习效果，但是焦虑过度则会对学习起不良的作用。

确立符合自身实际的学习目标，把握好焦虑的分寸和尺度，不要过于在意成功或失败，以及摸索出一套适合自身的学习方法等，都有助于克服严重的学习焦虑。

(三) 考试的心理卫生

考试是对学习效果和知识掌握程度的检测，是大学生面临的主要应激源之一。考试引起的适度焦虑有助于调动学生的心理和生理能量，全力以赴。这对学生的身心健康和锻炼应激能力是有积极作用的。

但如果过度夸大考试的意义和价值，把考场看作决定一生命运的战场，自尊心过强，但又缺乏自信，就容易导致高焦虑。考前或应考时因恐慌、激动情绪而造成思维和操作困难，这种心理现象主要表现为紧张恐惧、心烦意乱、心跳加快、呼吸急促、失眠、多汗、尿频、头昏、恶心、软弱无力、记忆力减退、思维呆滞凝固，甚至晕倒等。这不仅会阻碍个人才华的正常发挥，也会影响心血管系统、呼吸系统、内分泌系统和消化系统的功能，导致心律不齐、高血压、冠心病、支气管哮喘、甲亢、胃炎和胃溃疡等。还有的学生在考试过程中，心存侥幸，投机取巧，消极地应付考试，甚至作弊，显然也是不可取的。

古人说“天生我材必有用”。一次考试并不能完全反映一个人的学习能力和知识水平，更无法决定一个人的前途和命运。高分低能才是真正可惜的。

如果考试时过度焦虑、怯场，应该立即停止答题，轻闭双眼，全身放松，做几次深呼吸，并反复地暗示自我“不要着急”“不要担心”“放松、放松”。待情绪平复后，再审题、答卷。平时勤奋学习，考试前认真复习总结，掌握一些应试的技巧，培养良好的应试技能，做到“胜不骄，败不馁”，并多注意营养、劳逸结合等，都有助于巩固和提升学习的效果。

五、养成良好的生活习惯

生活习惯是人们生活方式的集中表现。人的生活习惯包括饮食起居习惯、学习习惯、工作习惯、娱乐消遣习惯等。生活习惯受到所处的社会与文化环境的影响，是在一定条件下每天习得而成的。生活的种种方式一旦形成习惯，就成为个人心理和行为的准则之一，构成个性的一部分。

大学教育的目标之一就是要培养良好的生活习惯。例如，德育的目的是培养良好的行为习惯；智育的目的是培养良好的思维与学习习惯；体育的目的是培养科学的卫生习惯和体育锻炼习惯等。

诚如心理学巨匠威廉・詹姆士所言："播下一个行动，收获一种习惯；播下一种习惯，收获一种性格；播下一种性格，收获一种命运。"

（一）生活习惯与身心健康

伟大的哲学家亚里士多德说："人的行为总是一再重复。"因此，卓越不是单一的举动，而是习惯。根据行为心理学的研究结果：3 周以上的重复会形成习惯；3 个月以上的重复会形成稳定的习惯。

科学研究表明，决定当代人类健康的各因素比例为生活方式和行为习惯因素占 60%，遗传因素占 15%，社会福利水平因素占 10%，医疗条件因素占 8%，气候变化因素占 7%。可见，良好的生活习惯是身心健康的重要保证。它不仅有益于自主神经系统功能的正常调节，而且还能够使人精力充沛，延年益寿。

另据世界卫生组织（WHO）估计，健康的生活方式每年可拯救数百万人的生命。而不良的生活习惯、不科学的生活方式引起的疾病已成为人类健康的主要威胁。世界卫生组织于 1986 年 4 月 7 日"世界卫生日"之际，提出"健康的生活，人皆可成为强者"的活动主题，号召人们通过建立健康、科学的生活方式，来实现"健康"的美好愿望。

我国学者贾伟廉主编的《健康教育学》，根据我国国情，把良好的生活习惯概括为心胸豁达，情绪乐观；劳逸结合，坚持锻炼；生活规律，善用闲暇；营养适当，防止肥胖；不吸烟，不酗酒；家庭和谐，适应环境；与人为善，自尊自重；爱好清洁，注意安全。

（二）良好生活习惯的养成

良好的生活习惯是指符合社会道德标准，有益于人身心健康的生活习惯。良好的生活习惯可以让人受益终身。而不良的生活习惯，如不良的学习习惯、作息习惯、缺乏锻炼和长时间使用电子产品等，将会影响人们的身心健康。

对习惯的认知、态度及周围环境的影响，关系到生活习惯的养成。正在成长期的大学生具有一定的可塑性，完全可以通过自己的努力，设定正确的目标，身体力行，并持之以恒，从而养成良好的生活习惯。

1. 生活有计划、有规律

"吃不穷，喝不穷，没有计划就受穷。"有计划地做事，有规律地生活，科学的作息制度是使人精力充沛、提高活动效率的保证。

大学生应该做生活的主人，管理好自己的时间，安排好自己的生活，充分、有效地利用大学阶段宝贵的时间。

2. 适度运动

"身体是革命的本钱。"大学生应根据自身的生理机能、身体素质、健康状况以及季节变化等来选择运动的方式和时间，循序渐进，贵在坚持。

3. 合理饮食

克服不良的饮食习惯，做到饮食得当，有节制。

4. 讲究卫生

卫生习惯体现一个人的修养水平。大学生应严格要求自己，从小事做起，从点滴做起，养成良好的卫生习惯，积极主动创造优美的学习生活环境和氛围。

5. 积极思维

谋事在人，改变消极的思维习惯，去掉"不可能"。凡事多往好处想想，多想想"可以的""能做到的""会成功的"等，培养积极的思维习惯。

6. 坚持学习的习惯

每一个成功者都是有着良好阅读习惯的人。尤其是当今的学习型社会，更是需要坚持学习，时时充电，不断提升自我。

大学生精力旺盛，思维活跃，正处于知识积累的大好时期，一定要珍惜大学阶段的美好时光，养成良好的学习习惯，努力排除各种消极干扰，充分而有效地利用学校的各项有利条件，脚踏实地，一步一个脚印地学习，不断丰富并充实自己。

7. 高效的工作习惯

一个人一天的行为中，大约有95%的行为都是习惯性的。要想成功，就一定要养成高效率的工作习惯。例如，可以在每天的精力充沛期处理最艰难的工作；学会高效地利用碎片化的时间；分轻、重、缓、急处理问题等。

小贴士

1984年世界卫生组织认为，有害于健康的不良生活习惯主要有：

(1) 吸烟；

(2) 饮酒过量；

(3) 不恰当的服药，包括未经医生处方服药以及不按医嘱的方式和剂量服药；

(4) 体育运动不够，或者突然运动量过大；

(5) 热量过高和多盐的饮食，饮食没有节制，吃零食和不吃早饭；

(6) 信巫，不信医，不接受合理的医疗处理；

(7) 对社会压力产生适应不良的反应；

(8) 睡眠过多或过少，破坏身体的生物节奏和精神节奏的生活。

小　结

生活是千变万化的。喜怒哀乐、悲欢离合、天灾人祸或生老病死等都在所难免。大学生正处于身心各方面急剧变化的时期，存在各种压力源，这是适应社会过程中不可避免和必须面对的问题。

大学生应注意提高正确认识自我的能力，建立适度的"期望值"，具有良好的自我控制能力，积极发展自己的情趣爱好，塑造良好的心理品质，建立良好的人际关系。无论遇到什么样的苦难与困厄，都要学会调节自己的心态，释放心灵，排遣焦虑，树立信心，挖掘潜力。毕竟，拥有健康的身心才能以梦为马，实现人生的目标。

思考题

1. 你知道心理健康有哪些表现吗？
2. 你知道大学生有哪些常见的心理障碍吗？
3. 你知道一些常用的自我心理调节方法吗？
4. 你知道大学生中出现的一些恋爱心理问题及其应对方式吗？
5. 大学生应如何树立正确的恋爱观。
6. 大学生常见的学习心理问题及调适方案是什么？
7. 你知道生活习惯与心理健康的关系吗？
8. 如何养成良好的生活习惯。
9. 观看影视剧《80后》《不要和陌生人说话》《我的前半生》或《中国式离婚》，并谈谈自己对恋爱、婚姻和家庭的看法。

第七讲

择业与就业

导读

马克思在中学毕业时写的《青年在选择职业时的考虑》中说:"一个人只有立志为人类劳动,才能成为真正的伟人。"市场经济的时代,大学生们若想在竞争激烈、变革迅猛的社会中找到属于自己的恰当位置,充分发挥自己的聪明才智,最重要的就是要顺应历史发展潮流,树立实现"中国梦"的伟大决心和正确的人才观,注意优化知识结构,同时不断地提高自己的综合能力与素质。

高校扩招、就业市场更加广阔和就业信息发布手段更加网络化、多样化等给大学生带来了更多的职场挑战与机遇,也使得大学生的实习、实践、求职、就业和创业中的人身安全、财产安全及信息安全等问题日益凸显,甚至还面临着传销组织的引诱和陷阱。如此,就更加需要大学生们做到客观地认识环境,准确地把握自己、分析自己,时刻提高安全防范意识,切忌贪心、急心和糊涂心,从而有效地找到满意的职场平台,发挥生命的潜力,实现自己的人生价值。

一、大学生的择业与创业

案例 1

张士成自大学毕业一直在一家公司工作,已经做了三年的技术员。一起毕业的同学,有人已经换了2～3家公司。他们纷纷劝说张士成"另谋高就”。但张士成认为自己还有很多东西要学习，公司环境挺好，待自己也不错，没有理由跳槽。“皇天不负苦心人”，不久，张士成得到了公司的提拔，成为公司有意培养的管理层骨干，不仅工作稳定，待遇好，而且拥有不错的人脉关系。而那些常常跳槽的同学却仍然处在“动荡的边缘”，心猿意马。

案例 2

日本松下电器公司总裁松下幸之助，年轻时家庭生活贫困，常为找份工作而奔波。有一次，瘦弱矮小的松下到一家电器工厂去谋职。人事主管看到松下衣着肮脏，觉得很不满意，但又不想直说，于是找了一个理由说：“我们现在暂时不缺人，您一个月以后再来看看吧。”这本来只是个借口，但没想到一个月后松下真的来了。那位负责人又推脱说此刻有事，等过几天再说。隔了几天，松下又来了。如此反复多次，这位负责人干脆说出了真正的理由：“你这样脏兮兮的，是进不了我们工厂的。”于是，松下回去借了一些钱，买了一套整齐的衣服穿上，又返回来。负责人一看实在没有办法，便告诉松下：“关于电器方面的知识你知道的太少了，我们不能接受你。”两个月后，松下再次来到这家企业，说：“我已经学了不少有关电器方面的知识，您看我哪方面还有差距，我一项项来弥补。”这位负责人盯着他看了半天才说：“我干这一行几十年了，头一次遇到像你这样来找工作的，我真佩服你的耐心和韧性。”松下的毅力打动了这位人事主管。主管终于答应让他进工厂上班。后来，松下凭借顽强的努力，逐渐发展成为一个非凡的人物。

案例 3

年轻的傅章强用行动写下了两项“上海之最”。他是第一位成功创业的大学生，也是第一位入驻浦东软件园的“知本家”。他在海事大学计算机系学习时便表现出了突出的才能和极度的努力。那时候的他，一清早便钻进机房，中午啃两个面包，直至次日凌晨一两点钟时才钻出来。日日如此，且这样的工作热情一直保持至今。天才加上勤奋，出成绩是必然的！

职业是劳动者能够从事的有报酬的工作，也是满足人的生存、发展需要，为社会提供服务的劳动岗位。职业生活不管从内涵上，还是时间跨度上，都是人的生活的重要组成部分，在人的生命中占据核心的地位。也唯有在工作里，生命才有办法安顿。

台湾漫画家朱德庸先生曾说过这样一句话，大意为：你可以不上学，你可以不上网，你可以不上当，你就是不能不上班！从某种意义上说，选择职业就是选择人生的道路和生存方式。也可以说，职业是我们主要的人生舞台，职业的成败很大程度上就是我们人生的成败。一个没有工作的人，是世界上最苦的人，因为人生最大的痛苦就是寂寞无聊。

随着我国社会主义市场经济体制的不断完善和高等教育改革的深入，大学生就业制度实现了由过去的"统包统分"到"供需见面、双向选择"的改革，再到如今的"双向选择、不包分配、竞争上岗、择优录用"的就业模式的变化。对于大学生们而言，这既提供了广阔的成长平台和选择度，也带来了前所未有的挑战。如何在自己的职业生涯中拥有一个较高的起点，已越来越成为大学生们关注的话题。

(一) 择业与成长成才

"机遇总是青睐于有准备的头脑"。最好的职业并非总是由最佳的人取得，但总是由准备得最充分的人获得。

大学毕业生在职业选择时，对职业的认识态度、对某一职业的社会价值和通过职业活动体现的个人价值的认识等，会直接影响其职业的选择。对职业功能的不同期待，也会影响一个人选择职业的倾向。当然，一次职业选择定终身的情况已成为历史。

1. 择业观的价值取向

究竟是把职业只当成谋生的手段和个人家庭的经济来源，还是将职业作为个人才能充分发挥的舞台，或者是将职业作为贡献社会、实现自我价值的途径等，必须充分考虑清楚。总体来讲，当代大学生的择业观主流是好的，但也存在着某种功利思想，呈现出多向性和不稳定性，具体表现为：

(1) 择业思想上更趋实惠。大学生的主体意识、公民意识日渐增强，以自主、自由、平等交换为实质内容的新的价值观主导着大学生的择业思想。大学生个人和就业单位通过就业市场双向选择的模式，基本上得到了双方的认同。经济收入和单位的发展前景是大学生择业时考虑的重要因素。

(2) 择业动机上突出自我发展。很多大学生在选择职业时，追求自我价值与抱负的实现，愿意从事专业对口的工作，注重个人才能的施展与专业优势、特长的发挥,并期望能够适应国家、社会和民族振兴发展的需要,实现自己的社会价值。

(3) 择业目标上趋高拒低。大部分大学生趋向于大中城市,尤其是沿海的中心城市的体面、地位高、待遇高、福利好的国有企业、事业单位、行政机关或大型非公有制企业,而不愿去基层和艰苦行业工作。他们认为社会经济发展相对落后的地区,思想观念比较保守,缺乏发挥自己才能的环境和机遇。也有部分女大学生,会选择工作比较轻松、稳定,竞争不是很激烈的单位。这种挑肥拣瘦的择业目标往往会影响大学生顺利就业。

2. 自我评价与职业定位

不同的人有不同的职业适应范围,不同的职业对人有不同的要求。选择职业,实际上是在选择一种双向适合的状态,即人职匹配,就是自己适合的职业和适合自己的职业,这其实也是一个自我发现的过程。有的大学生在择业时,期望值过高、盲目乐观、互相攀比、缺乏主见、举棋不定或随意违约,延误了双向选择的最佳时机。

因此,大学生在择业前必须立足当年的就业形势,从多方面客观地分析就业市场,调整就业心态,对自己的价值观、个性、能力、强项和弱项等进行客观的评价,明确择业期望度,权衡利弊,扬长避短,以长远的眼光规划好自己的职业生涯。适合自己的职业才是最好的职业。

而随着我国的经济形势的发展和国家开发战略的不断推进,广大中西部地区和东北地区急需各类人才,所以不必将眼光仅仅局限在有限的东部发达地区和几个一线、二线城市,应统筹兼顾,充分考虑各种因素,追求远程效应。对各类学有专长的人才来讲,这些地区在某种程度上有着比东部地区更多的机遇,更有利于人才的脱颖而出。

另外,正如专家建议的那样,紧追热门职业,不如瞄准潜力行业。还有,大学毕业生一定要有持续的学习能力和不断创新的进取精神,不要停留在已有的知识和技能上,一定要趁年轻多学一点本事,才能在市场化的时代赢得主动权。

(二) 创业与成长成才

1. 创业与人生

“大众创新,万众创业。”创业,就是开创事业,也是一个创新的过程。创业的难度越大,就越具有挑战性。创业不仅需要积极的思想准备和规划,还需要有勇气、信心、耐心、恒心、技术知识、经济实力、管理能力和风险意识等综合素养和才能。创业者的路是不平坦的，大浪淘沙，适者生存，这就是市场经济。

2. 创业与成才

创业是当代大学生实现自我价值的重要选择之一。创业之路是锻炼强者并使之成才的道路。人才就是能给社会带来新的思想、事业、生活、劳动方式和社会效益，对社会发展、人类进步做出一定贡献的人。在一定的条件下，不同类型和不同层次的人才之间是可以互相转化的，既可向杰出人才发展，也可能向平庸之辈转化。成功的创业者具有复合型、全能型的素质，是科技之才、经营之才、管理之才、决策之才和最宝贵的创造之才。这种才干，绝不是单靠学校就可以培养出来的。

（三）迎接新的磨炼，开拓新的生活

1. 以积极的心态面对新生活

大学毕业生离开学校，进入新的人生阶段，应以主动乐观的心态投向自己的工作环境和工作岗位，绝不能自视清高、自命不凡，用挑剔的眼光看待社会和工作单位。这是成才立业的前提要求。

2. 培养对单位的“归属感”

以主人翁的姿态，把单位看作自己的“家”，认真诚恳，谦和热情，以心交心，以爱换爱，努力培养团队意识和合作精神，在行动上和大家保持一致，避免出现离群索居，脱离集体的现象。

3. 经得起挫折的打击

世界上没有任何事情是一帆风顺的。所以每个人都应时刻做好面对挫折的心理准备。不论遇到什么样的挫折和坎坷，都要静下心来，实事求是地分析主客观因素，加强性格锻炼，不要怨天尤人，也不要悲观失望，自暴自弃。只要能够准确找到原因，吸取教训，并采取积极的态度和稳妥的办法加以改进，就完全可以摆脱困局。历练一颗勇敢的心，像皮球一样“抛得越低，弹得越高”。

总之，大学毕业生的择业与创业是关系到个人和家庭的前途与命运的大事。大学生们应该看到，人生的一切“自我设计”“自我实现”都不可能脱离集体和社会的场域和平台。任何伟大的业绩也都是从点滴平凡的、具体的工作开始的。因此，大学生们必须主动把握时代发展的脉搏，进一步解放思想，合理规划人生，勤奋认真学习，培养提升能力，坚持不懈追求，努力开拓创新，才能做到不断地完善自我，发展自我，奉献社会，报效人民，走出一条出彩的人生大道。

二、大学生职业选择的心理准备

案例 1

计算机专业的邓雷被几家电脑公司看中，公司愿出高薪聘请，很有诱惑力。他到一家公司实地考察后，感觉工作环境的确不错，但老板只要求他搞一般性的文字和数据输入工作，很轻松，也没什么压力，于是他婉言谢绝了。在邓雷看来，能否施展才华是他考虑的首要问题。如果只贪图高薪和安逸，而放弃才能的培养，那么若干年后就很容易被时代所淘汰，到时候后悔就晚了。

案例 2

赵昕是一家生产环保产品企业的经理。她刚入职时，每个月的薪水仅1 800元，而当时其他行业的收入有的已达数千元。赵昕没有动摇，她喜欢这种具有挑战性的工作，更看准了环保产品未来的前景。两年后，这个企业的产品市场占有率越来越高，赵昕也凭着她的才能一步步高升，薪资、福利等也跟着直线上升。

案例 3

王亮杰毕业后和同学们一起找工作，大家拿的都是一些在校的英语四六级资格证书或荣誉证书。当他发现一家公司正在拓展海外业务，需要与美国的工作人员和工程师进行沟通时，他立即在简历上的“英语通过六级，托福总分109”后面，加上了“可以用英文顺利交流，有效开展工作”。随后，王亮杰在激烈的求职竞争中胜出。

大学毕业生人数逐年增多，人才市场竞争日趋激烈，理想的职业并非轻易能够获得。面对如此形势，大学毕业生必须做好择业的心理准备。

（一）了解人才市场，充满择业信心

没有足够的就业信息，一切分析判断都无从谈起。大学生只有充分了解人

才市场，才能对自己的择业进行合理和科学的定位，也才能有的放矢地去选择自己的择业方向，增强择业的自信心。

1. 了解用人市场的新动向

在“地球村”的今天，大学生们一定要关心时事政治，积极、充分地认识到国际、国内两大环境的发展变化，努力跟进、研究人才市场的新动向，把握人才市场的脉搏，以便在择业时能相机而动。例如，多花一些时间或精力关注目标企业的动向，以及企业的背景、技术和产品等相关信息。能够最大化地了解企业的需求，就能受到企业的欢迎，这也是诚意求职的表现。古语有云：“知己知彼，百战不殆。”

2. 确立择业竞争意识

竞争与合作共存、共赢。大学生的竞争意识是市场经济体制下必然要求的思维理念。因此，每个大学生都应积极应对，从入校时起就应该树立竞争意识，做到有胆识，敢于竞争，把竞争看作是一种快乐，在竞争中共同进步。不要轻易逃避竞争，也不要随意言败。世上没有弱者、失败者，只有胆怯和懦弱者。

3. 增强择业的自信心

“信心比黄金还要珍贵。”自信心是健全的人格必须具备的心理素质。无论才干大小、天资高低，成功首先取决于自己坚定的信心。相信能做成的事，哪怕千回百转，最后一定能够成功。反之，自己都不相信能做成的事，怎么可能成功！

(1) 了解自己的长处、优点、弱势、不足、脾气、性格和内心最真实的想法，正确地评价自己的实力和水平。对自己的定位要恰如其分，既不能过高，也不必过低；不要眼高手低，也不要自惭形秽。

(2) 积极地心理暗示。不要设想失败，也不要怀疑目标实现的可能性。在心中描绘出自己希望达到的成功蓝图，并坚定成功的信念，勇往直前。

(3) 如果在通向目标的过程中出现了消极的想法，不排除是人的心理周期的影响，但要尽快驱除这种消极的情绪。

(二) 调适情绪，克服择业自卑心理

大学生求职择业，不仅应具有良好的思想品德素质、科学文化素质、身体素质，也应有良好的心理素质。良好的心理素质，不仅能使大学生在择业期间保持良好的心态，适时调整自己的行为，促进顺利就业，而且可以在择业后顺利适应职业及环境，尽快成才。

1. 保持良好的择业心境

择业的竞争也是心理素质的较量。大学生平时要注意健康心理的养成，有

意识地培养自己良好的择业心境，能泰然地面对择业竞争，乐观地摆脱择业挫折。

2. 确立合理的择业角色

每个人既有择业的优势，也有择业的劣势，应该从社会、国家、他人和专业的角度来了解自己在择业中的客观角色，找到最合适的落脚点。唯有如此，才能找准自己和社会职业的结合点，在择业竞争中处于主动地位。

3. 调整择业的期望值

克服择业自卑心理的有效方法是调整择业的期望值。如果这种期望值过高，就难免走入择业的误区。大学生应树立起"从基层干起，善于从琐碎小事磨炼自己，把高远理想落实在一步一个脚印的努力之中"的正确成才观念，否则将一事无成。

美国著名企业家、成功学大师戴尔·卡耐基有一句名言："你若不能做一条大路，那就做一条小径；你若不能做太阳，那就做一颗星星；不能以大小决定你的输赢，但要做，就要做最好的你。"

（三）合理设计，发挥自我优势

大学生择业前要充分考虑，合理规划，目标长远，并随时准备推销自己。学习一些有关心理学、公共关系学等方面的基本知识，并准备好个人的自荐材料、各项荣誉证书等。寻找到能够实现自我目标的单位，是择业成功的关键环节。

三、大学生择业的心理障碍及其调适

案例

某高校学生赵明亮来自农村，性格内向，不善言辞和交际。进入大四后不久，就感到一种莫名其妙的恐惧感，担心自己能力差，知识结构不完善，没有好的社会关系，不能适应社会；想报考研究生，又担心考不上；况且即使考上了，还要加重家里的经济负担。他越是告诫自己不去胡思乱想，越是自卑胆怯，以至茶饭不思，夜不能寐，神情恍惚。

大学毕业，一部分同学考上研究生继续学习，一部分学生进入择业、创业阶段。面对严峻的就业形势和众多的竞争对手，不少学生忐忑不安，表现出不同程度的急躁、焦虑、恐惧和缺乏主见等心理障碍,这是一个复杂的心理变化过程。

(一) 择业急躁心理及其调适

择业急躁心理指毕业前缺乏市场调研,缺乏思考,情绪总处于一种难以自制的、急于确定工作的躁动不安的状态。类似“病急乱投医”,不考虑后果,草率行事。

调适方案:

(1) 加强自身修养,克服急躁心理。在就业这个问题上,要善于控制自己的情绪,不要凭感情用事;学会转换思维,多方参考,冷静、理智地处事,避免行动的盲目性。

(2) 正确把握毕业生就业市场的需求情况。一些专业供过于求,但另一些专业的社会需求量仍然很大。择业时主动地了解国家的就业方针政策,收集就业市场的用人信息,并根据市场需要加快完善自我,就能在一定程度上克服盲目急躁的心理和行为。

(3) 及时、合理地调整自己的就业期望值。接受高等教育的人逐年增加,而就业机会往往不能同步扩大,加之国企改革,国家行政机关和事业单位压缩编制,就业形势更加紧张。因此,大学毕业生不能把就业期望值定得太高,即使热门专业的毕业生,也同样要调整自己的就业期望值,使自己的理想更加切合实际,更加符合社会的需求,这样才能避免急躁盲从行为的产生。

能找到专业对口的单位,做到“学什么,干什么”固然好;若一时找不到,那么从事其他的专业也未尝不可,努力做到“干一行,爱一行,专一行”,也能从中得到工作的充实感和快乐。

(二) 择业焦虑心理及其调适

择业焦虑心理是指毕业生在落实工作单位之前,表现出的长期焦虑不安或患得患失的状态。择业焦虑,在职业没有确定之前,表现得尤为明显。有时恨时间过得太慢,度日如年;有时恨时间过得太快,期限将至,单位无着落。左右为难,不知怎么办才好。

事实上,即将走出校门的大学生,由于缺乏社会经验,对选择职业这一崭新的人生课题产生焦虑是正常的现象。一般来说,适度的择业焦虑可以唤起毕业生的警觉,是必要的,也是不可缺少的。这样可以使大学生们增强积极性、集中注意力,主动参与到就业的竞争中来,消除那些虚荣、依赖、功利、侥幸和攀比的不良心理。但是,高焦虑往往会使人不能平静自如地应付择业中的种种挑战,会在困难面前惊慌不已，在挫折面前一蹶不振，以致影响择业的效果。

调适方案：

（1）避免理想主义。“理想很丰满，现实很骨感。”大学毕业生应当客观地确定自己的择业期望值，以免错过最佳的就业时机，造成“过了这个村，就没了这个店”的后果。

（2）克服依赖心理。当今社会，挑战与机遇并存，失败与成功同在。不管父母长辈多么爱护你、关心你，也不可能永远为你事事包办。所以，大学生在择业之初就要树立强烈的独立精神，敢于竞争，善于竞争，而不是把希望寄托在拉关系或走后门上。

（3）消除从众心理。择业过程中，要注意保持自我的判断力，不要轻易受到其他择业者或身边同学的影响和诱惑，而采取不切合自身实际的从众行为，坚持从自身价值的实现和长远发展来谋求职业。

（4）客观评价自己，保持良好心态。“尺有所短，寸有所长”，对自身的能力应有客观和正确的认识。只有这样，才能树立良好的心态，在求职过程中抓住机遇，减少盲目性。

（三）择业恐惧心理及其调适

职业选择的自由度越大，其选择行为的责任就越重，择业的心理恐惧感也就越强。有的大学生面对用人单位严格的录用程序感到惊慌无措；有的因自己学习成绩不佳而懊恼；有的因自己能力不足而紧张担心；有的因自己是女生而怕遭遇性别歧视，等等。多数大学生第一次经历求职场面，由于缺乏经验，心理紧张可以理解，但如果过于紧张或异常恐惧，就会影响到面试水平的正常发挥。

调适方案：

（1）正视现实。目前，我国生产力发展水平还不够高，工作岗位不可能人人满意。加上，供需形势也不平衡，如基层、艰苦行业、边远地区和第一线急需人才。还有，人才市场也不够规范，不公平竞争在一定范围、一定程度上依然存在。大学毕业生应该勇敢面对这样的状态，既不心存幻想，也不躲闪逃避。

（2）敢于竞争。大学毕业生应珍惜“双向选择”的机会，结合自己的专业、爱好、性格、特长和愿望等，通过适当的途径和方式展示自己，推荐自己，敢于竞争，不怕挫折，努力实现自己的人生抱负和理想。

（3）放眼未来。基层为大学生施展才华提供了有利条件，基层是锻炼人的最好地方。大学生要想成才，必须立足基层，才能有所作为。所以，大学生选择基层，踏实肯干，也能成就自我，实现服务社会的目标。

(四) 择业缺乏主见的心理及其调适

择业缺乏主见是指择业时，表现出来的长期犹豫不决、顾虑重重的心理，优柔寡断，瞻前顾后，有时甚至会以掷骰子、抛硬币的消极方式来取舍就业单位，或者盲从他人，结果丧失了不少难得的机遇。

调适方案：

(1) 善于分析利弊。在求职过程中，要确立正确的得失观，注意兴利除弊，变弊为利。综合考虑国家政治、经济等方面的发展政策，工作单位的目标和发展前景，个人的能力和发展志向等。如果有合适的就业单位，就应该毫不犹豫地下定决心，作出取舍。

(2) 树立自信心。任何人的生活都不是一帆风顺、一马平川的。一个人的自信心是在不断战胜困难的过程中逐步培养起来的。要相信自己，对自己有个正确的评价，经常对自己进行积极的心理暗示，克服惧怕心理。失败后，通过不断分析总结经验和教训，在机会来临时，必将能够反败为胜，验证“失败是成功之母”。

(3) 敢于决断。缺乏主见是一个人意志果断性不足的表现。日常生活中，遇事要敢于决断，善于培养自己处理事情的果断性。在积累经验和教训的基础上，继续进行决断能力的培养。

总之，在漫长而短暂的人生之路上，困难和坎坷再正常不过，择业中遇到挫折也在所难免。大学毕业生应主动地以积极健康的精神状态、出众的素质才能、持续的学习能力和科学的应对方法去把握变化多端的人才市场，正确对待择业中的各种问题，及时地化解心理障碍，才能始终把握择业的主动权，实现自己的职业理想。

四、大学生面试技巧

面试是严肃的场合。面试时，面试官往往可以通过言谈举止，观察求职者的自然状况，从而推断其是否有真才实学、判断能力、推理能力和应变能力等综合素质，也能够发现求职者的处世态度是否阳光、积极等。如果不懂得这样的学问与艺术，就很容易在求职面试过程中出现麻烦与不顺。可见，掌握一定的面试技巧是非常有帮助的。

(一) 面试前的准备

应聘机遇是稍纵即逝的,谁先获得先机,谁就实现就业。因此,面试前的准备必不可少,且有备无患。例如,衣着不仅能衬托一个人的自然美,也能体现一个人的文化修养。对于大学毕业生的求职衣着,见仁见智,不必求同。但大致要把握以下几点技巧:

1. 着装要求

着装应体现出对面试官的尊重,应与所谋求的职位相称,整洁、大方、庄重、得体,不要过于时髦前卫、花里胡哨,也不要过于标新立异。这是最基本的要求。

短裤、背心、拖鞋、凉鞋和运动装之类的服装不太适宜面试场合。女生着装不要过于暴露,超短裙、透视装等都不合适。

2. 发型要求

发型以梳理整齐、干净利索、美观大方为好。男生应剃净胡须,头发不扫后衣领、不盖过脖子、不掩住耳朵;女生则不宜漂染特别的颜色。

3. 鞋袜要求

无论什么季节,面试时都以穿皮鞋为宜。鞋以黑色、棕色、偏深色为首选,不一定要新,但必须要干净,与衣服的颜色搭配一致。鞋底不宜钉铁钉,以免走动时发出过大的声响。女生穿皮鞋配裙子时,宜同时穿上长筒袜,袜子颜色不宜太鲜亮;男生则不宜穿花袜子。

(二) 面试中的礼貌礼仪

礼貌礼仪是生活中的润滑剂。在求职面试中,讲究文明礼貌、举止得体,不仅能够表现个人的修养水平,还能够博得面试官的好感与青睐。

1. 面试到场的礼仪

通常应提前 15 分钟左右到达面试地点,不应过早,更不应迟到。这样,既避免影响对方的工作安排,也可以表示自己求职的诚意,还能够给自己留下充足的面试酝酿时间。

同时,最好不要携带同学、朋友、恋人甚至家长等一同到达面试现场。这样,容易给人以缺乏独立性、不踏实或者无主见的印象。但是,单身参加面试的前提是该单位必须是经过认真审核的正规、合法的单位,以免孤身陷入危险的境地。

2. 面试时的礼仪

(1) 关于握手。等对方先伸手时,再将右手伸出。如有手套,应脱下手套,将其拿在左手上,不可随意一丢。伸手动作要大方,态度要自然,面带微笑,眼睛注视着对方，切忌东张西望、漫不经心，要表现出真挚的热情。保证与对方的手确实相握，既不是将手轻轻接触一下，也不可用力过猛。

(2) 坐有坐相，站有站相。坐时，挺胸抬头，正视对方，手放膝上，不要跷二郎腿，也不要抖腿。站立时，双脚立定，挺胸抬头，手自然垂直或放松，不要抓耳挠腮或做其他不雅的动作，也不要倚门窗或桌子等。行走时，快慢有度，不要东张西望，过急过慢。手势或肢体语言，不要故作夸张，手舞足蹈。

(3) 面试离不开交流。交谈中，态度要诚恳，行动要得体。不应口若悬河，滔滔不绝；不应无意识地口出脏字；也不应处处炫耀自己。切勿蛮不讲理，嘲讽、挖苦或攻击他人，与人争执，抢占上风。

(4) 遵循倾听的礼节。成功的面试在于学会倾听。倾听要做到用心、会心、耐心和虚心。用心即专心致志；会心即主动呼应；耐心即不随意插话，要尊重对方；虚心即不喧宾夺主，要谦虚婉转。

(5) 除面试有特殊规定外，应用中文普通话，声音以使对方听清为宜。不要用方言，也不要高声喧哗或声音太小。语速不宜太快，也忌过慢或吞吞吐吐。有口吃的面试者应先向对方说明。

(6) 面试间隙，为制造和谐的气氛，可以适度地幽默一下。但如果没有幽默细胞或初次见面，掌握不了分寸，最好就不要幽默了，以免画蛇添足，造成双方的尴尬。也不要一味阿谀奉承，拍马屁。

(7) 不要吸烟。尤其不要在公众场合、禁烟场合和女士的面前随意吸烟。

3. 面试后的礼仪

面试结束，面试者应礼貌道谢，及时退出现场，不可再试图补充几句，也不要再提什么问题，以免拖泥带水，影响他人面试。即使对方表示不予录用，也应该表示感谢，做到礼贯前后，有始有终。如果有必要解释或说明，可事后写电子邮件或通过微信、电话、上门回访等方式进行，也许会就此得到单位的好感，从而被录用。

面试失败也很正常，因为求职是不可能一帆风顺、一次成功的，哪怕是马云，当年毕业求职也是被拒绝了很多次。所以，不必在意，不必计较。“此处不留人，自有留人处”，应充分相信自己的实力，并重整旗鼓，不断提升自我各方面的素质，再试牛刀。

小贴士

穿着如何使人求职成功

女士：使你的衣着适合你求职的工作和公司的要求；带一支经理人员用的

好笔；穿中上等的衣服；不要穿太时髦的衣服；如果你能带一只公文包，就不要带一只提包；穿中性颜色的长袜；穿一件大衣，能盖住你的裙子；在屋里不要脱你的短外衣。

男士：如果你能选择，穿着高雅点为好；如果你不知道如何穿着，守旧一点要比标新立异好；始终像你希望接受你观点的人那样穿着；不要穿绿色；不要戴太阳镜或变色镜，因为如果要人们信任你，就必须让他们看你的眼睛；带一支好的钢笔和铅笔；如果可能，打一条较好的领带；除非必要，不要脱你的上装，这样会削弱你的权威；带一只好的公文包；不要穿戴任何女性化的东西。

——外国成功学专家约翰·摩根

五、实习、实践安全

案例

某高校学生章志诚在化工厂实习期间，所在班组的车间突然发生剧烈爆炸，导致其被热浪燎伤，当场休克。后被送至医院救治。经鉴定，全身55%的皮肤高度烧伤。

实习、实践是一个重要的大学教育环节，主要以培养学生观察问题、解决问题和提高动手能力为目标，也是接触、了解和熟悉实际生产过程，掌握基本生产技能的重要教学手段，其好坏直接影响着学业成绩的评定。实习、实践也是大学生“职业生涯”的前奏。单位在招聘时，会将毕业生的实习、实践经历作为衡量毕业生素质的重要参考要素。

但实习、实践中稍有不慎，就会发生安全事故。事故产生的原因是多方面的，既有环境方面的因素，也有个人方面的因素，如设备有问题，防护装置缺损，粗心大意或过于自信而违规操作，等等。那么，实习、实践安全应注意哪些方面呢？

(1) 严格遵守单位的规章制度和安全操作规程，明确实习、实践的工作任务，听从指导教师和现场技术人员的示范与指导，并虚心求教，防止碰伤、砸伤、烫伤、跌伤及身体被卷入机器设备等事故的发生。及时检查机器设备和清理杂物，发现安全隐患立即上报。如果遇到重大问题，应事先向指导教师反映，不得擅自处理。

(2) 遵守单位和实践所在地的保密要求，自觉保守国家秘密和商业秘密，保管好各类重要的资料或图纸等，以防发生丢失、泄密事件。

注意了解当地的风俗习惯(特别是少数民族地区)、历史地理和治安状况。尊重当地人的信仰和生活习惯。

(3) 熟悉"110""119""120""122"等紧急电话。针对实习、实践地的情况预先咨询医疗机构和医务人员,了解当地传染病和寄生虫疫情,做好防疫准备,必要时提前注射疫苗。了解当地危险动物(蛇、有毒昆虫等)的活动情况,减少在其活动多发地区和多发时间段的实习、实践,针对有可能出现的问题,采取一些防范措施。

(4) 加强个人卫生,准备合适的个人衣物及卫生用具,并妥善保管。打喷嚏、如厕后要洗手,洗后用清洁的毛巾或纸巾擦干净,以防止肠道传染病。

(5) 外出就餐时,注意选择卫生、消防合格的饭店。尽量少食用生冷的食品和生水,不食用和饮用野外采集的食物和水。

在车船或飞机等交通工具上,应节制饮食。因为没有运动条件,食物的消化速度减慢、过程延长,如果不节制饮食,必然会增加肠胃的负担,从而引起肠胃不适。

(6) 学习一些基本的生理卫生常识和常见病的处理方法,并随身携带常用的应急药物。如果有可能,应当有一到两名参加过正规培训的急救卫生员随队。如果自己用药,一定要有充足的把握,不能滥用抗生素类药物。有伤病人员时,务必安排身体状况良好的人员陪同,不得让伤病人员单独停留在住宿地或者实习、实践地,必要时送医院接受治疗。

(7) 注意实习、实践地的天气、水文和地质情况,了解当地的洪涝灾害和地质灾害高危地区,尽量远离危险设施或危险地段。严禁参加野外登山、探险活动;严禁在河流、湖泊或池塘中戏水、游泳;严禁在野外尤其是森林、草原等高火险地区用火;雷雨天气不要在高处、树下、避雷设施附近接打手机等。

必须要接触潜在危险时,务必要有专业人士陪同,并做好安全防范措施。

(8) 注意避免在高温、高湿、阳光直射和蚊虫叮咬等不利环境下长时间实习、实践。野外实习、实践过程中应穿长裤、袜子和运动鞋,以减少被划伤和蚊虫叮咬的可能性。还应注意多饮水,合理饮食,恰当安排作息,避免过度劳累,保证睡眠时间,尽量减少中暑、日射病或热射病等的发生。

(9) 不酗酒;不参与赌博;不接触或尝试毒品;不与网友会面;不参与封建迷信活动;不单独到陌生或者荒僻的场所;不单独夜间外出;不同可疑的人接触等。

(10) 不轻信陌生人,不向陌生人泄漏自己的身份证号码和家庭联系方式等信息。定期和家人取得联系,也告知家人不要轻信陌生人传达的消息,切勿向陌生人或者陌生账号转账汇款。

(11) 尽量避免到人群拥挤的地方去凑热闹。在公共场合或参加大型活动时,一定要注意自我保护,遵守秩序。不围观打架斗殴等事件。学会克制情绪,避免和他人发生言语或肢体冲突,也不要卷入各种群体性事件中,以避免被人利用或胁迫。

(12) 警惕陷入任何形式的传销陷阱。传销是国家明令禁止的非法行为,千万不要相信"一夜暴富"的神话,以免误入歧途。任何人的成功都是历经千辛万苦、勤奋努力得来的。

(13) 在整个实习、实践过程中,同学之间应互相关心,互相帮助,发扬团结友爱的精神,切不可我行我素,擅自离队。在与他人发生矛盾时,应沉着冷静地面对,不可闹情绪,影响大局。

遇到媒体的采访,必须得到当地政府主管部门许可,任何人只能以个人身份发表看法,以免被人鼓动或利用。

六、求职、就业中的自我保护

案例 1

一天,某高校毕业生章平接到朋友周晓春从广州打来的电话,希望他来公司工作。章平来到广州后,周晓春让他签订了一份合同书,并让他交押金三千元,并承诺如辞职离开公司,押金随时如数退还。章平认为周晓春与自己是朋友,又有合同和承诺,便拿出三千元交了押金。

当天下午,周晓春就带着几个人开始岗前"培训"。"培训"内容主要是怎样赚钱,怎样暴富,赚钱要不择手段以及"发展下线""金字塔"理论等。经过几天"培训"后,公司让章平"上班",任务是打电话,动员认识的、想找工作的家人、亲戚、朋友、同学或老乡等来"工作"。

案例 2

某高校毕业生韩义,在人才市场经过初步了解,即与某家公司达成了就业协议,并当场交了 300 元的服装保证金,用于制作工作服。公司承诺,离职时 300 元如数退还。

一个月后，韩义按照公司的约定，来到公司的办公地点参加培训，但却发现该公司竟然已人去楼空。

案例 3

某高校女生姜薇独自一人到市区购物时，接到一个聘请家教的电话，就与对方相约在市区某地见面。

当日下午，来电者李坊将其骗至家中（单独居住），谎称要为其读小学三年级的女儿补习。当晚7时许，李坊丑态毕露，强行要与姜薇发生性关系，遭到强烈反抗。在激烈的搏斗中，李坊恼羞成怒，将瘦弱的姜薇活活掐死，并抢走了其手机和少量的现金。作案后，李坊将姜薇的尸体装进一个编织袋内，在下半夜时分将尸体偷偷转移到村外，扔在一个杂草丛生的偏僻地。

案例 4

某高校女生吴娉根据广告，应聘一家俱乐部高级商务公关的职务。在交纳了400元的“制卡费”后，却发现工作内容是“三陪”。

案例 5

某高校女生谭婕与某私企达成工作意向，双方当场签订了就业协议书。3个月后，谭婕毕业，进入该企业工作。但该企业始终不愿与谭婕签订劳动合同，说双方在就业协议书中并没有明确要求何时签订劳动合同，更何况关于工资、劳动期限等条款在就业协议书中已有约定，双方没有必要为此再另行签订劳动合同。谭婕觉得似乎也有道理，就不再向单位提起此事。不料某日，谭婕忽被裁员，却没拿到单位一分钱的赔偿金。此时谭婕才明白，单凭就业协议书是无法全面保障正式就业后的劳动权利的。只有有了合同，法律才能为之伸张正义。

近几年，大学生就业难的问题凸显，其因素比较复杂。社会各界对大学生就业问题也日益关心，并给予了相当的扶持和帮助。但仍有一些不法分子，昧着良心，突破法律的底线，巧设名目，借机渔利，更有治安、刑事等恶性案件频频发生。

这就提醒我们，大学生在求职、就业过程中务必要提高警惕，增强安全防范意识，掌握一定的安全防范技能。

(一) 严把就业信息质量关，确保其真实性和有效性

(1) 尽可能到高校，政府人事部门、劳动部门和正规单位举办的人才市场求职，不要轻率自找门路。进入招聘市场时，注意不要拥挤，保管好个人的财物。

而在其他非正规的人才市场、劳动中心及自发形成的求职地点，如家教市场等，因人员混杂，是不法分子经常选取的行窃地点，有的甚至团伙作案。还有的会借口看看工作场所，或是以嘈杂不便谈话等为由，将求职者引到僻静处，伺机抢劫。

(2) 电视、电台、报刊或网络上的招聘信息要认真辨别。可以通过电话咨询当地工商行政管理部门、询问单位周边的群众、非正式走访等，了解单位是否合法及其资质情况，尽量较多地了解单位的内部情况和资料。例如，电话咨询该公司时，出现该公司人员支吾应对、交代模糊或有时无人接听的情况的，就要格外谨慎。

(3) 不要盲目接受陌生人的用工信息和要求；也不要轻信贴在电线杆、车站牌、偏僻角落、街头路边的各类用工启事、非法小广告或口头招聘广告等。

(4) 招聘信息中如有以下情况，应谨慎辨别：

① 招聘广告未列公司名称、地址，仅留电话、电子邮件及联系人；

② 招聘的职位没有资格、条件的限制，却提供不可思议的高薪或福利，如待遇优厚、工作轻松、纯内勤、免经验或可借贷等；

③ 招聘的职位众多，工作内容空泛而不具体，如储备干部、兼职助理、业务主管、营销顾问或区域代表等；

④ 必须自行购买推销产品的；

⑤ 对要收取报名费、保证金、体检费、服装费、培训费、材料费、快递费、考试费、公证费或保密费等的用人单位，要慎之又慎；

⑥ 对于无正当理由只招女生，甚至规定不准同学或朋友护送去面试的用人单位，女生一定要格外小心。例如，“身高 1.65 米以上、外形甜美”的公关人员的招聘信息，应坚决不予理睬。

(二) 谨慎保护个人信息

(1) 在网上投递简历时，一般提供个人的手机号码和电子邮箱即可，不要将所有联系方式都提供给招聘单位。基本联系方式填写学校或者院系的联系方式为好，个人的家庭电话和详细的家庭住址等一定要慎重填写。

(2) 不要采取“天女散花”式的投递简历方式，尤其对于自己不信任的、不规

范的公司不要随意投递简历，以免不法分子获取信息资料后，假借通知求职者面试，伺机进行抢劫等犯罪活动。

(3) 本人的相关证件，如身份证、学生证、毕业证和学位证等，要妥善保管，防止用人单位无故扣押相关证件。如确需交证件，可提交复印件，并在其上注明“供某某单位应聘用”。

(4) 不可轻易提供银行账户及密码。

(三) 面试和工作期间的安全要领

1. *面试的安全要领*

(1) 对于公司就在本地，却约在其他地点面试的情况，必须保持警惕。面试地点偏僻、隐秘，例如在宾馆、郊区或其他非公开、非正式的场合；或中途变更面试地点；或是要求夜间面试的情况等，也应加倍小心。

(2) 详细地告诉家人或同学、朋友面试的单位名称、时间、地点，何时回来和联系方法等。最好由同学、朋友或家人陪同到达面试地点附近。这样，即便万一发生问题，也可以及时出手相助。但注意不要直接送到面试现场，以免让单位觉得面试者缺乏独立性和主见。

面试者不妨随身携带适当的防范器物，如小哨子，一旦遇到不法侵害时，就立即吹响哨子。这样，既可以吓退不法分子，也可以用哨声呼救，寻求帮助。

(3) 如果是直接在单位内面试，就要留心各个部门的名称是否张贴清楚，所应聘的岗位是否真实存在，是否每个人都有事情在做，等等。还要注意观察单位的外观与对外通道。如果发现不正常或不安全的情形，不要先激怒对方，而要设法周旋，再以某种借口迅速离开。如果事态严重，一定要寻机报警。

(4) 认真观察并记住面试官的基本情况及面貌特征。如果面试官所提的工作内容空泛、不具体，不要被夸大的言辞所迷惑；如果面试官说话轻浮、暧昧不清、眼神不正常等，就要意识到这是危险的前兆，想办法脱身。

(5) 拒绝单位不合理的邀约及要求，尽量不要随便食用单位提供的饮料、食物或香烟等，以防其中有诈。

(6) 如果单位声称为了安全或其他工作需要，面试时要求将手机、财物上交保存时，一定要当心，这很可能是陷阱；如果单位要求必须体检才能上岗的，请注意单位不应当指定某家医院，而此类医院也不应该是私立医院或者诊所，以防双方暗中勾结。

(7) 单位以“择优录用”为名，在笔试、面试、业务考察等环节中让求职者撰写策划方案、设计图稿或翻译文章等，把求职者当作免费劳动力，用完即了结的情况，也需要留心。

（8）面试过程中，手机或其他通信工具保持开机，以便及时与家长、教师、同学和朋友进行沟通。

（9）紧急情况可用手机或固定电话拨打“110”。在和“110”讲话时，千万不要慌张，应镇定、冷静，越急越表达不清，影响救援进程。应先将姓名、缘由、地点讲清楚，若不熟悉地点的具体名称，一定要描述出位置的环境特征，越详细越好，以便“110”能迅速赶到现场，加以解救。

2. 工作期间的安全要领

刚到新单位上班，应尽快熟悉人际关系，融入环境；注意自我形象，衣着、态度和言行等均应谨慎；少说、多看，低调做事；慎重处理来自同事的邀请；不要随便允诺公务以外的要求；如需交纳大笔金钱或保证金时，应慎重防范。

（四）警惕非法传销组织的诱骗

“天上不会掉馅饼”“没有免费的午餐”。非法传销骗局不断变换手法，花样繁多。大学生一定要仔细甄别就业信息，谨防误入传销或变相传销的歧途。凡是传销，都以高薪为饵，为了发展“下线”，想方设法、绞尽脑汁去欺骗自己的家人、亲戚、朋友或同学。对于那些需要先缴付高额入会费，或是必须要先购买某种产品才能获得就业机会的情况，一定要谨慎行事。做到不交不知用途的款；不购买自己不清楚的产品；不将手机、身份证或信用卡等交给单位保管；不随便签署任何协议等。

（五）加强社会道德、法律法规和安全知识的学习

（1）不为不道德或违法的单位工作，这是社会规则和法律所不容的。否则，个人不仅不会有发展前途，还有可能锒铛入狱。

（2）高校毕业生初次就业，一般会签订就业协议书。但就业协议书只能保障毕业生入职前的权利。一旦正式入职，就应当与单位签订劳动合同。依法签订的劳动合同具有法律约束力，当事人必须履行合同规定的义务。同时，要避免合同中的模糊措辞，以保障自身的合法权益。违反法律、行政法规的劳动合同无效。

比如，关于劳动报酬和福利，毕业生一定要弄明白用人单位能提供哪些社会保险以及个人的缴付比例。一些单位会声称工资里本身就包含“三金”部分，而不给职工缴纳社会保险，这实质上是损害了劳动者的权益。

（3）根据《中华人民共和国劳动法》和《中华人民共和国劳动合同法》的规定，劳动合同应当包括以下主要内容：劳动合同期限、工作内容、劳动保护和劳

动条件、劳动报酬、劳动纪律、劳动合同终止的条件、违反劳动合同的责任等。在劳动合同中还可以约定试用期，但试用期最长不得超过6个月。

在实践中，双方还可用补充条款对其他事项进行约定，如教育培训、劳动合同变更的条件、完成工作任务的奖励等。因此，与用人单位签订劳动合同时，一定要认真仔细阅读合同文本，特别是对用人单位的附加条款应格外注意。

比如，因试用期人员的底薪通常是正式职工的四分之一，在劳保用品、物质奖励、各种保险和其他福利等方面也与正式职工享受不同的待遇。实践中就出现了一些用人单位为降低人工成本，大量招募职工，且不签订劳动合同，等试用期一满，就找各种各样的借口予以解雇的情形。还有少数单位在续签劳动合同时，再次约定试用期，特别是在短期合同的续约中容易出现，这是违反法律规定的。

(4) 劳动合同应以书面的形式呈现。对于口头合同和格式合同等要格外留心，谨防掉入合同陷阱，如：

① 当事人故意隐瞒单位真实状况的虚假合同。

② 单位未经过工商登记，法人资格不存在的合同。

③ 单位对劳动者在生病、生育、年老、失业或发生工伤等情况下的补偿与帮助不够明确，一旦出现意外情况推脱责任的合同。

④ 不确定具体的月工资额，或模糊工资和奖金的界限，再或者以计件工资表现劳动报酬，但又不明确计件或定额的模糊工资合同。

⑤ 签约的公章不具有法律效力。

⑥ 劳动合同中用各种名目向求职者收取保证金、抵押金、培训费等。一旦求职者主动要求离开单位，这些钱财很难被归还。

⑦ 签订劳动合同时，把求职者放在被动从属地位，根本不与求职者协商，也不向求职者说明合同的内容，仅出现"由甲方决定""按照甲方的相关规定执行"等这样的只是从单位的利益出发来规定单位的权利和求职者的义务，很少或者根本不涉及单位的义务和求职者的权利。

⑧ 某些从事风险性工作的单位，不按法律的有关规定履行生命安全保护义务，提出"工伤概不负责"等条款，以此来摆脱单位应该负的责任。

⑨ 阴阳合同。即两份合同，其中一份是假合同，内容完全按照法律的规定签署，以应付有关部门的检查；而真正执行的却是另一份合同。

(六) 如何辨别正规与非法中介

首先，正规的单位都是由专门的人事部门通过正规的渠道开展招聘的，是不会雇佣某些中介或者贴些野广告来吸引求职者的。

其次，国家已在职业介绍领域实行许可制度。凡从事职业介绍业务必须经劳动保障部门的批准，领取职介许可证，营利性的中介机构还需报工商管理部门登记。因此，到中介机构求职，一定要核准中介机构的营业执照、信誉等资质条件。

1. 正规的中介机构具备的特征

(1) 在办公场所悬挂营业执照和招工许可证原件；

(2) 对服务项目、收费标准等一一明码标价；

(3) 公示劳动监察机关举报受理电话；

(4) 收费时出具由税务部门监制的发票，且发票上所写收费条目与实际服务项目相符；

(5) 服务人员持有职业资格证。

2. 非法中介的骗术

非法中介，有些是无证、无照经营，有些是超越经营范围开展业务。其骗术大致有：

(1) 以“直聘”为名诱惑。利用手机短信、微信、求职网络平台，或设立虚假的某大型企业招聘网站等，发布求职信息，明确打出“非中介”“拒绝中介”等字样。但求职者去应聘时，仍要缴纳中介费、培训费、资料费或上岗费等，但迟迟不能上岗。

(2) 用动人的条件蒙骗。非法中介往往保证求职者很快能找到工作，“立刻上岗”“薪资高”等。不少非法中介还会拿出“道具”，如某某公司“急聘”的职位表、中介服务承诺书等，可这些都不过是幌子而已。

(3) 与“用人单位”暗中勾结，联合行骗。一些非法中介甚至找“用人单位”做“搭档”。先由其以推荐工作为名收取报名费或服务费等各项费用，再由骗子公司假装招聘职工，收取体检费、服装费或押金等。等到新职工准备上岗就业，“用人单位”再编造各种理由，不予录取或中途辞退，但已收取的各项费用却概不退还。

(4) 与“医疗机构”勾结，联合行骗。有些非法中介打着需要办理“健康证”为由，要求求职者去指定医院办理健康证明，以骗取求职者的体检费。有时为了将骗局做得更加完美，甚至出现了中介+“用人单位”+“医院”的欺骗“一条龙”服务。

(5) “捉迷藏”招聘诈骗。一些非法中介在收取一定的服务费后，宣称职位已满，并承诺尽快联系合适的单位，让求职者留下联系方式，但其根本无从兑现。还有一些非法中介收取报名费后立即卷款潜逃，等求职者找上门来时，发现早已人去楼空了。

(6)“找关系”招聘诈骗。谎称与某某公司的老总、某某局的局长或某某单位的领导是亲戚或朋友，有能力为求职者打通关系，帮助其找到合适的工作。但走后门是需要花钱打点的，于是顺理成章地从求职者口袋中“掏”走了钱财。

(7) 出国劳务的中介骗局。求职者在交了大笔的出国劳务求职费用后，根本出不了国；或者出国之后根本无工作可做；或者是在毫不知情的情况下被偷渡到国外，连自己的人身安全都存在隐患。

(七) 警惕以“网络创业”为名实施的经济犯罪

随着“互联网＋”的广泛应用，“网络创业”如火如荼，涉及电子商务、网络调查、网站点击、虚拟交易、代理广告、软件下载、代练游戏、博彩和收邮件赚钱等多种名目。

1. 采用传销方式的“网络创业”

要求加盟者购买产品，以获得产品的代理权与经营权，开展网络直销，拓展团队，获佣金奖励。加入这种网络购物体系需要经会员介绍。这种“买产品—拉下线—拿提成—下线再拉下线”的模式，实际上就是网络传销。

2. 以制造“流量”为名的“网络创业”

一种是要求网友点击网络广告，为广告商赚取“流量”，宣称每月可收入数千元；另一种是要求网友在需要炒作的网店里，不停地购买商品但实际上不寄送商品，从而以虚增的交易量来提高其信誉度。网店的经营者宣称会在信誉度达到某个阶段时，返还网友购货款并且给予报酬，但是当其目的达成时即自行隐匿，无法查找。

3. 以“加盟”为名的“网络创业”

在互联网上发布加盟广告，宣传虚假的品牌信息。当加盟者对该品牌和市场的前景深信不疑时，要求加盟者交纳加盟费和首批货款等款项。而首批货物是“指定配送”的伪劣货物。合同上虽然规定可以退货，但不退加盟费，只能认作是一场涉及“夸大宣传”的“合同纠纷”。

小贴士

网络招聘骗局

通过QQ群、网络页面、网站论坛等途径进行招聘的骗局层出不穷，一定要睁大双眼，认真鉴别，多加权衡，慎重对待。

1. 招聘公关经理

以本地星级酒店的名义发布招聘公关经理或服务员等的信息。一旦求职者按提供的电话联系，就要求其缴纳体检费、面试费或保证金等费用，待收到钱财后，立即消失。

2. 招聘兼职打字员

发布招聘兼职打字员的信息，称每录入万字就有不菲的报酬。一旦求职者与其联系，就声称稿件是原创作品要保密，要收取保密费或押金等费用。待求职者汇出钱款后，对方就音信全无。

3. 招聘淘宝刷钻

发布招募给淘宝卖家刷钻赚信誉人员的信息。求职者联系后，要求求职者转款到指定支付宝账号或其他账户上，声称是用于刷钻的预付款等，并声称会加倍返还。待求职者汇出钱款后，对方就玩失踪。

4. 招聘点击发帖

发布招聘求职者发帖或点击某个主题内容的信息。求职者联系应聘后，就要求其缴纳组织活动费或机要费等，并称退出时返还。等求职者汇出钱款后，对方就失去联系了。

5. 招聘代考枪手

发布招聘考试枪手的信息，并以要为替考者保密为由，收取制证费和保密费等。求职者汇出钱款后，就再也联系不上对方了。

请务必记住：代考是违反国家法律规定的，是要付出相当的代价的，千万不能这么干!!!

小 结

世界上真正的失败只有一种，那就是轻易放弃。新时代的大学生，要牢牢把握住人生的机遇，对人生充满热爱和信心，要努力学习相关的法律知识和安全防范知识，善于设计和规划自己未来的生活与事业，并积极培养应急的心理素质。

当遇到治安、犯罪案件或其他意外伤害时，务必要沉着冷静地应对，以保证自身安全为前提，及时报案，协助警方，将不法分子绳之以法。

思考题

1. 对于大学期间的兼职，你觉得其利弊如何？

2. 你有什么样的人生职业规划?
3. 大学生应当如何体现自己的人生价值。
4. 求职过程中有哪些心理准备?
5. 求职面试有哪些技巧?
6. 求职面试的安全要领有哪些?
7. 实习、就业过程中需要注意哪些安全事项?
8. 签订劳动合同需要注意什么?
9. 如何识别非法中介。
10. 观看职场真人秀节目《职来职往》,谈谈对你的启发。

第八讲

社交安全

导读

大学生不仅要学好科学文化知识，提升各项能力素养，还要学会做人、学会处事。其中，“做人”就是要学会与人交往，学会处理好人与人之间的关系，如同学关系、老乡关系、异性关系和网络人际关系等，避免陷入人际关系冲突的漩涡之中。

大学生思想单纯，血气方刚，缺乏社会经验，看待问题过于理想化。如果只记得“让世界充满爱”，却忽略了人际交往中的安全性要求，就容易受到不法侵害；假如不加选择地轻率交友，就会留下许多教训，甚至遗恨终生；而虚拟的网络世界犹如一把双刃剑，一旦使用不当，将会给当事人带来不小的负面影响，也就需要身处其中的大学生格外警醒与留意。

一、大学生的常见纠纷

案例 1

某高校学生范文磊因在食堂买饭菜时插队，被学生蒋成批评。随即两人发生争吵并大打出手，造成蒋成颅骨开放性骨折。

案例 2

某高校学生杜军、何明启等人在校外餐厅喝酒时，与同在餐厅喝酒的另一学院的学生洪飞等人发生口角，继而引发斗殴事件。餐厅经理到场后阻止了这场斗殴。返回校内后，杜军、何明启等人纠集同学、同乡及好友多人，前往洪飞处报复，再一次引发更大规模的群殴事件。

马克思主义理论的矛盾观认为矛盾的存在具有普遍性。事事有矛盾，时时有矛盾，一个矛盾解决了，新的矛盾又出现了。人与人的交往也正是如此，处于动态的变化与发展之中。可以与什么人交往？怎样与人交往？这本身就是一门综合性的社会知识，其中也牵涉安全性问题。

一般而言，在大学校园里，同学之间是没有什么根本性的矛盾冲突的，也不至于发生多么重大的人际纠纷。尽管如此，还是会有些同学有意无意地陷入彼此的纠纷困扰之中。

因琐事争执而引发的争吵斗嘴，或者打架斗殴，不仅使当事人无法正常学习生活，损害了大学生的良好形象，也扰乱了学校正常的治安秩序，还影响了校园的内部团结和政治稳定，甚至可能会酿成治安、刑事案件，葬送自身的美好前程。真是有害无益啊！相反，当摩擦和纠纷发生后，如果能平心静气、理智地面对，找到问题的症结并积极、妥善地加以解决，就可以还彼此一个宁静的世界与心境，安心学习，平静生活。

（一）大学生常见的纠纷类型

大学生的常见纠纷，按照不同的表现，可以划分为以下类型：

（1）从引起纠纷的直接原因可分为生活纠纷、经济纠纷、恋爱纠纷、公共活动纠纷。

（2）从参与纠纷的人数或规模可分为个人纠纷、群体纠纷、个人与群体纠纷、群体与群体纠纷。

（3）从纠纷发生的场所可分为校内纠纷、校际纠纷、校内外纠纷。

（4）从纠纷的性质可分为治安纠纷、民事纠纷、行政纠纷、轻微刑事纠纷。

（二）大学生常见纠纷的地点

大学生发生纠纷常常在以下的场所：学生宿舍、食堂等生活场所；教室、自习室、图书馆等学习场所；足球场、排球场、篮球场、体育馆等运动场所；歌厅、网吧等文化娱乐场所。

(三) 大学生常见纠纷的主要原因

大学生发生纠纷的主要原因有猜疑、嫉妒、谩骂、不拘小节、故意找碴、发生误会、狂妄自大、看不起他人、开玩笑过火和极端自私自利等。

(四) 大学生常见纠纷的预防

人际能力和专业能力一样,都是大学生必须具备的能力。

1. 诚实谦虚,与人为善

在与同学或他人相处的过程中,诚实谦虚是加强团结、增进友谊的基础,也是消除纠纷的灵丹妙药。有了诚实谦虚的精神,在发生纠纷的时候,就能学会理解、体谅和关怀,就能听取他人的意见,包容他人的过失,“大事化小,小事化了”,处理好彼此间的争执。

2. 尊重对方,注意语言

俗话说“病从口入,祸从口出”“言者无心,听者有意”“良言一句三冬暖,恶语伤人恨不休”“敬人者,人恒敬之”。因此,说话一定要注意场合,注意和气,注意文明礼貌,不说粗话、脏话,不强词夺理,更不能恶语相向,要做到尊重对方,求同存异,以理服人。

3. 冷静克制、切莫莽撞

“将心比心”是待人最好的态度。无论争执的起因是由哪一方引起的,彼此都应保持冷静与克制,应宽容大度,虚怀若谷,而不能情绪激动,火上浇油。只有“大着肚皮容物”,才能“立定脚跟做人”。

(五) 大学生常见纠纷的处理

大学生常见的治安纠纷一般是由双方可信任的第三方组织调解;也可通过行政管理手段加以处理;或者将调解和行政处理两者结合起来;必要的话,由公安部门介入。其他的民事纠纷、行政纠纷、轻微刑事纠纷按法律法规的规定处理。

小贴士

1. 在校园内遇上打架怎么办?

(1) 不围观、不起哄,不幸灾乐祸。

(2) 尽力劝架,但应当问明情况,站在公正的立场上做双方工作。即便其中一方是同学或熟人，在劝解时也应主持公道，不可偏袒。

(3) 若劝架无效，应迅速向学校保卫部门汇报，以免事态扩大，变得更加麻烦和棘手。

(4) 如果是群体性斗殴或者有棍、棒、刀等器械，危及人身安全时，应在向学校保卫部门汇报的同时，迅速拨打“110”报警。

2. 如何防止社交型性侵犯。

(1) 不要轻易相信新结识的朋友，更不能因为任何的理由而单独跟随其去陌生的地方。

(2) 学会控制住个人的情感，不要在正常的社交中表现得轻浮、不自重。

(3) 不要过量饮酒，以免造成意识不清，判断不明。

(4) 不要接受对方馈赠的贵重物品，以免“吃人家的嘴软，拿人家的手短”。

(5) 见面时的气氛不要过于暧昧。当对方有过分的举动时，要明确表达自己的态度。

(6) 一旦遭遇性侵犯，不要仅限于自怜，应保存证据，并勇于揭发犯罪，才能避免悲剧的重演。例如，保存内衣、立即报警、去医院检查。

二、人际交往的安全技巧

人际交往是大学生最关注的问题之一。它不仅是大学生身心健康的重要保障，也是维护大学生成才的重要途径。校园内的人际关系一般是通过交往而形成的。

大学生人际交往是指大学生之间及大学生与其他人沟通信息、交流思想、表达情感、协调行为的互动过程。大学生的人际关系具有多样性，既有正式的同学关系、朋友关系、领导与被领导的关系，也有非正式的心灵相通、情投意合的伙伴关系或其他关系。这些人际关系从结构上来看，有垂直的，有水平的，也有两者交叉的，学生一般不会倾向于选择垂直型的人际关系；就方式而言，有单向的，有双向的，也有多向的，学生大多会倾向于选择后两种。

(一) 明确最基本的交往关系

大学生的交往关系既受到本人个性差异的影响，也受到特定环境的制约。尽管如此，无论学校的规模大小、专业设置如何、学分制施行到什么程度，班级总是校园中最基本的组织单位。在班级里，大家存在着共同的学习目标、教学计划和大体一致的活动内容与方式。因此，在这个特定的班级里形成的同学关系和师生关系，就成为大学生需要面对的最基本的人际关系。同学之间的真诚相待、互帮互助，正常的师生情感与关爱是最为珍贵的人生财富。正确处理好这两种基本的人际关系，可以有助于大学生保持清和淡雅的心态，调整出最好的自我状态，顺利完成学业，度过充实、愉快的大学生活，获得满满的温馨记忆。

(二) 交往应有所选择

1. 谨慎交友

"近朱者赤，近墨者黑。"交往对象是影响人际安全的主要因素。良师益友在人生的成长中扮演着重要的角色，使人受益匪浅；而损友则会对人生的成长造成阻碍和限制。

真正的友情不是简单的功利关系，而是建立在志同道合、互相扶助的基础之上的。那些缺乏基本的道德修养、法律素质与规则意识的人是不值得交往的。当然，"路遥知马力，日久见人心。"对一个人的认识是需要时间积淀的。请务必记住"择其善者而从之"，戒交"低级下流之辈"，戒交"挥金如土之流"，戒交"吃喝嫖赌之徒"，戒交"游手好闲之人"。

2. 求同存异

价值观的相似是最重要的相似性因素，也是人际关系能够保持稳定的因素。例如共同的兴趣、爱好、审美、目标追求，相似的工作，或是因地缘、学缘关系而形成的同乡、同学，或是同龄人等，都会成为改善人际关系的突破口和友谊的萌发点。尊重他人，豁达、宽容、大度、理解，以及对群体价值观的恰当认同，有助于人际关系渐入佳境。

3. 明辨是非

与人交往要保持清醒的头脑，理智应对。在原则问题、大是大非面前，绝不能模棱两可，含糊不清。不能不分是非曲直，讲所谓的"哥们义气"，感情用事，一味"跟着感觉走"。否则，会很容易使自己误入歧途，甚至断送前程与性命。因此，学会明辨是非，分清善恶，对交往安全来讲非常重要。

4. 学会区别对待不同类型的人

(1) 同学相处，遇到意见分歧或矛盾，应学会换位思考，设身处地地从对方所处的位置、角色、情境去思考、理解和处理，体察他人潜在行为的动因，不以自己的心态简单地看待问题。也不妨培养一点幽默感，这对于缓和紧张、窘迫的气氛是能起到润滑剂的作用的。

(2) 对于熟人或朋友介绍的人，不能简单地认为"朋友的朋友，就是我的朋友”，而是要学会听、观、辨，即听其言、观其色、辨其行，做到“三思而后行”。

(3) 对于“初次相识”的人，应谨慎留心，不要毫无顾忌，掏心掏肺，轻易地和盘托出重要或敏感的信息，更不要随意听其摆布利用。正所谓“画虎画皮难画骨，知人知面不知心”。大学生的毫无防备的心理，说得好听是“单纯”，说得不好听点就是“傻乎乎”，是愚昧无知的表现。

(4) 对于那些“来如风雨，去似微尘”的上门客，交往更要小心、谨慎，不要为其提供单独行动的时间和空间，必要时可在集体的环境中加以接待。

(5) 对于表面讲“感情”“哥们儿义气”的诈骗分子，例如遭遇不幸的“落难者”，或新认识的“老乡”“朋友”，或主动往自己脸上贴金，夸自己“有本事”“能耐大”的人，或者过于热情地希望“帮助”对方解决困难的人，应特别注意。他们很可能正在试图获取信任，为其诈骗行为下套、打下伏笔。因此，切不可被表面现象所蒙蔽，要用理智去分析问题。当认为对方的钱财要求不符合实际，或超乎常理时，应在拒绝的同时，及时向老师或保卫部门反映，以避免不应有的损失。提倡助人为乐、奉献爱心，并不是指不加分辨地帮助任何人。好心帮助他人，也应理性思考，分清对象和场合，否则流泪的就是自己了。

(三) 征询意见，寻求帮助

有些人认为交往是自己的隐私，没必要公开。对于某些交往关系而言，如果能在自己认为适合的范围内透露或公开，反而更有利于个人的安全。

在人际交往中，还会出现各种自己无法明确把握的问题。此时，一定要冷静，不要自行其是，也不要盲目听信对方，而是应及时与家长或师友取得联系，多多征求他们的意见和建议，以避免交往中的安全隐患。

如果在交往中发现对方有嫌疑或已经作案，就应及时向保卫部门汇报，以便采取必要的措施。切勿“哑巴吃黄连”，让不法分子逍遥法外。

小贴士

社交中的注意事项

(1) 谦虚谨慎，文明礼貌，尊重他人，平等协商，不以自我为中心。

(2) 性格随和，主动关心、支持、帮助、同情、理解他人，而不是待人冷漠，自高自大，权欲过重，总想支配、控制他人或树敌过多。

(3) 学会耐心倾听对方的讲话，不要心不在焉或随便打断、呵斥他人的讲话。

(4) 忌把无知当天真，把粗俗当幽默，把鲁莽当仗义，把唐突当直率，把烦琐当真诚。

(5)“责人之心责己，恕己之心恕人。”对自己的缺点要勇于做自我批评，对他人的批评应当豁达大度，多看他人的优点和成绩，多给予他人认可、安慰与鼓励。

三、预防被伤害

案例 1

一日，某高校保卫部门接到当地公安局的报告，说该校学生汪欣欣在校外出租屋中被其男友卢飞(校外人员)杀害。

据卢飞交代，他和汪欣欣于半年前结识，两人在校园附近租了一间民房。当晚，两人在出租屋内发生激烈的争吵。卢飞顺手拿起桌上的水果刀向汪欣欣的腹部、胸部等处连刺数刀，致使汪欣欣当场死亡。之后，卢飞用床单、毛毯将其尸体盖住，藏匿于卫生间中。

案例 2

某晚，某高校校外餐厅中，两桌学生因酒后失态发生纠纷。次日晚 10 时许，一桌学生冲进另一桌学生所在的酒吧，二话不说，见人就打。在混战中，顾锐肚子被啤酒瓶割伤，黄伟手掌被割伤，吴兴明耳朵被割伤，校外人员张强头部被石头砸伤。酒吧老板拨打了“110”报警，施暴学生才匆匆撤离现场。后施暴学生被当地公安局抓获归案，并对其进行了相应的治安和刑事处罚，学校也做出留校察看、开除等处分。

伤害，是指故意非法损害他人身体健康的行为。人的生命只有一次，不可复制。人没了，一切也就归为零了。所以，保护自己的身体健康，防止生命被伤害，这是最基本，也是最主要的功课。

(一) 学生被伤害的主要原因

(1) 蝇头小利、不经意的言语纠纷或无意的身体碰撞等，原本只需打个招呼、说声道歉，就能化危机于无形。但个别学生情绪激动，出言不逊，甚至激化矛盾,大打出手,聚众斗殴。

(2) 交友不慎,走上邪路,甚至引来杀身之祸。

(3) 恋爱失败,因爱生恨,反目成仇,报复对方。

(4) 社会上的不法分子无视法律法规,无端寻衅滋事,制造治安或刑事案件。

(二) 伤害案件的预防

(1) 提高安全防范意识和自我保护能力。夜间尽量不要到偏僻、昏暗的地点或场所,外出时尽量结伴。

(2) 充分地了解校内外学生被伤害案件的性质和后果,并从中吸取经验和教训。

(3) 远离那些无事生非、挑逗生事、寻衅滋事的人,尽量少去或不去治安状况复杂的场所。例如网吧、歌厅、娱乐会所等。

(4) 处理同学关系时,应学会设身处地地为他人着想,宽容大度,包容爱护,互相谅解,求同存异。

(5) 避免与一些不三不四的混混、社会闲杂人员等做朋友。男女之间交友更应该慎重,分清爱情与友谊的界限,掌握好两者之间的尺度和分寸,以免造成不必要的误解或尴尬。

(6) 克服老乡观念和哥们义气,保持冷静与理智,避免因情绪感染产生从众心理而参与打架斗殴或造成群体性事件等。

(三) 滋扰的防范

滋扰主要是指对校园秩序的破坏扰乱,对大学生的无端挑衅、侵犯,乃至伤害的行为。在校园内无理取闹、故意起哄、强要强夺、追逐女学生等流氓行为,不仅直接危害学生的人身和财产安全,而且还会破坏和谐校园的建设。

因此,除公安部门和学校保卫部门有组织力量防范和打击滋扰的权力和义务外,师生们遇到流氓滋事,也都有责任进行报告、抵制和制止。具体地说,大学生在遇到流氓滋事时,应注意把握以下几点:

(1) 面对流氓滋扰事件,应正确对待,慎重处理,千万不要惊慌失措。

(2) 发现流氓滋扰事件,要及时向学校保卫部门汇报,学会充分依靠组织的力量,积极干预和抵制违法犯罪行为。

(3) 要注意策略,讲究效果,避免纠缠,注意舆情管控,防止事态的进一步扩大。

(4) 既要坚持以理服人,不轻易动手;同时,又要注意留心观察、掌握证据,并自觉运用法律的武器保护自己。例如《中华人民共和国刑法》中规定的“正当防卫”手段。

四、防范性侵害

案例 1

某高校女生鲁倩外出实习，上完夜班后路遇不法分子。不法分子挟抱着她往公路旁的工地窜去。鲁倩急中生智，说：“大哥，就在这儿吧！你带安全套了吗？我有性病。不信你看看，我兜里还有治性病的药。”那色狼闻言，松开了鲁倩，自言自语道：“真他妈倒霉。”便消失在夜色中。

案例 2

2014 年 8 月以来，我国女大学生失联事件频发。8 月 9 日，重庆邮电大学 20 岁女生高某在途中因“搭错车”与家人失联，后查明因与司机发生争执而不幸遇害；8 月 12 日，南京理工大学 19 岁女生高某某在离家返校途中与家人失联，后确认遭抢劫被杀害；8 月 21 日，济南女大学生金某因乘坐黑车，被一名男子诱骗囚禁虐待 4 天；9 月 2 日，河南 22 岁女大学生张琳琳返校途中失联被害。据相关媒体报道，从 2014 年 8 月 9 日起，重庆、江苏、山东、河南、浙江、湖北、广东等地均曝出女大学生失联事件，至少涉及在校女大学生 16 人。在这 16 名女生当中，截至 2014 年年底，已明确遇害的至少有 6 人，除去已被发现和解救的外，有 5 名女生仍处于失联状态。

性侵害，包括强奸型侵害和性骚扰型侵害，是违背当事人一方意志的性行为。性侵害的对象有女性，也有男性，以女性居多。

（一）容易遇到性侵害的时间和场所

1. 夏季

夏季是女性容易遭受性侵害的季节，发案高峰是 6～10 月，尤以 7～9 月发案最为突出。据分析，因为夏季炎热，女性衣着单薄，夜生活的时间延长，外出纳凉、游玩和逛街的机会增多；而且校园内外绿树成荫，便于不法分子作案后藏身或逃脱。

2. 夜晚

一天中,夜晚是女性最容易遭受性侵害的时间。因为夜间的光线昏暗,不法分子作案时不容易被人发现;作案后也容易消失于茫茫夜色之中。所以,女性应尽量减少夜间外出。如果必须在夜间外出,应结伴而行,并带上必要的防身器物。

3. 公共场所和僻静处

公共场所和僻静处是女性容易遭受性侵害的地点。

公共场所,如车站、码头、游泳池、溜冰场、大礼堂或电影院等场所人多拥挤,不法分子常伺机侵害女性。

僻静之处,如公园拐角、树林深处、楼顶晒台、电梯内、没有路灯的街道、无人居住的小屋以及尚未交付使用的新建筑物内等。因此,女性最好不要单独行走或逗留在这些地方,以防遭到袭击。

(二) 性侵害的主要形式

1. 诱骗性侵害

诱骗性侵害是指性侵害者利用受害人贪图钱财、追求享乐,或者作风轻浮、意志薄弱等,制造各种机会引诱受害人,从而进行性侵害。

2. 胁迫性侵害

胁迫性侵害是指性侵害者往往以其地位、权势、职务等优势或是利用受害人有求于己的窘境,或是以受害人的个人隐私进行要挟、胁迫,从而逼使受害人就范。

3. 暴力性侵害

暴力性侵害是指不法分子以暴力的手段或凶器威胁来实施性侵害。例如有的案件,本是以抢劫、盗窃为目的的,但见有机可乘,遂升级为暴力性侵害。还有的案件,是因为单相思或恋爱关系破裂走向极端,转化为暴力强奸。同时,暴力性侵害很容易发展为凶杀案件,危害极为恶劣。

4. 流氓滋扰性侵害

流氓混入校园中,用下流的语言,或推、拉、撞、摸等下流动作,或用暴露生殖器官等下流的行为进行流氓滋扰;或窥视女大学生洗澡、如厕等。当女大学生处于孤身无援之时,便可能升级成为暴力性侵害。

(三) 性侵害的预防

1. 筑起思想防线,提高防范能力

(1) 平时注意自己的行为举止。无论在社交场合,还是在日常的生活和工作中，为人都应沉稳，不轻浮，不贪图钱财等。

（2）遵守高校的作息管理制度。晚自习时间不宜太晚，回宿舍时最好结伴而行，在有路灯的明亮处行走。睡觉前应关好门窗。夜间如有人敲门，应问清是谁，再决定是否开门。

（3）万一夜间外出活动，要结伴而行，走繁华、明亮、行人较多的大道，不要走人烟稀少的小路、近路或小胡同，也不要贪图便宜、方便而乘坐“黑车”等。

（4）谨慎待人处事。对于陌生的异性，不要轻易说出自己的真实情况。那些对自己特别热情的异性，不管是否相识也都要多加留意，对一般异性的馈赠和邀请应婉言拒绝。据统计，熟人作案的情况并不少。

（5）不单独旅行，不单独涉入危险的境地，尤其在特殊的情况下更要注意。例如酒后或到对方的单独封闭房间中。

（6）夏季时，女性在夜间不要佩戴贵重首饰等，并尽量缩短在户外活动的时间，不要在人多拥挤的场合逗留。

（7）不去治安情况复杂的公共娱乐场所，如酒吧、KTV 等。切勿酒醉后单身离场，也不要任意饮用来源不明的饮料。在购买饮品时，最好先检查一下包装上是否有微小的戳孔或其他异常之处。喝饮料时，应先小啜一些，验证有无异常味道。对因离座而暂放在一边的未喝完的饮料，应有戒备之心。不理睬陌生人的搭讪。当自己行动不便时，应及时通知家人或朋友前来接送，而不是随意搭乘陌生人的交通工具。

2. 行为端正，态度明朗

行为端正，态度明朗，会让对方因无机可乘而打消念头，不再有任何企图。如果态度暧昧，模棱两可，对方就会增加幻想，想入非非，继续纠缠。

与异性单独交往时，要理智地、有节制地把握好自己，尤其应注意不能过量饮酒。一旦发现对方不怀好意的试探，甚至动手动脚或有越轨行动时，就应明确拒绝，并说明道理，不宜嘲笑挖苦对方。恋人中止恋爱关系后，若对方仍然是同学或同事，则在节制不必要的往来的同时，仍可保持一般的正常关系，不能恋爱不成就变为了仇人。

3. 学会用法律的武器保护自己

对于那些失去理智、纠缠不清的无赖或不法分子，无论是遭遇公开还是隐秘的骚扰或侵害，千万不要因为惧怕要挟、讹诈或打击、报复就私下了结，而应学会依靠组织的力量和运用法律的武器来保护自己，勇敢地揭发其企图或罪行。注意：千万不能“私了”，“私了”常会使不法分子得寸进尺、没完没了。

4. 有勇有谋，以谋为主

遭遇性侵害时，务必保持镇定，临危不乱，巧妙周旋，斗智斗勇，尽量先用逃离、欺骗等策略。在这些策略都无效时，才采取大胆反抗的方式。切记：千万不要硬拼！更要明白，保护生命远比保护财产更加重要！

(1) 遇汽车停在前面威胁，沿与车头相反的方向迅速奔跑离开。如感觉有人尾随，则立即走向马路的另一侧加以摆脱。如有必要，可在马路两侧反复穿行，以摆脱尾随。如个人感到紧张、危险，就马上向人多的闹市区、居民区、商店、宾馆或机关单位等地奔跑。注意千万不要向小胡同或窄小的空间内跑，因为很容易被不法分子堵截。

(2) 如被不法分子绑架，应尽量进食与活动，保持良好的体力与心态，并仔细观察不法分子的举动，装作顺从与害怕的样子，使其放松警惕。也可以动之以情，晓以利弊，不要以语言或动作激怒不法分子。不法分子手中若有凶器，应巧妙周旋使其放下。还要伺机留下各种求救信号，如微信、短信、字条或个人物品等。

(3) 必须晚上孤身一人在僻静的道路上行走时，可以考虑随身携带手电筒（一般智能手机都有手电筒功能）、小哨子、喷发胶，或用盖子已经打好小孔的矿泉水瓶装一瓶辣椒水。手电筒不仅可以照亮道路，也可以照向对方眼睛，晃乱其视线。当遭遇不法分子劫财劫色时，立即趁不法分子疏忽大意之际，将发胶、辣椒水喷向其眼睛，然后迅速脱身；也可以利用随身的钥匙、戒指、雨伞、鞋子、酒瓶、石头、砖块等作武器，猛击不法分子的要害部位，例如头、眼睛、耳朵、鼻梁、胯下等。

注意：吹哨子或呼救一定要把握一个根本标准，就是保护自己、以自己的身体不被伤害为第一原则。例如白天人多时，或亲友在周围不远，或附近有警察时，可大声吹哨子或呼救。但是天黑人少、孤立无援时，就不要吹哨子或呼救了。据调查，喊“着火了”比“救命啊”更为有效。

5. 学点防身术，提高自我防范的有效性

人的身体各部位都可以用来进行自卫反击。用头的前部和后部顶撞对方，效果明显；用膝盖猛击对方的脸或腹股沟相当有效；用脚大力地踢对方的胫骨、膝盖或阴部效果也很好。所以，练练武术、跆拳道等对自卫反击非常有帮助。

防身时，要把握时机，出其不意，“快、准、狠”地击打其要害部位，即使不能制服对方，也可以制造逃离险境的机会。例如用尽全力，狠踢对方的胯下。如果不是一次性把对方踢得动弹不得的话，那么对方必定会加倍报复的。也可以在对方不注意时，袭击他的眼睛。这样，在剧痛之下，他就会捂眼惨叫，从而无法继续侵害，就可以借机逃脱。如果对方强行亲吻，并把舌头伸入受害者的嘴里，受害者就可以猛地咬住对方的舌头，也可以狠咬对方的鼻子。这样，他就会因痛苦而自顾不暇。

6. 谨记案件特征和线索

暗中留神观察不法分子的语言、相貌、衣着、作案工具、车牌号等特征，并注意设法在其身上留下印记或痕迹，以备追查和辨认时做证据。切不可用“我认识你”“我记得你”等这类话来威吓不法分子，以免刺激其因害怕事情败露而杀人灭口。

7. 迅速报警

如果脱离了险境，应快速报警。尽可能地向公安部门提供有价值的证据和线索，并积极配合公安部门及时破案，以防不法分子再度犯案，威胁社会安全。

小贴士

夏日防“狼”

烈日炎炎，不少女性穿起了清凉的衣裙。在爱美之余，亦需要提防蠢蠢欲动的色狼。

1. 出没于楼梯、电梯的“偷窥狼”

作案手法：一般情况下是“偷窥”，极端行为是使用手机或相机偷拍受害者的身体部位，诸如裙底之类。

应对策略：

(1) 应尽量避免穿着暴露。必要时，用手或者包挡住身体的敏感部位。

(2) 两眼怒视。如有需要，可择机联系安保人员控制不法分子，并报警。

(3) 如发现同乘电梯者不怀好意，一时又无法离开，可马上站到电梯的控制面板旁。一旦受到侵扰，可用双手按下所有楼层的按钮。电梯会每层都停，每停一次，就有一次逃脱或被人发现、获救的机会。

2. 出没于拥挤的公交车、火车车厢内的“触摸狼”

作案手法：利用受害人害羞或害怕的心理，用手触摸受害人的敏感部位，肆意而为，或用性器官摩擦受害人的身体。

应对策略：

(1) 应尽量选择在同性的边上坐或者站立，减少被异性接触的机会。

(2) 发现被性骚扰时，保持镇静，抓住机会，用手、肘或提包猛撞过去，或用鞋跟猛踩其脚背等，进行痛击。同时，还要大声呵斥，让周围人都注意。

(3) 如有体液、不明毛发，应注意保全证据，并提供给公安部门调查取证。

3. 出没于清晨或晚间的、偏僻区域车站的通道内或公园里，部分也会出现在人多拥挤的车站、候车室的“暴露狼”

作案手法：裸露身体隐私部位，以吓到女性为乐。

应对策略：

(1) 不能害怕退缩，低眉顺眼，或面红耳赤，这只会让不法分子更加肆无忌惮。

(2) 可用手机或照相机等将丑行拍下，并择机联系安保人员控制不法分子，同时报警。

五、网络安全防范

案例 1

不法分子王燕通过 QQ 向某高校学生邵军发送了聊天申请。当邵军接受后，王燕便自称是美女，千方百计邀请其一起进行裸聊。裸聊开始后，王燕趁机拍下了裸聊的视频和照片，并对邵军进行敲诈。

案例 2

不法分子周超利用网上聊天的机会，认识了某高校学生冯旺，并以帮助其找暑期高薪兼职为由，将冯旺诱骗到外地。在外地，周超软硬兼施，逼迫冯旺从事盗窃、色情和传销等不法活动。

案例 3

一天晚上，某高校女生王春丽用手机玩微信，一个男子通过“附近的人”加了她，聊了一会，提出请她吃晚饭，她便想都没想就同意了。吃饭时，男子带了个朋友过来，说是同事，3 人点了两瓶 50 多度的白酒。王春丽被劝着灌下了四五杯，明显醉了。男子便提出，去酒店吃点水果，解解酒。王春丽同意了。三人在酒店房间里刚坐了一会，其中一个男子就扑向王春丽……事毕，两男子打车离开，王春丽报警。两天后，两男子被抓。据他们交代，出差闲着无聊，认识了王春丽，看她长得漂亮就起了色心。

案例 4

某高校学生王学峰在一个网络论坛中，转帖境内外敌对势力的反动宣传材料。经查，该材料是网友通过 QQ 发送给他的。幸好及时发现，没有进行更大范围的扩散和传播，否则将对国家安全造成不良影响。

案例 5

某高校女生江薇在网上聊天时，结识了一位自称是上海某高校的校篮球队队长刘鑫。江薇一听对方是篮球健将，又曾参加过中国大学生男子篮球比赛，仰慕不已。于是，江薇邀请刘鑫有机会来学校见个面，并告诉了刘鑫其联系方式及宿舍地址。

某日，刘鑫来到该校，声称去参加中国大学生男子篮球选拔赛，途经此地，特地来看望江薇。离别时，刘鑫提出，因参加比赛需补充营养，而且外出比赛开销也比较大，能否向江薇借 3 000 元。江薇听罢，二话没说，慷慨解囊。刘鑫接过钱说，要赶去参加比赛，然而之后再无任何音讯。

互联网给人们带来了一个崭新的、充满生机的数字世界，成了人们日常工作、生活的重要组成部分。从人际交往的角度来说，网络改变了传统的社会交往和人际沟通的方式，在时间和空间上赋予了社会交往及其关系、结构以新的内涵、观念和准则，为人与人之间的交流打开了便利之门。

但是，网络毕竟是不见面的交流，其超越了时空的障碍，边际模糊。特别是近年来出现的黑客攻击传播病毒、合同诈骗、盗用他人信用卡、网上发布虚假广告、网上贩卖色情淫秽图片、网上卖淫嫖娼、网上贩毒和网上黑帮等案件，让人触目惊心。

(一) 网络操作安全防范

(1) 使用正版操作系统。

(2) 周期性备份重要数据。

(3) 安装防火墙和防病毒软件，并经常升级。例如，安装专门用于堵截互联网垃圾信息的软件，防止用户在利用搜索引擎的过程中搜索到不法网页。

(4) 注意给系统安装补丁软件，堵塞软件漏洞。

(5) 禁止浏览器运行 Java Script 和 Active X 代码。

(6) 勿登录一些不太了解的网站，勿执行从网上下载后未经杀毒处理的软件，不要打开QQ、微信等传送过来的不明文件等。

(7) 学会保护自己的网络隐私和个人信息，如本人的姓名、账号、密码、照片或证件号码等，家长的姓名、身份、联系电话、家庭地址或家庭经济状况等。在网上投递个人求职简历时，应先仔细阅读网站的隐私保护规定，以防某些网站将用户的个人资料出售给第三方。

(8) 当有多处地方需要设置密码时，密码最好不要相同，并要经常更换密码。注意不要使用生日、手机号码、电话号码或有意义的英文字母等容易被人猜中的信息作为密码，应使用包括字母、数字与字符的8位数密码。

(9) 注意网上购物的安全性。网上购物时，应确定采用安全的链接方式，要核实网页地址是否正确，避免进入专门"克隆"正规网站的诈骗页面。

(10) 最好不要打开陌生人邮件中的附件。因为任何格式、任何形式的文件都可能被合成"木马"。一旦打开这种文件，电脑就会完全被对方控制，所有硬盘数据都可以任人查看、修改和删除，任何密码也都会被盗取。

(二) 网络有害信息的类型

任何单位和个人不得制作、复制、查阅和传播下列信息：煽动抗拒、破坏宪法和法律、行政法规实施的；煽动颠覆国家政权，推翻社会主义制度的；煽动分裂国家、破坏国家统一的；煽动民族仇恨、民族歧视，破坏民族团结的；捏造或者歪曲事实，散布谣言，扰乱社会秩序的；宣扬封建迷信、淫秽、色情、赌博、暴力、凶杀、恐怖，教唆犯罪的；公然侮辱他人或者捏造事实诽谤他人的；其他违反宪法和法律、行政法规的。

(三) 网络骗局防范

不法分子利用网络的便利性、虚拟性及漏洞，设置网络骗局，进行网络犯罪，而一些大学生对网络的虚拟性、危险性认识不足，容易受到不法侵害。所以，大学生们睁大慧眼，增强网络安全防范意识，提高防范能力和水平，才能真正做到安全用网，防患于未然。

1. 恶意网站陷阱

恶意网站指黄色网站、游戏网站，或者打着新闻、咨询旗号等的违法网站。例如有的网站会要求浏览者下载一种软件，声称用它可以免费无限制使用该网站的资源。实际上，该软件是国际长途电话自动拨号程序，下载后会自动运行，结果产生高额的国际长途电话费用。还有的商业网站无视消费者的知情权，在一些收费服务项目选择上设置了复选框陷阱，故意误导消费者，看似免费服务，实际上会从手机费中扣取信息费。

2. 网络游戏陷阱

一些游戏以性暴力或恐怖袭击为主题，不利于青少年的身心健康。一些大学生因为沉迷于游戏世界，荒废了学业，最终导致休学、退学，甚至被开除。有的大学生的自我管理能力和约束能力极差，通宵达旦玩游戏，因过度劳累而猝死的事件也时有发生。

3. “黑网吧”陷阱

“黑网吧”是指未取得合法经营资格的互联网服务营业场所。“黑网吧”大多经营含有色情、赌博、暴力或迷信等不健康内容的电脑游戏，管理混乱，安全无保障。

4. 黄色淫秽陷阱

跨国性的利用计算机和互联网制作、复制、贩卖、传播色情淫秽物品(信息)的网络色情犯罪已成为一种常见的犯罪模式，在一些国家和地区还相当严重。例如，将服务器设在网络色情业合法的国家，这样做既不容易被发现，进行跨国侦查也是一个问题，如此就很难惩治网络色情犯罪行为人。

有些大学生的辨别能力和控制能力不足，往往在不知不觉中成了色情的“污染”对象，沦为“电子鸦片吸食者”，加上大学生的生理、心理正处于成长期，极容易诱发各种违法犯罪活动。

5. “黑客”教唆陷阱

随着互联网的日益普及和扩大，“黑客”的活动也日益活跃。一些“黑客”成立了组织，建立了网站，创办了“黑客”杂志，开设了培训班，传播普及“黑客”技术。

6. 政治、邪教陷阱

境内外敌对势力、“法轮功”邪教组织等在网上冒充宗教、气功或其他名义，大肆宣传反科学、反人类、反社会的歪理邪说，造谣惑众，或者对社会热点和敏感事件进行恶意炒作，误导舆论，扰乱社会秩序，威胁社会安宁。对此，大学生们要保持高度的政治警惕性，自觉抵制渗透活动，不传播，不扩散。

7. 网恋陷阱

网恋是存在于网络世界里的一种社会现象，它在某种程度上满足了上网者的精神需求。但是，网络交友、网恋与现实生活中的交友和发展恋情存在着极大的差异，网友在现实生活中的缺点很容易被网络所掩盖。一些不法分子利用上网聊天的机会，甜言蜜语勾引异性后，以各种理由约对方见面，实施诈骗、性侵害等违法犯罪活动，甚至利用网络实施杀人的案件也有发生。

8. 网络欺诈陷阱

随着电子金融与电子商务的快速发展，现实生活中的各种欺诈行为也开始在网上滋生蔓延，例如网上购物骗局、招聘骗局、快速发财骗局、亲人遇难骗局，还有中奖、传销、投资理财、募捐求助、交友婚介、治病健身、瘦身美容等骗局，甚至出现了网络乞丐，可谓花样百出。

9. 上网成瘾陷阱

大量事实表明，上网是会成瘾的。网络成瘾对青少年心理、个性、情绪和行为等方面的不良影响隐蔽而深远，罹患焦虑症、社交恐惧症等生理疾病的风险也会提高。

网瘾患者的主要表现是为了达到自我心理的满足，不可抑制地长时间操作网络，废寝忘食，导致迷失生活目标，荒废学业。更有甚者为了上网，还撒谎、盗窃、抢劫，甚至不惜付出生命的代价。

10. 其他陷阱

包括网上赌博、网上算命、网络一夜情、网上贩毒、网上“枪手”和网络窥探隐私等，都必须格外警惕，避而远之。

(四) 理智地面对网络

(1) 正确对待网络世界，合理使用互联网和手机。在网上阅读到的任何信息都可能是虚假的、捏造的，不要轻易相信。

(2) 上网要注意保持正确的坐姿，调节视力，避免长时间的电脑辐射，避免过分沉迷于网络，或受到不良的影响和刺激。

(3) 提高对黄色网站、暴力和淫秽色情信息、不良网络游戏等危害性的认识和辨别能力，不登录不健康的网站，不玩不良的网络游戏，主动拒绝不良信息。如果不小心点开了类似的网页，应该马上关闭。如果遇到带有低俗、挑衅、威胁、暴力、淫秽、反动或侮辱性、攻击性的信息或信件，请立即离开，不要作任何回应或反驳，并及时向学校保卫部门报告。

(4) 注意网络与现实的区别。尽量避免和网友直接见面或参与各种联谊活动，特别是不要单独与陌生的网友见面。不要相信或沉迷于所谓的“网络爱情”。

(5) 在使用互联网和手机的过程中，应守法自律。不要参与有害和无用信息的制作和传播；不要窃取他人的商业秘密或侵犯他人的知识产权；不要编造虚假信息对他人进行诽谤、诈骗或制造社会混乱；不要从事黑客行为，非法侵入、攻击或破坏他人信息系统等。

大学生应当正确认识网络带来的双面作用，有节制地使用网络工具，树立网络安全道德和法律意识，提高利用网络学习科学文化和专业知识的能力，健康地进行网络娱乐与交往，自觉地避免沉迷于网络，并保持高度的政治警惕性，理智反对和抵制邪教组织的影响等。

小　结

人总是处于一定的社会关系之中，大学生同样离不开人际交往。懂得交往、善于交往是大学生们应该学习和掌握的重要技能。

“害人之心不可有，防人之心不可无。”大学生应自觉提高自我的防范和保护意识，有意减少不必要的摩擦，合理合法地解决矛盾纠纷，并注意预防被伤害，避免网络侵害，更应严格要求自己，不断加强自身修养和综合素质，自觉抵制网络不法行为，慎交网友，懂得在网络环境下维护自身安全和合法权益。

思考题

1. 如何理解“大学是个小社会”。
2. 大学生产生纠纷的主要原因是哪些？
3. 如何防范大学生的常见纠纷。
4. 如果你的室友在宿舍内容留异性，你会怎么处理？
5. 如何预防大学生被伤害案件的发生。
6. 网络侵害主要有哪几种类型？
7. 大学生如何在网络中保护自我。
8. 什么是网络成瘾，有什么样的危害？
9. 如何认识网络对大学生的利弊作用。
10. 女大学生如何预防性侵害。

第九讲

出 游 安 全

导 读

很多大学生都希望通过出游活动放松心情，开阔视野，增长见识。但登山、戏水或烧烤等也存在着一定的安全隐患。因此，在出游活动中一定要多加留心，格外注意人身安全和财产安全。

一、旅 游 安 全

案 例 1

某日，某高校王伟等5名大学生相约去南岳衡山游玩。在衡阳吃过晚饭后，几个人又包了一辆出租车夜游南岳，想赶到第二天清晨在衡山看日出。晚上8时50分左右，当汽车行至107国道某段时，与一辆迎面而来的货车相撞，导致出租车内的5名大学生及司机当场死亡。在巨大的冲撞下，货车司机也受了重伤，当场昏迷。经对事故现场的勘测，交警初步判断事故起因于出租车的占道行为。

案 例 2

某日，浙江安吉井空里大峡谷探险的8名上海女驴友和一名领队失联，所幸第二天获救。

案例 3

某日，广东韶关旅游爱好者前往该市境内的“老婆头”大山徒步旅行。其中一名女子不慎坠落到六十多米的悬崖下身亡。

“世界那么大，我想去看看。”近年来，越来越多的大学生开始意识到旅游对开阔眼界、陶冶情操、锻炼意志及培养团队互助精神的益处，所以他们会不时地利用周末、小长假、寒暑假等参加跟团游、自助游或自驾游等活动。不得不提的是，在旅游的过程中，也潜藏着不少安全隐患。所以，我们需要给予旅游安全特别的重视，努力做到不发生或少发生安全事故。

旅游安全指的是在旅游活动中，旅游者增强安全意识，遵守各项安全管理规定，不因疏忽大意或过于自信而发生安全事故。

(一) 旅游前的安全常识

(1) 不要轻易地在互联网上或互联网下组织同学、朋友和其他人员外出旅游。

(2) 对自己的身体状况要正确评估，心里有数，不要带病参加旅游，不要参加一些不适合身体状况的旅游项目，例如蹦极、登山活动对于患有心脏病、高血压或恐高症患者显然是不合适的。

(3) 在游玩之前，要认真做好准备工作。例如，选择信誉和实力较强、诚信度高的、有组团资质的旅行社。尤其是在选择出境游时，一定要核验一下旅行社是否真正具备出境游的资格。在挑选旅游产品时，也要避免过分注重价格，不要贪图便宜。因为，零团费和负团费这样不合理的低价，必然是会以牺牲旅游行程的品质为代价的，会在航班选择、住宿酒店、餐饮、领队或导游的服务以及门票等方面大打折扣，甚至还会以中途强制进店购物来弥补旅行社的垫资或亏损。

(4) 仔细阅读旅行社提供的旅游合同上的各项条款，认真与其签订旅游合同。旅游合同中未包含的内容，可在行程安排表里注明，以使旅游质量得到充分的保障。

(5) 增强保险意识，主动购买旅游险，以防万一。

(6) 支付旅游费用后，要保存好盖有旅行社公章的正式发票，不能收取白条、收据或仅盖有部门公章的票据。同时，其他一切与旅游活动相关的证明材料，如旅游合同、景点门票、医疗单据等也都应保存好，以备万一发生纠纷时，可以作为书面证据呈现。

(二) 旅游途中的注意事项

(1) 及时了解旅游目的地的天气、交通、卫生、社会治安等情况以及应急救援电话等。

(2) 遵守乘坐长途汽车、火车、高铁、轮船和飞机等的规则。例如,乘坐汽车时,每次出发前,都要提醒司机检查一下车辆是否安全,了解一下司机是否有酒后驾驶、疲劳驾驶或服用了嗜睡的药物的情况等。如果是租借的汽车,其性能一定要好,具有适行性。在出发前,务必对车辆进行一次保养、检修,以确保不会因车况问题而导致交通事故。同时,还要尽可能地避免夜间行车,尤其是在山区。

(3) 保管好自己的财物。贵重物品随身携带。现金最好以微信、支付宝或银行卡的形式携带。身上只留少量现金,置于内衣口袋或不易被人发现的地方,不外露。也不要将自己的行李、物品交由陌生人照应。

(4) 尽量乘坐公共交通工具前往旅游景区。自驾车应注意行车安全,注意避开临时交通管制的区域,并将车辆停放在指定的地点,不要停放在偏僻角落等非正规或无人照看的停车场。离车前,应检查车窗、车门是否关好、锁牢。手提包、笔记本电脑和数码相机等物品,不要放在车座等可视范围内。

(5) 尽量错开高峰日、入场高峰时段,以免景区拥堵,有踩踏危险或是人看人的尴尬场面。如果局部地区发生人员拥挤,不要停留、不要围观。

(6) 从正规渠道购买景点门票,避免错购假票。不要携带易燃易爆、管制刀具等危险物品进入景区。入场后要第一时间观察安全出口,做到心中有数。

(7) 旅游行程中,要走指定路线,避免单独行动,不要去未经开发的偏、远、险、陡的地方游玩,更不要个人冒险。有危险警示标志的地方不停留、不拍照、不摄像等。遇到突发的紧急情况,应听从现场工作人员的指挥。

(8) 旅游时有可能会产生水土不服的情况。一般在适应环境后即可缓解,情况严重的则要遵医嘱,服用药物,不可大意。

(9) 旅游过程中,要注意食品安全,选择用餐环境、卫生条件较好的饭店。吃饭前,一定要洗手;也可吃生大蒜或喝生醋来抗菌,并尽量少用公共餐具,以防食物中毒。

(10) 旅途中要根据天气的变化,及时添减衣服,预防受凉或中暑。

(11) 自由活动时,不要随意进入边施工、边营业的公共场所,也不要前往疏散通道、应急照明等消防设施不符合要求的商场、咖啡厅、歌舞厅或燃放烟花爆竹的庆典场所等。

(三) 旅游住宿的安全事项

(1) 根据个人的经济实力,选择价位合适的、有良好信誉的宾馆。

(2) 入住客房后,应第一时间认真查看场地的疏散逃生线路图,明确自己所在房间的位置和最近的疏散逃生通道所在的方向、距离。如果发现疏散通道堵塞,应立即要求予以解决,以便发生火灾等事故时,能快速向外逃生。

(3) 遇到客房内门窗或衣柜损坏的情况,应立即返回前台要求更换房间。还应仔细检查房内是否安装了摄像头,以避免被偷拍。可在夜间关闭所有的灯光,查看是否有摄像头闪烁。

(4) 住宿期间,如随身携带了大量的现金或贵重物品,可交宾馆服务台代为保管,并记得索取保管单。

(5) 不要携带易燃易爆品、放射性危险品等入住宾馆。不要卧床吸烟、酒后吸烟或乱丢烟头。严禁在宾馆进行赌博、吸毒和卖淫嫖娼等违法犯罪活动。

(6) 不要在宾馆客房里使用电炉、电饭煲等。不要乱动电源插座及各种电器。不要私自拆装电器设备。不要破坏消防和水电设施。

(7) 注意卧具的清洁卫生。休息时,要关好房门,挂上门背后的锁链。外出时,要锁好房门,并注意保管好钥匙,不要随意将钥匙借给他人。若钥匙丢失,应及时告知宾馆服务台,防止发生财物丢失事件。万一财物失窃,要及时报警,并注意保护好现场。

(8) 保证充足的睡眠和休息,以增强自身的抵抗力。例如,可以根据个人的生活习惯,将客房的空调调到适宜的温度。如果身上出汗或洗热水澡后,要避免空调的冷风直接对着身体吹,以防止出现关节疼痛,或因腹部受凉而发生腹泻。

(9) 不要轻易应门,即使只开一条门缝或门上还挂着锁链也不行。对于只见过几次面的人不要随便告知房间号,对于“好意”来接的人也要请他们在宾馆的大堂等待。

(10) 不要轻易和陌生人一起吃饭,不要接受陌生人的饮料、食品或者酒水,也不要在夜晚单独外出活动。

(四) 旅游纠纷的处理

出现旅行社变更发团时间、取消旅游计划,或未按约定提供服务,以及旅途中出现意外而引起纠纷时,可以先直接与旅行社友好协商。如果协商不成,则可向旅游质量监督管理部门投诉,也可向消费者协会投诉。如果是直接申请仲裁或提起诉讼,最好先咨询律师的建议,做到有理、有利、有节和有据。

小贴士

拼车的安全

拼车已经成为越来越多人的一种出行选择。但因拼车引发的纠纷并不少见。总结一下,拼车应注意以下几个方面:

(1) 拼车前,应尽量了解对方的底细,确定费用、行车路线和搭车时间等情况。

(2) 拼车时,要核对、确认对方的身份证、驾驶证、车况和保险记录等,记下对方的电话号码、家庭住址、单位、职业等信息,并小心看管好自己的财物。

(3) 如果是多人拼车,还要对有人迟到或毁约等情况做出规定,以免影响行程,带来麻烦。

(4) 为了安全起见,车主可以购买一份"车上乘客责任保险"。作为搭车人,可以在出发前自行购买一份这一时间段的意外保险。双方签好相关免责协议,以防发生安全隐患。

二、登山、戏水的安全

游览名山大川、江河湖海时也有发生危险的可能,甚至会发生人身伤亡事故。

(一) 登山、戏水的常见安全事故

1. 攀登失足

"无限风光在险峰",那是诗人的情调和浪漫。如果不顾危险追求无限风光与惊险,容易发生坠崖等人身伤害事故。

2. 山路拥挤

旅游名山都以雄、险、奇而著称,如华山、黄山、庐山等,但越是著名,越容易因人多、山路拥挤或险峻而发生安全事故。

3. 林中迷路

有的游客游山时喜欢探险,走没人走过的路线,或自己开辟路线,这是很危险的。有可能会遇到蛇虫、野兽的袭击,或迷失方向。

4. 溺水伤亡

戏水、漂流、冲浪是一件非常愉快、开心的事情,也是大学生十分期待的旅游

项目。但如果不识水性、麻痹大意或过于自信，就会酿成悲剧。

（二）登山、戏水的注意事项

（1）综合考虑季节、天气、地形和植被等情况，选择适合自己的活动场地与项目，制订可行的游玩计划。对沿途可能遇到的状况要有大概的了解，包括当地的民俗习惯等。不要逞强好胜，不要轻易尝试爬高山、攀悬崖或冲浪等专业运动。

（2）调整好心理，控制好情绪。出发前应充分休息，并随身携带饮用水、食物以供吃喝，保持充足的体力，减少疾病和意外伤害的概率。

（3）穿适合的鞋子，随身携带冲锋衣、泳衣、打火机、手电筒、手机、备用电池、哨子和喇叭等。还应选择安全、可靠的专业设备并提前加以熟悉，如安全绳、救生圈、救生筏或对讲机等。例如，参加户外漂流等水上活动务必要做好防护工作，根据工作人员的要求将救生衣、安全帽和漂流鞋穿戴好，游玩过程中不得松开或解下，因为关键时刻这些装备是能起到救命作用的。

（4）配备一个急救包，内装碘酒、蛇药、消炎药、止痛药、创可贴、清凉油、止血绷带、消毒纱布以及防蚊虫叮咬药水等应急药品，以应对不时之需。

（5）掌握必要的自救和求生技能。户外急救原则是迅速脱离危险区域，灵活运用身旁的物品开展自救。自救包扎时，应"快、准、轻、牢"。若无法自救，可及时发出求救信号。等待救援时，应保持冷静，不要盲目叫喊，避免消耗体力。

（6）严格遵守景区的安全规定，对路边和水边的安全警示牌要认真阅读。选择有标识的大路，不要擅自改变路线和时间，不要贸然选择不知名的小路，不要随意步入草丛或树林中，沿途要做好标记。一些情况不明的路、洞、潭、河等不要贸然前往，以防迷路，造成危险。

（7）精神集中，"走路不观景，观景不走路"，每一步都要看准、走稳。避免行走在湿滑的石面、泥路上，避免站立在悬崖边或攀爬到石头上拍照观景。严防踩踏滑动的石块，造成滑滚或摔伤等。

（8）必须清楚自身的体力和健康状况，量力而为。避免单独行动，更不要个人冒险。分散活动时要按时到达指定地点集中。

（9）不要饮酒。不要采摘野生果子食用或饮用山泉水、溪水、河水等。

（10）注意山林防火，禁止乱扔火种，一旦不慎引起火灾，后果不堪设想。避免将火柴、打火机、汽油等火源或易燃物品带入山林中。尽量少抽烟、不抽烟，也不要在非指定地点烧煮食物。

小贴士

在山林中迷路怎么办?

在山林中迷路时，要立即停下，冷静地回忆走过的路线，尽快确定方向。方法如下：

(1) 看看四周的野草。刚走过的路，草会被踩倒，且倒向某一方向。确定了来时的方向，就有可能找到来时的路。

(2) 爬上最近的山脊，以确定自己的方位，也可以发现其他人活动的迹象。

(3) 寻找水流。在林区，道路和居民点常常临水而建。沿着水流的方向，就有可能找到人家，也容易走出林区。

三、烧烤的安全和蛇虫防范

有些学生会利用万物复苏、欣欣向荣的时节，组织烧烤活动，体味自己动手的休闲和欢愉。

(一) 烧烤安全

(1) 烧烤最好选择在无风的日子。营区应尽可能选择离水源较近的开阔地带或荒地，周围不要有草木、落叶等易燃物品。不要到偏僻或禁止明火的森林等地烧烤。避免在山洞、房间等封闭场所进行烧烤活动，以免发生一氧化碳中毒。如果有风，烧烤区应尽量安排在上风口。

(2) 在烧烤区旁，应准备一桶水或者一个灭火器。万一发生火情，能够迅速做出应对。

(3) 烧烤时，如果要用酒精助燃的话，建议使用固态的药用酒精。因为工业酒精加热后的甲醛、甲醇等化学物质会导致食物有毒，而液态的药用酒精容易喷射和引燃瓶口，存在危险性。

(4) 因为烤炉的固定条件比较差，容易打翻而引燃可燃物等。因此，不要在烧烤区打闹嬉戏或玩火取乐。

(5) 中途离开或烧烤结束后，务必用水、灭火器，或者踩踏等方式对烧烤区进行彻底的熄火，不要留下半点火星，防止其阴燃。同时，还要彻底地清理周围的生活垃圾。这既是环保之举，也可以防止遗留火灾隐患。

(6) 如果烧烤时发生意外烫伤，切勿将着火或浸渍热油、水的衣物脱掉，否则会导致受伤皮肤被一同撕下，造成创面的进一步加深，也不要泼水。最好是用衣服、沙土、麻袋或灭火器等将燃烧物盖住，隔离氧气灭火，并迅速拨打“119”求助。注意，灭火器不要直接对着皮肤喷射。

(7) 如果被火包围，一定要密切注意风向的变化。注意选择顶风路线，不可顺风而行。火势较弱时，可尽量用水把全身弄湿，用湿毛巾或衣服遮住口鼻，快速奔跑，穿过火场。若火势强劲或大火覆盖大片地域而无路可逃时，尽可能就地挖一个凹坑，将铺上泥土的大衣或布料盖在身上，手曲成环状放在口鼻上以利呼吸，当火焰通过时，屏住呼吸。若是被大火包围在半山腰，要快速地向山下跑，切忌往山上跑，通常火势向上蔓延的速度，要比人跑的速度快得多。

(二) 防蛇虫伤害

野外游玩，蛇虫比较多，需要格外注意，并掌握基本的防范技巧。

1. 蛇的防范

(1) 野外遭遇蛇的机会很大，携带一点解蛇毒的药是很有必要的。一般毒蛇的头是三角形的，身上会有彩色花纹，尾巴短而细。而无毒蛇一般头呈椭圆形，身体色彩单调。蛇一般不会主动向人发起攻击，除非它认为受到了威胁。所以，遇到蛇特别是毒蛇的时候，不要惊动它，而应避开其注意力，缓慢退到安全地带。在荒草树丛中行走时，要用绳子把裤腿和上衣袖口扎住，边走边用细棍拍打前面的草丛，以打草惊蛇，把蛇吓走。

(2) 当不慎被毒蛇咬伤而救护人员还未赶到时，千万不能慌乱跑动，以免蛇毒渗透血液直至心脏，危及生命，而是应该保持镇定，迅速拨打“120”急救电话或“119”报警，并用绳子、布带、鞋带、植物藤或稻草等，绑紧在伤口上方 5～10 厘米的近心端上，不要太紧也不要太松，以插入一个手指为宜。同时，为防肢体坏死，每隔 30 分钟左右，要放松结扎处 3～5 分钟。也可以在结扎后，用小刀将伤口割成“十”字形，然后挤压血管，将毒液尽量排出。可能的话，用清水、冷开水或肥皂水反复冲洗伤口表面的蛇毒。最好能够拍下蛇的照片，以便医生能够确定是何种蛇毒。

2. 马蜂的防范

(1) 切勿涂抹香水、发胶等芳香化妆品，携带的甜食和含糖饮料也要密封好，以免招惹蜂虫。

(2) 蜂巢一般会建在建筑或树丛中。发现蜂巢时，应绕行，切不可靠近，也不可因为好奇或逞强，强行将其摘除。如果误惹了蜂群，而招致攻击，唯一的办法是用衣物保护好自己的头颈，反向逃跑或原地趴下。千万不要试图反击，否则只会招致更多的攻击。

(3) 将半公斤左右的烟叶或旱烟秸秆扎成一束，挂在蜂窝旁边，马蜂很快就会搬家。加以火烧的方法，可以有效地将蜂巢烧毁。若再喷上灭火药剂，就可以彻底根除马蜂的危害。

(4) 一旦被马蜂蜇伤，伤口会立刻红肿，且感到火辣辣的痛。此时，应马上涂抹一些碱水，如肥皂水，使酸碱中和，减弱毒性，亦可起到止痛的作用。如果出现头晕、胸闷、呼吸困难、手足麻木等全身性症状，应立即就医，谨防休克。

(5) 马蜂毒性大，如果未加以防护或者防护不到位都可能导致马蜂的群体性攻击。所以发现蜂巢后，最好还是向专业人士或消防部门寻求帮助。

(三) 隐翅虫皮炎预防

隐翅虫呈大蚁状，红褐色，鞘翅短，腹节大部分裸露，长约 0.6～0.8 cm，体内液体有毒(强酸性，pH 值为 1～2.5)，昼伏夜出，在我国南方较为多见。此虫具有较强的趋光性，夏日秋初常围绕日光灯上下飞翔，停留在灯光附近。人如接触其体液或虫体口腔喷出的分泌物，皮肤就会损害，临床表现为局部烧灼样疼痛、水肿、头痛头昏，食欲下降；严重者伴有水疱、脓肿、双眼水肿、浅表淋巴结肿大等。其预防方法如下：

(1) 夏日秋初的夜间，外出时尽量穿长衣长裤，尽量不要到潮湿地带、树林、草丛或田边散步休息。

(2) 看到此虫时，切不可随意拍打，不要用手去捉。接触过毒液的手要尽早用清水洗净。

(3) 宿舍内垃圾及时清理，保持卫生清洁，不留卫生死角，并注意个人卫生。

(4) 宿舍内日光灯尽量少开。外出、睡觉时随时关灯、关闭门窗。

(5) 宿舍内可喷洒家用杀虫剂，也可购置灭虫灯，或添置细密小孔型的蚊帐。

(6) 患上隐翅虫皮炎不必惊慌，及时就诊，一星期左右可以康复。

小 结

出游安全事故的发生原因是多方面的、复杂的。虽然有时难以预料，但是如果能够提高防范意识，具备基本的出游安全防范技能，杜绝有悖于安全的行为，许多安全事故是可以避免的。

思考题

1. 讲一个你听说过的旅游安全事故的案例。
2. 旅游前应做好哪些准备工作?
3. 旅途中的注意事项有哪些?
4. 入住宾馆,需要注意哪些方面的问题?
5. 发生旅游纠纷,有哪些处理渠道?
6. 旅游“拼友”有哪些注意事项?
7. 登山活动,在哪些方面需要多加注意?
8. 如何保证烧烤活动的安全。
9. 在野外被蛇虫叮咬怎么办?

第十讲

政治、宗教、法律与突发公共事件

导读

面对当前国际局势的波诡云谲、国内经济转型的深化，中西方思想价值观念的激烈碰撞、互联网和自媒体的迅猛发展，大学生一定要明确自身所肩负的历史重任，不断提高政治理论觉悟、法律素养、心理素质，掌握相关的应急逃生技巧，为校园与社会的和谐稳定作出应有的贡献。

一、提高政治敏锐性和辨别能力

案例

某高校学生郭川航因家境贫困，在论坛里发帖“寻求学费资助 2 000 元”。不久，网名为“Miss Q”的人回帖，询问其姓名、手机号、就读院校、专业和银行卡号，然后表示愿意提供帮助。郭川航喜出望外，第二天就收到了 2 000 元的汇款。郭川航当时知道的是，Miss Q 是一家境外投资咨询公司的研究员，需要为客户“搜集军队装备采购方面的期刊资料”，希望郭川航协助，以此作为资助学费的回报。

此后，Miss Q 向郭川航提供了一份“田野调研员”的兼职工作，月薪 2 000 元。郭川航所在的城市有一个军港码头和一家历史悠久的造船厂，他的“调研”工作就是到军港拍摄军事设施和军舰，到船厂观察、记录在造、在修船舰的情况，并将有船舰方位标识的电子地图做成文档，提供给 Miss Q。双方约定的传送方法是：通过手机短信约好时间，由郭川航把加密文档上传至网络硬盘，Miss Q 立即从境外登录下载。没过多久，郭川航被国家安全机关依法逮捕、审查。

邓小平同志指出："国家的主权、国家的安全要始终放在第一位。"维护国家安全既包括传统的国土、主权、政治、国防、国民安全等内容，也包括文化、经济、科技、信息安全等新内容。

(一) 大学生应当具备一定的政治敏感度

当前我国面临的国际环境波诡云谲、复杂多变，安全形势不容乐观。主要表现为：境外敌对势力、反动分子和间谍情报机构为达到分化、西化中国的目的，一方面利用各种渠道，以公开或秘密的方式，传播西方的政治经济模式、价值观以及腐朽的生活方式；另一方面积极采取金钱收买、物质利诱、色情勾引、出国担保等手段，或打着参观访问、学术交流、业务洽谈等幌子，获取国家的机密信息。

大学生是年轻的群体，虽然有着一定的政治敏感度，但对国家安全还是仅仅停留在局部的认知上。敌对势力或者别有用心的人一贯是把青年学生当作突破口的，他们企图利用青年人天真单纯、缺乏经验、思想上与心理上不够成熟的特点，以达到自己阴险的政治目的。

(二) 国外反动势力分化、西化我国的策略

1. 兰德公司的政府报告

根据美国最大、也是对政府决策最有影响的智库兰德公司于 1998 年 6 月向美国政府提出的建议报告，美国的对华战略应该分三步走。第一步，西化、分化中国，使中国的意识形态西方化，从而失去与美国对抗的可能性。第二步，在第一步失效或成效不大时，对中国形成全面的遏制，并形成对中国战略上的合围，包括地缘战略层次和国际组织体制层次，以削弱中国的国际生存空间和战略选择余地。第三步，在前两招都不能得逞时，不惜与中国一战。当然作战的最好形式不是美国直接参战，而是支持中国谋求独立的地区或与中国有重大利益冲突的周边国家。

这"三步走"的战略并不仅仅是停留在美国政府决策参考的层面上的，在美国的外交实践中也已经着手运用。

2. 中央情报局的“十条诫令”

美国中央情报局在其极机密的“手册”中，关于对付中国的部分最初撰写于1951年，以后随着中美关系的变化不断修改调整，至今共为十项，内部代号称为“十条诫令”。全文转述如下：

(1) 尽量用物质来引诱和败坏他们的青年，鼓励他们藐视、鄙视，进一步公开反对他们原来所受的思想教育，特别是共产主义教条。替他们制造对色情奔放的兴趣和机会，进而鼓励他们进行性的滥交，让他们不以肤浅、虚荣为羞耻。一定要毁掉他们强调过的刻苦耐劳精神。

(2) 一定要尽一切可能做好宣传工作，包括电影、书籍、电视、无线电波和新式的宗教传布。只要他们向往我们的衣、食、住、行、娱乐和教育的方式，就是成功的一半。

(3) 一定要把他们青年的注意力从他们以政府为中心的传统引开来，让他们的头脑集中于体育表演、色情书籍、享乐、游戏、犯罪性的电影，以及宗教迷信。

(4) 时常制造一些无风三尺浪的无事之事，让他们的人民公开讨论。这样就在他们的潜意识中种下了分裂的种子，特别要在他们的少数民族里找好机会，分裂他们的地区，分裂他们的民族，分裂他们的感情，在他们之间制造新仇旧恨，这是完全不能忽视的策略。

(5) 要不断制造“新闻”，丑化他们的领导。我们的记者应该找机会采访他们，然后组织他们自己的言辞来攻击他们自己。

(6) 在任何情况下都要传扬“民主”。一有机会，不管是大型小型、有形无形，都要抓紧发动“民主运动”。无论在什么场合，什么情况下，我们都要不断对他们(政府)要求民主和人权。只要我们每一个人都不断地说同样的话，他们的人民就一定会相信我们说的是真理。我们抓住一个人是一个人，我们占住一个地盘是一个地盘，一定要不择手段。

(7) 要尽量鼓励他们(政府)花费，鼓励他们向我们借贷。这样我们就有十足的把握来摧毁他们的信用，使他们的货币贬值，通货膨胀。只要他们对物价失去了控制，他们在人民心目中就会完全垮台。

(8) 要以我们的经济和技术优势，有形无形地打击他们的工业。只要他们的工业在不知不觉中瘫痪下去，我们就可以鼓动社会动乱。不过我们必须表面上非常慈善地去帮助和援助他们，这样他们(政府)就显得疲软。一个疲软的政府就会带来更大的动乱。

(9) 要利用所有的资源，甚至举手投足，一言一笑，都足以破坏他们的传统价值。我们要利用一切来毁灭他们的道德人心。摧毁他们自尊自信的钥匙，就是尽量打击他们刻苦耐劳的精神。

(10) 暗地运送各种武器，装备他们的一切敌人和可能成为他们敌人的人们。

(三) 维护国家安全是大学生的历史使命

迎接西方敌对势力“西化”“分化”的挑战，大学生一定要保持清醒的头脑，明确自身的历史使命，提高中华民族伟大复兴和实现“中国梦”的担当精神和责任意识！

(1) 保持警惕，始终树立“国家利益高于一切”的观念。通过学习和实践，不断提高自己的政治意识和理论素质，提高识别真伪是非和各种错误思潮的能力，善于识破敌对势力和别有用心的人的各种邪恶企图，绝不做丧失国格和人格的事情。

(2) 努力学习、掌握和遵守有关国家安全的法律法规，自尊自爱，维护民族团结，克服见利忘义的行为。

(3) 积极配合国家安全机关的工作，自觉执行、严格遵守《中华人民共和国保守国家秘密法》，增强保密观念，履行保密义务。严格遵守保密制度，严格执行保密纪律，严格按保密要求办事，同失密、泄密、窃密行为作斗争，做到“不该说的机密绝对不说，不该问的机密绝对不问，不该看的机密绝对不看，不该记录的机密绝对不记录”。

(4) 对互联网上影响政治安全稳定的有害信息要努力分辨，自觉抵制。对于一时分辨不清的信息，及时向学校相关部门汇报，不要轻信，不要随波逐流，努力维护高校和全社会的安全与稳定。

二、拒绝邪教迷信

案例 1

一位“尼姑”突然拦住正在街上行走的姚女士，说她印堂发黑，家中近日定有血光之灾。姚女士半信半疑。“尼姑”当即“演法”，点燃了一张白纸，其上面果然出现“你丈夫和儿子有车祸”的字样。姚女士看后惊慌失措。“尼姑”从容指点：“只要拿出 1 万元钱用纸包住，贴上这个法符，放在床头隐蔽之处，一个月不要动，就能免去血光之灾。”姚女士言听计从。

一个月后，当姚女士拿出贴着法符的纸包时，才发现只是一叠白纸，而那1万元钱早已被“尼姑”调包了。

案例 2

一位和尚在甄丹玲家“化缘”的过程中，以修缮寺庙为由骗去她6 000元。后该和尚被公安部门抓获，从其身上搜得袈裟、“皈依证”和“开光证”等大量假证件。

《中华人民共和国宪法》第三十六条规定：中华人民共和国公民有宗教信仰自由。任何国家机关、社会团体和个人不得强制公民信仰宗教或者不信仰宗教，不得歧视信仰宗教的公民和不信仰宗教的公民。国家保护正常的宗教活动。任何人不得利用宗教进行破坏社会秩序、损害公民身体健康、妨碍国家教育制度的活动。宗教团体和宗教事务不受外国势力的支配。

通常，大学生们具备一定的科学文化知识，基本都是无神论者，没有什么宗教信仰，因家中长辈信教或其他原因而无意或者随意跟随，参与了宗教活动或仪式的也是少数。同时，也不能仅凭其参加了某些宗教活动，就说明其有宗教信仰。

(一) 宗教

宗教是社会意识的一种，是人类社会发展到一定历史阶段的文化现象。我国有五大宗教，信众超过1亿。宗教包括三个层面，分别是思想观念及感情体验，即教义；创始人及膜拜对象，即教主；教职制度及社会组织，即教团。宗教的主要特点是，相信现实世界之外存在着一种超自然的统摄着万物而且拥有绝对权威、主宰自然进化、决定人世命运的神秘力量或实体，从而使人对这一神秘力量产生敬畏及崇拜，并进而引申出信仰认知及仪式活动。宗教信仰的实质是以引导善念的目的，教导信徒通过修身养性来达到身心平衡，从而追求超越和表达终极关怀，以一种超尘脱俗的精神来推动社会达到公义、道德、纯洁和圣化，使人获得一种精神境界上的升华。

传统(正统)宗教为我国社会的和谐与发展发挥了积极作用。其依法公开传教，对信教徒众采取来去自由、信仰自由的原则，而且在传道中不允许教职人员骗钱敛财。例如，佛教有许多清规戒律，“不杀生、不偷盗、不邪淫、不妄语、不饮酒，素食”等，还有诵经、念佛、坐禅、法会、放生等活动；道教文化充溢着人类的真、善、美、容、和的美德；伊斯兰教有爱国爱教、孝敬双亲、为善合作、和平团结、仁爱包容等优良传统；基督教和天主教追求的是圣化人灵、净化人心、善化社会，目标是引导和帮助人们追求人类真正的幸福。

(二) 邪教

1. 邪教的性质

邪教不是宗教。邪教与传统宗教的本质区别就在于道德。

一些邪教由于或多或少吸取了一种或几种宗教的某些成分，在教义、仪式等方面与宗教有着一些相似之处，就常常打着宗教的幌子发展组织，欺骗群众，进行违法犯罪活动。广大人民群众和宗教界人士对此深恶痛绝。任何一个负责任的政府都不会容忍这类严重危害人民生命安全、破坏社会秩序和社会稳定的违法犯罪活动。《中华人民共和国刑法》中有打击“组织、利用会道门、邪教组织或者利用迷信进行犯罪活动”的规定。对邪教分子依法惩处，正是为了更好地保护公民宗教信仰自由的权利和正常的宗教活动，正是为了维护社会公众的利益和法律尊严。

2. 邪教的特征

(1) 崇拜教主。传统宗教的创始人中没有一个自称为“神”。他们创立宗教的目的是和善、理性的，而不是为了欺世盗名，蛊惑人心，坑害群众，祸害社会。宗教信仰反对人自比神明和自吹具有“神力”。

而邪教的教主却千方百计、厚颜无耻地神化自身，自称是世界万物的创造者，又是人类命运的拯救者，迷惑信徒受其操纵，从而达到其个人私欲和政治野心的罪恶目的。

(2) 非法敛财。邪教的教主往往都是贪得无厌之徒。他们表面上道貌岸然，实际上把网罗教徒和聚敛金钱作为最主要的活动目的。而在他们的心理强制和精神控制下，许多信徒心理变态，精神失常，在迷迷糊糊中走上了不归路。

(3) 秘密结社。邪教往往出于其不可告人的目的，活动诡秘。其采取封闭式的组织形式，或者全封闭式的家长制，对信徒进行绝对的控制，以便教主为所欲为。

(4) 编造歪理邪说。邪教往往利用传统宗教的经典，乱套科学概念，编造歪理邪说，散布恐怖气氛，制造思想混乱，以达到精神控制、危害社会的企图。

(5) 反科学、反人类。邪教以一种极端的虚无主义的态度对待传统文化，教唆人们逃避和摧毁现世，往往会导致偏执狂热的反科学、反人类的残忍性、毁灭性的极端行为。其暴力恐怖活动比一般的暴力事件更加残忍、疯狂，性质更为恶劣。

(6) 危害社会。邪教作为一股社会邪恶势力，抗拒国家法律、法令的实施，煽动推翻政府，颠覆国家，蒙骗坑害群众，破坏家庭，毒害青少年，严重危害了人们正常的生产生活秩序和社会安宁。

(三) 我国的宗教政策

党和政府对宗教工作的基本方针是：全面贯彻宗教信仰自由政策，依法管理宗教事务，坚持独立自主、自办的原则，积极引导宗教与社会主义社会相适应。

1. 宗教信仰的自由

每个公民既有信仰宗教的自由，也有不信仰宗教的自由；有信仰这种宗教的自由，也有信仰那种宗教的自由；在同一宗教中，有信仰这个教派的自由，也有信仰那个教派的自由；有以前信教现在不信教，也有以前不信教现在信教的自由。

2. 规范宗教事务管理

宗教活动应在宪法和法律规定的范围内进行。各宗教团体自主地办理各自的教务，并根据需要开办宗教院校，印发宗教经典，出版宗教刊物，举办各种社会公益服务事业。在登记的宗教活动场所内和按宗教习惯在教徒自己家里进行的正常宗教活动，享有宗教信仰自由权利的同时应履行法律的义务，任何人不得加以干涉。国家保护宗教团体的合法权益，保护宗教教职人员履行正常教务的权利。

3. 各宗教一律平等

信仰宗教的公民和不信仰宗教的公民、信仰不同宗教的公民应当相互尊重、和睦相处。宗教团体、宗教活动场所和信仰宗教的公民应当遵守国家法律，维护国家统一、民族团结和社会稳定。我国的佛教、道教、伊斯兰教、基督教和天主教不论信众多寡、影响大小，在法律面前一律平等，没有占统治地位的宗教。政府对这些宗教一视同仁，平等对待，不加歧视。

4. 宗教与国家政权分离

任何人都不得利用宗教干预国家的行政、司法；不得干预学校教育和社会公共教育；不得干预婚姻、生育等。国家政权也不能被用来推行或禁止某种宗教。对利用宗教进行的危害国家安全、公共安全等违法犯罪活动，依法予以打击。

5. 无神论与有神论之间相互尊重

任何人都不应到宗教活动场所进行无神论的宣传，或者在信教群众中展开有神还是无神的辩论。任何宗教组织和教徒也不应在宗教活动场所外布道、传教，宣传有神论，散发宗教传单和其他未经政府主管部门批准出版发行的宗教书刊。

6. 宗教团体和宗教事务不受外国势力的支配

我国各宗教共同遵循的一个原则是：宗教事务由中国人自己来办，不受外国势力的干涉和控制。宗教团体在坚持独立自主自办的方针下，实行自治、自养、自传。同时，独立自主、自办宗教的方针并不排斥在互相尊重、平等友好的基础上与世界各国宗教组织或宗教人士进行交往。对出于宗教感情的外来援助、捐赠等，只要不附带干涉我国内部事务包括宗教事务的条件，宗教组织可以接受。

（四）遵守宗教方针、警惕邪教

1. 了解国家宗教政策

了解国家宗教信仰自由的政策。信仰宗教的公民和不信仰宗教的公民、信仰不同宗教的公民应当相互尊重、和睦相处，弘扬平等友好的民族团结精神。

2. 遵守国家宗教规定

遵守国家宗教政策，尊重宗教禁忌，不触犯宗教禁忌的内容，不对宗教禁忌妄加评论等。

3. 党团员不信教、不传教

从唯物主义世界观出发，中国共产党党员、共青团员不信教、不传教。

4. 警惕邪教

大学生要学会分辨善恶，识别真伪，分清宗教与邪教的本质区别，应当参加合法的社会组织，参与健康向上、有益身心的社会活动。并保持政治警惕性，坚决抵制邪教，也不能参加邪教组织、会道门或其他以祛病健身、修身养性为旗号的非法组织活动。

例如，邪教“法轮功”在西方敌对势力的支持下，在境外的活动仍然很是猖獗，在境内的破坏活动也不断升级。他们利用网络等手段进行投寄非法传单、传送攻击党和政府的录音电话的事件也在不断发生。我们与“法轮功”的斗争尚在继续。

大学生应站在党和人民一起，坚决与邪教进行斗争，用实际行动来反对邪教，反对迷信，维护校园和社会的安全稳定。一旦发现有人利用会道门、邪教组织或者利用迷信蒙骗群众、危害社会治安等情况，要及时向学校保卫部门或公安部门举报。

小贴士

警惕以封建迷信为手段的诈骗

(1) 打着看房子、宅基地、墓地风水为名进行欺诈。施骗者先通过聊天或是花钱购买信息的方式，掌握曾出过变故的家庭情况；再以风水师身份进家看风水，通过之前了解到的情况骗取信任，以风水“不好”，转运为由，达到诈骗的目的。

(2) 以测“八字”、看姻缘为由行骗。这种情况在农村地区比较多见。一些农村家庭在子女找对象前，都习惯找“算命”先生测测“八字”和不和等。不法分子就会借机骗取钱财。

(3) 一些人打着“周易”“面相学”的幌子，凭借三寸不烂之舌骗取钱财。大多数当事人会被说得心花怒放，心满意足，原先所纠结的心理问题也得到了减轻和释放。他们对骗走的钱也就无所谓，甚至不认为是诈骗。

(4) 将名字作为人生运势起落的影响因素，以测名字、起名字为由，大做文章，骗取钱财。网络上也有这样的事发生。

(5) 少数人以“偏方”“土方”或是模仿“巫婆神汉”来“跳大神”“借魂”等方式治病为由，进行诈骗。

(6) 假冒僧人、道士入户，以“化缘消灾”“行医看病”、祛灾祈福为由行骗。

(7) 以赠送“开光护身符”等为借口，要求购买佛珠、佛像，或者要求在“功德簿”上签字，便可以在碑上留名，以此诱骗钱财，还会趁当事人不注意时盗窃其家中、身上的财物。

注意：

(1) 凡是佛教弟子均有合法证书，并能在国家佛教网上查询到该人的相关信息。仅凭穿僧衣、戴僧帽，手持念珠，怀揣皈依证，持有“中国佛教协会”会员证等证件，是不能证明其身份的真实性的。

(2) 出家人不得在宗教场所以外的地方化缘。凡是在居民住宅、闹市区等非宗教场所出现的化缘僧尼，均可认定为假僧尼。

(3) 一旦发现有类似假僧尼诈骗或盗窃的行为，请及时报警。

三、大学生犯罪及其预防

近年来，大学生违法犯罪现象日益严重，呈上升趋势。大学生犯罪不仅成为突出的治安问题，而且已经成为严重的社会问题。“十年树木，百年树人。”研究与解决大学生违法犯罪问题，是高校教育、管理、服务、工作面临的一个严峻课题，具有重要的现实意义和战略意义。

(一) 大学生犯罪的概念

根据我国《刑法》第13条的规定，犯罪具有以下三个特征：犯罪是危害社会的行为，即具有一定的社会危害性；犯罪是触犯刑律的行为，即具有刑事违法性；犯罪是应受刑罚处罚的行为，即具有应受刑罚惩罚性。

因此，大学生犯罪是指在校大学生所实施的具有一定的社会危害性、触犯刑法、应受刑罚处罚的行为。大学生犯罪更突出“在校大学生”这一犯罪的主体性特征。一般说来，有不少大学生犯罪人是清楚知晓自己行为的性质和可能承担的法律后果的，但却依然以身试法，企图逃避法律的追究。

(二) 大学生犯罪的特点

1. 大学生犯罪的多样性

(1) 犯罪类型多样化。据有关部门的统计，我国刑法分则中规定的犯罪有十类共四百多种，而目前大学生犯罪至少已涉及五类数十种之多，涵盖了政治、经济、刑事等各个方面。例如，以颠覆国家政权为目的，进行分裂国家、破坏国家统一的，向境外机构非法提供国家秘密危害国家安全罪；以非法获取他人财产为目的，进行暴力抢劫、诈骗和盗窃数额巨大的侵犯财产罪；以泄私愤、打击报复为目的，实施放火、投毒的危害公共安全罪；以损人利己为目的，进行凶杀、伤害、强奸、绑架的侵犯人身权利罪；还有赌博、吸毒、贩卖或传播淫秽物品、卖淫嫖娼等妨害社会管理秩序罪等。根据司法部门的统计数字，大学生犯罪中盗窃罪占全部犯罪的66.7%，人身伤害罪占19.05%，诈骗罪占9.52%，性犯罪占4.67%。

(2) 犯罪人员层次复杂化。大学生犯罪人员层次复杂。性别上，有男也有女。年龄上，有大也有小。学历上，有高也有低，大专、本科、硕士、博士都有。政治面貌上，有普通群众，也有共青团员或共产党员。平时表现上，既有较差的学生、一般的学生，也有高材生、三好学生或学生干部。地域上，有农村的学生，也有城市的学生。有经济条件好的学生，也有经济条件差的学生。既有历史上有劣迹的学生，也有初犯的学生。

2. 大学生犯罪具有高智能性

大学生受过高等教育，知识面较宽，抽象思维能力较强，常把自己掌握的科学技术知识运用于犯罪活动中，其犯罪具有较高的智能性、诡秘性，往往有预谋、有准备。有的大学生还会悉心研究侦探小说，或国内外刑事案件中的作案手法与反侦查技术手段，更体现了其智能性。

其中，大学生犯罪高智能性的一个重要方面就是利用计算机网络犯罪，其具有以下特点：犯罪人年龄趋向年轻化，平均年龄仅约为25岁；犯罪人具有专业知识和熟练的技能，手段隐蔽，往往不留任何痕迹；共同作案，由计算机专家负责“技术”，外围成员负责转化为经济收益；趋于国际化。

3. 大学生犯罪时间的规律性

大学生犯罪时间具有规律性，每学期开学初、期末和毕业季都是“敏感”时期。一些学生考试受挫、重修、降留级、恋爱突变、就业问题、同学恩怨，或由于打球、打牌发生了争执，或是对学校的管理制度有意见等，容易产生异常心态，发生酗酒滋事、打架斗殴、损坏公物、盗窃、凶杀等违法犯罪现象，产生被拘留、记过处分、留校观察、取消学位甚至被判刑、剥夺生命的后果。

4. 大学生犯罪的突发性

所谓突发性犯罪是指在日常生活中，由某些特定事件所引起的突然的、具有短促而强烈情绪支配的、冲破微弱的意志力自控而实施的造成社会危害的，依照刑法应予处罚的行为。

大学生突发性犯罪的主体绝大多数为男生。他们处于活力旺盛期，具有争强好胜、思想偏激、容易冲动、易走极端等特征。突发性犯罪的动机往往并不复杂，也不一定有预谋，犯罪的过程大多比较突然而简单。即在受到某一事态的强烈刺激下，在短时间甚至一瞬间内急剧涌动起来的心理亢奋状态，来不及更多的思索，便恣意妄为，着手实施犯罪了。

5. 大学生犯罪的团伙性

少数大学生受社会上不良风气和封建意识的影响，“在家靠父母，出外靠朋友”“有福同享，有难同当”，讲“哥们义气”，拉帮结伙，不讲原则，“团伙”意识盛行，导致低级情趣交叉感染，极易产生犯罪环境。一旦其中的个别人有不良动机或犯罪意向，便会出现连锁反应，产生不良群体效应，对社会造成危害。

6. 女大学生犯罪的严重性

女大学生犯罪具有隐蔽性、腐蚀性、享乐性等特征。女大学生的犯罪大都集中在盗窃和性犯罪。据调查，在校女大学生犯罪，从事盗窃和卖淫的占70%，主要是由虚荣心过强、喜欢攀比、贪图享乐造成的。经济利益的驱动，使一些女大学生连最基本的伦理道德也放弃了，令人唏嘘不已。

7. 大学生犯罪的凶残性

一些大学生是极端利己主义者，认定“宁可我负天下人，不可天下人负我”

“人不为己，天诛地灭”的人生信条。他们认识能力低下，争强好胜，观察事物偏激、片面，对问题的分析和判断有时甚至到了愚昧、幼稚的境地，具有胆大妄为、不计后果的心理特征。

（三）大学生犯罪的主观原因

调查表明，多数大学生心智相对健全，知识面广，但认知水平与情绪调控能力比较差，缺乏处理矛盾、危机的能力。一旦有外界因素诱发，他们往往会走上违法犯罪的道路。

1. 错误的人生哲学理念

社会责任感淡薄、对挫折的耐受性差、意志品质弱化、以自我为中心的畸形自我意识，几乎是违法犯罪之人共有的性格特征。

2. 法律素质的缺陷

法律行为是在一定法治观念支配下进行的，有什么样的法治观念，就有什么样的法律行为。大学生希望建立法制健全的国家和社会，用法律进行价值判断时，容易做出正确的选择。但在现实生活中，却很难始终按照正确的法治观念做出正确的行为选择，令人深思。

3. 心理成熟相对于生理成熟的滞后

大学生的生理发育加快，使其对物质和精神的需求急剧增长。但大学生缺乏社会经验，是非辨别能力尚薄弱，自制能力不够强，心理方面也还不够成熟。当其需求超出了社会、家庭以及个人的实际而无法得到满足，又缺乏正确的引导和调节，再加上外界不良环境的熏染，有些大学生就会遏制不住自己的欲望和冲动，很容易走上违法犯罪的道路。

（四）力行“十戒”，预防犯罪

大学生犯罪的教育预防，是指在大学生犯罪行为发生之前，利用社会上的一切积极因素，通过教育的手段约束、抑制、消除诱发和导致大学生犯罪的各种消极因素，以制止、减少和避免大学生犯罪行为的发生。“戒”除以下这些不良的习惯和性格，避免发生“量变”到“质变”的堕落，就可以远离违法犯罪，成为阶下囚的道路。

第一，戒“贪”。“贪”是万恶之源。“贪”是指有很强的物质占有欲，对事物的欲望总不满足，像爱占小便宜、小偷小摸、捡到物品不上交等。如果这种占有欲膨胀，以非法的手段将他人的财物占为己有，严重危害了社会，那就是犯罪。据统计，在我国刑法规定的罪名中，与“贪”字有关的罪约占30%。例如，以非法占有为目的的盗窃罪、抢劫罪、侵占罪以及贪污、受贿罪等。

戒“贪”，应树立正确的消费观，节制而不挥霍，抵制畸形消费，不要染上吸烟、酗酒等恶习。做到“君子爱财，取之有道”，通过正当合法的途径，获得利益。

第二，戒“奢”。“奢”是指花费大量钱财，追求享受，生活奢侈，像攀比吃穿，追求名牌，出手大方，经常出入高档消费场所等。古人云“从俭入奢易，从奢入俭难”，花钱如流水的日子，一旦无法维持，必将导致后续的偷、抢，以继续满足奢欲。

戒“奢”，应树立艰苦奋斗、勤劳致富的思想，反对奢侈浪费，积极参加社会实践和工作，养成勤俭节约的生活习惯，并学会理财。

第三，戒“骄”。自豪之“骄”，不但不戒，还应大力提倡和培养。而自高、自大、自满、自以为是之“骄”，则危害极大，必须戒除。染上此“骄”之人往往是非不分，会导致以大欺小、敲诈勒索、拉帮结派，甚至引发打群架、斗殴，进行流氓活动，严重扰乱社会和校园秩序等。

戒“骄”，应谦虚谨慎，积极进取，不耻下问，不能自满，更不能逞强好胜、称王称霸。

第四，戒“假”。“假”是指虚伪、不真实，像假话、假酒、假冒产品等。涉及“假”的犯罪，有以非法占有为目的，用虚构事实或者隐瞒真相的方法，骗取公私财物的诈骗罪。我国政府对“假”采取了一系列措施，予以严厉打击，取得了显著成效。

戒“假”，首先，自己不讲假话，不欺骗他人，不用假的情况坑害他人。还要提高对“假”的识别能力，坚决抵制和远离假冒伪劣产品和虚假信息，做到诚实守信，珍惜名誉。

第五，戒“黄”。“黄”即黄色，专指下流、堕落的素材，特指色情，如黄色书刊、黄色录像、色情网络等。“色为杀人不痛之刀。”一些人抵制不住诱惑，被黄色拉下水，走上违法犯罪的道路。

戒“黄”，不是指不去了解性的知识，而是要提倡科学的性教育，学习青春期生理、心理知识，接受性道德教育，增强免疫力。

第六，戒“赌”。“赌”即赌博。由于赌博，倾家荡产、家破人亡的案例不在少数，还极易引发诸如盗窃、抢劫、杀人等犯罪。

戒“赌”，应不参与赌博，培养健康的兴趣和爱好，让自己的休闲生活更加丰富。

第七，戒“毒”。“毒”包括鸦片、吗啡、海洛因、大麻等。吸食这些物品可麻醉人的精神，上瘾成癖，对人体危害非常之大。制造、贩卖、吸食毒品均为各国政府所禁止。

戒“毒”，首先要提高禁毒意识，了解毒品的性质和危害，远离毒品，培养健全人格。

第八，戒“惰”。“惰”指懒惰。法国著名思想家罗曼·罗兰说：“懒惰是很奇怪的东西，它让你以为那是安逸，是休息，是福气；但实际上它所给你的是无聊，是倦怠，是消沉。”

第九，戒“散”。“散”指生活散漫，没有规律，不遵守学校规章制度。

懒惰和散漫的不良习惯一旦养成，苦恼也就接踵而来了。

戒“惰”“散”，应树立纪律、法治观念，树立社会责任感，培养良好的兴趣、爱好，勤奋实干。

第十，戒“妒”。“妒”是指对品德、才能比自己强的人心怀怨恨。“妒”也会产生犯罪，例如故意伤害他人。

戒“妒”，应心胸宽广，树立自信，主动交流，脚踏实地。

大学生应自觉提高思想道德修养与法律素养，学以致用，身体力行，时时警惕犯罪之“念”的产生，做新时代的有为青年。

四、踩踏、恐怖袭击等突发公共事件的应对

案例 1

2014 年 12 月 31 日 23 时 35 分，正值跨年夜活动，很多游客市民聚集在上海外滩迎接新年。外滩陈毅广场东南角通往黄浦江观景平台的人行通道阶梯底部突然有人失衡跌倒，继而引发多人摔倒、叠压，致使发生拥挤踩踏事件，36 人死亡，49 人受伤。（百度百科）

案例 2

2015 年 4 月 20 日 8 点左右，深圳地铁 2 号线黄贝岭站发生踩踏事件。因为一名乘客在下车时突然晕倒，引发混乱，后面的人员不清楚情况，争相下车。事件致十几人受伤，所幸无重伤。（百度百科）

案例 3

2014 年 3 月 1 日 21 时 20 分左右，在云南省昆明市昆明火车站发生了一起以阿不都热依木·库尔班为首的新疆分裂势力一手策划组织的严重暴力恐怖事件。该团伙共有 8 人(6 男 2 女)，现场被公安机关击毙 4 人，击伤抓获 1 人(女)，其余 3 人落网。此案共造成平民 29 人死亡、143 人受伤。

（新浪网）

突发事件，顾名思义，是指突然间发生的重大事件，分为自然事件和人为事件两类。2007 年 8 月 30 日，全国人大常委会颁布了《中华人民共和国突发事件应对法》。该法规定，突发事件是指突然发生，造成或者可能造成严重社会危害，需要采取应急处置措施予以应对的自然灾害、事故灾害、公共卫生事件和社会安全事件。

突发公共事件是指在公共场合发生的突发事件。突发公共事件严重威胁到民众的生命财产安全，是影响社会安全稳定的重大因素。以下重点介绍踩踏、恐怖袭击等突发公共事件的应对。

(一) 踩踏事故的应对

1. 踩踏事故的概念

踩踏事故是群体性的意外伤害事件，是指在聚众集会中，特别是在整个队伍拥挤移动时，突然有人意外跌倒或因弯腰系鞋带而被后面的人推倒，更后面的不明真相的人群依然在前行，从而造成“多米诺骨牌”效应，对跌倒的人踩踏，至倒地者受伤甚至死亡，这又造成进一步的惊慌、加剧的拥挤和新的跌倒者，形成恶性循环。

2. 踩踏事故风险的预防

(1) 集会等大型活动的组织者应事先做好安全预案，做好处置各类突发公共事件的应急准备和现场管理工作。

(2) 集会等大型活动的参加者应严格遵守公共秩序，按照现场管理人员的要求和规则行事：

① 留意观察现场的安全通道和出入口。

② 在拥挤的人群中，时刻保持警惕。当发现有人情绪不对，或人群开始骚动时，要立即做好保护自身的准备。

③ 当发现前面突然有人摔倒，应马上停下脚步，并在第一时间内大声呼喊，尽快让人群知道发生了什么事情，不要再向前靠近。如身边还带有孩子，应尽快把孩子抱起来或者骑在肩膀上，以免孩子被人群挤压、摔倒。

④ 一旦发现拥挤的人群向自己涌来时，应立即避到一旁，如有可能，尽量抓住坚固的物品，如路灯柱、大树等站立，不要倒地；或到路边的超市、咖啡馆以及其他可以暂时躲避的地方避一避。但一定要远离店铺的玻璃窗，以免玻璃破碎扎伤身体；或者也可以与行进的人流保持同方向的、同速度行进。注意，不要奔跑，不要抱头蹲下，不要在人流中弯腰提鞋、系鞋带或捡东西，以免被挤倒踩踏。

⑤ 若身不由己卷入拥挤的人群中不能动弹，一定要先稳住双脚，用一只手紧握另一只手腕，双肘撑开，平置于胸前，腰向前微弯，形成一些空间，使呼吸顺畅，避免受挤压以至呼吸困难而晕倒。必要时，屈膝、提起双脚，即便完全离地，也勿慌张，只要不失去重心，即可避免脚趾受到踩踏。

⑥ 若不慎被挤倒，一定要设法靠近墙壁，面向墙壁，身体蜷成球状，双手紧扣在颈后，有效保护身体的脆弱部位，如头部、颈部、心脏、胸腔、腹腔和阴部等，同时保持呼吸畅通，以防窒息或是被踩成重伤死亡。

⑦ 发生踩踏事件，应立即拨打“110”“119”或“120”等。同时，在医务人员到达现场前，要抓紧时间用科学的方法开展自救和互救。

（二）恐怖袭击的应对

1. 恐怖袭击的概念

恐怖袭击是指恐怖分子人为制造的针对但不仅限于平民及民用设施的、不符合国际道义的攻击方式。恐怖袭击不仅明显直接影响人们的生产生活，也持久地影响着国际政治、公民自由和经济发展等。

2. 常见的恐怖袭击手段

恐怖分子能跨宗教、种族和政治系统，组成团体或独自行动，利用网络或使用一定的战术，引起人们的恐惧，迫使政府向其屈服。这些战术包括爆炸、枪击、劫持、纵火和一些非常规手段等。

3. 恐怖嫌疑人的识别

尽管实施恐怖袭击的嫌疑人脸上不会贴有标签，但是会有一些不同寻常的举止行为可以引起我们的警惕：神情恐慌、言行异常；冒称熟人、假献殷勤；着装、携带物品与其身份明显不符，或与季节不协调；在检查过程中，催促检查或态度蛮横、不愿接受检查；频繁出入大型活动场所；反复在警戒区附近现身；疑似公安部门通报的嫌疑人员。

4. 可疑车辆的识别

(1) 状态异常。

① 车辆结合部位及边角外部的车漆颜色与车辆颜色不同，或车辆已改色。

② 车体表面附有异常的导线或细绳，车的门锁、后备厢锁、车窗玻璃有撬压破损痕迹或异物填塞，车灯破损等。

(2) 车辆停留异常。违反规定，停留在水、电、气等重要基础设施附近，或人员密集的场所。

(3) 车内人员异常。发现警察后，启动车辆逃跑、躲避。

5. 爆炸恐怖袭击

爆炸恐怖袭击包括路旁炸弹爆炸、汽车炸弹爆炸、自杀性人体炸弹爆炸等。

(1) 可疑爆炸物的识别。在不触动可疑物品的前提下，充分发挥眼睛、耳朵、鼻子的功能。

① 看。由表及里、由远及近、由上到下，全方位地观察、识别、判断可疑物品或可疑部位是否有隐藏的爆炸装置。

② 听。在寂静的环境中，用耳朵倾听，是否有异常声响。

③ 嗅。用鼻子嗅，是否有异味。例如，黑火药含有硫黄，会发出臭鸡蛋(硫化氢)的气味；自制硝铵炸药的硝酸铵会分解出明显的氨水味等。

(2) 有可能被放置爆炸物的公共场所。标志性建筑物或其附近的建筑物内外；重大活动场合，如大型运动会、检阅、演出、朝拜、游玩和展览等场所；人口相对聚集的场所，如商场、超市、车站、机场、码头、学校、宾馆、饭店、影剧院、体育场馆等；行李、包裹、食品、手提包及各种日用品之中；娱乐城、歌舞厅、洗浴中心及其他闲杂人员容易隐蔽和进出的场所；公交车、火车、轮船、飞机等各种交通工具上；易于接近，且能够实现其爆炸目的的其他地点。

(3) 发现可疑爆炸物的处理：不要触动，及时报警；迅速、有序撤离，不要互相拥挤，以免发生踩踏，造成伤亡；协助警方调查；目击者应尽量识别可疑爆炸物发现的时间、位置、外观、大小，有无人动过等情况，如有可能，就用手机、照相机或者摄像机照相或录像，以便为警方提供有价值的线索。

(4) 遇有匿名威胁爆炸或扬言爆炸的应对。“宁可信其有，不可信其无”，不能心存侥幸心理。尽快从“现场”撤离。细致观察周围的可疑人、事、物。迅速报警、让警方了解情况。用手机、照相机或者摄像机等将“现场”记录下来。

(5) 地铁内发生爆炸的应对。

① 迅速按下列车的报警按钮，使司机在监视器上获取报警信号。

② 依靠车内的消防器材进行灭火。

③ 列车在运行期间，不要有拉门、砸窗或跳车等危险行为。

④ 在隧道内疏散时，听从指挥，沉着冷静、紧张有序地通过车头或车尾的疏散门进入隧道，向邻近车站撤离。

⑤ 寻找简易防护物，如衣服、纸巾等捂鼻，采用低姿势撤离。视线不清时，用手摸着墙壁撤离。

⑥ 受到火灾威胁时，不要盲目跟从人流相互拥挤、乱冲乱摸，要朝明亮处，迎着新鲜空气跑。

⑦ 身上着火时，不要奔跑，应就地打滚或用厚重衣物压灭。

⑧ 注意观察现场可疑人、事、物，协助警方调查。

⑨ 平时乘坐地铁时，应注意熟悉环境，留心地铁的消防设施和安全装置所在位置。

（6）大型体育场馆、娱乐场所、宾馆饭店、商场与集贸市场发生爆炸的应对。

① 保持镇静，服从工作人员和专门人员的指挥，迅速选择最近的安全出口，有序撤离爆炸现场，避免拥挤、踩踏等事件造成伤亡。例如，体育场馆内的观众应按照场内的疏散指示和标志，从看台到疏散口，再撤离到场馆外；场馆内部工作人员以及运动员，应根据沿途的疏散指示和标志，通过内部通道疏散。

撤离过程中，注意避免进入存有易燃、易爆物品的危险地点；注意避开临时搭建的货架，以免因坍塌造成新的伤害；注意避开脚下的物品，一旦摔倒，应设法让身体靠近墙根或其他支撑物。

② 如现场条件所限，无法迅速撤离现场，应迅速就近寻找简易的遮挡物卧倒、隐蔽，护住身体的重要部位和器官，等待救援。

③ 不要因顾及贵重物品而贻误宝贵的逃生时间。

④ 不要用打火机点火照明，以免再次形成爆炸或燃烧。

⑤ 积极实施必要的自救和互救。

⑥ 拨打报警电话“110”，或拨打该场所的报警电话报警，客观详细地说明最重要的内容，包括事件发生的时间、地点、经过以及后果等。

⑦ 注意观察现场可疑人、事、物，并协助警方调查。

6. 枪击恐怖袭击

枪击恐怖袭击包括手枪射击、制式步枪射击或冲锋枪射击等。

（1）遇到枪击时，选择掩蔽物。应选择密度质地不易被穿透的、能够挡住自己身体的掩蔽物。如墙体、立柱、大树干、汽车前部及轮胎等。

有些物体质地密度大，但体积过小，不足以完全挡住身体，就起不到掩蔽目的。另一些不规则的物体容易产生跳弹，掩蔽其后容易被跳弹伤及，如假山、观赏石等。而木门、柜台、垃圾桶、灌木丛等虽不能够挡住子弹，不能作为掩蔽体，但能够提供躲避作用，不容易被恐怖分子在第一时间发现，为逃生提供时间。

（2）在公交车上遇到枪击的应对。

① 迅速低头隐蔽于前排座椅后，或蹲下、趴下，不要站立。

② 马上拨打“110”报警，说明枪击的公交线路和站点、受枪击的方向、枪击来自车外还是车内，以及是否有人受伤等。

③ 情况不明时，不要下车。确定枪击方向后，下车，利用车体做掩护，沿着枪击相反的方向快速撤离。

④ 到达安全区域后，及时检查是否受伤，并实施自救和互救，耐心等待救援。

⑤ 积极向警方提供现场信息，协助警方控制局面并破案。

（3）在地铁上遇到枪击的应对。

① 快速蹲下，尽可能背靠车体，或者趴下，不要随意站起走动。

② 通过车厢紧急报警按钮进行报警。

③ 判明情况后，快速撤离到较为安全的车厢内。等车到站后，迅速下车撤离。注意在车门和出站口避免拥挤，听从站台工作人员指挥，有秩序地撤出。如果车辆中途停在隧道内，不要急于破窗跳车，以免出现其他伤害。

④ 到达安全区域后，检查是否受伤，及时进行自救互救，安心等待救援。

⑤ 向警方提供现场信息，协助警方调查和破案。

（4）大型商场、宾馆、饭店或娱乐场所遇到枪击的应对。

① 在室内遇到枪击时，要快速降低身体姿势，利用遮蔽物等躲避，并迅速向紧急出口撤离。万一来不及撤离，就近趴下、蹲下或隐蔽于柜台、衣架、桌子、沙发、床、吧台、立柱等掩蔽物后，等待救援。

② 如果听到室外枪击声，及时利用隐蔽物躲避，但不要躲避在门后或壁橱内，不要出来观看。

③ 及时拨打“110”报警，或拨打该场所的报警电话报警，客观详细地说明事件发生的时间、地点、经过以及后果等。

④ 检查伤情，实施自救和互救，等待救援。

⑤ 向警方提供现场信息，协助警方调查和破案。

7. 被恐怖分子劫持后的应对

劫持包括劫持人，劫持车、船、飞机等。

（1）保持冷静，不要反抗。

（2）不对视，不对话，趴在地上，动作要缓慢。

（3）尽可能保留和隐藏自己的通信工具，及时把手机改为静音，适时用短信等方式向警方求救，说明所在位置、人质数量和恐怖分子人数等。

（4）注意观察恐怖分子的人数、头目，便于事后提供证言。

（5）在警方发起突击的瞬间，尽可能趴在地上，并在警方的掩护下迅速离开现场。

8. 纵火恐怖袭击

（1）驾车经隧道，遇到纵火恐怖袭击的应对。

① 当驾驶车辆在隧道里通过时，发现前方有异常火光和烟雾，应当马上刹车观察，并注意关好门窗。

② 隧道里设计有避难所或安全通道，要沉着冷静，寻找最近的避难地点，或从最近的安全通道逃离火场。

③ 隧道火灾的火势发展蔓延很快，不要有侥幸心理，要立即下车逃离，严禁在车里避难。

（2）在地铁内遇到纵火恐怖袭击的应对。

① 沉着冷静，及时报警。可以用自己的手机拨打“119”，也可按车厢内的紧急报警按钮，条件允许时用车厢内灭火器灭火自救。

② 如果火势蔓延迅速，逃至相对安全的车厢，关闭车厢门，防止蔓延，赢得逃离时间。

③ 列车到站时，听从工作人员指挥，有序撤离。

④ 如遇停电，则按照应急灯的指示标志，朝背离火源的方向有序逃生。

⑤ 若车门打不开，可利用身边的坚硬物品砸破车门。同时将携带的衣物、纸巾沾湿，捂住口鼻，低身逃离。一旦身上着火，可就地打滚或请他人协助用厚重的衣物压灭火苗。

9. 非常规恐怖袭击

非常规恐怖袭击主要有化学恐怖袭击、核与辐射恐怖袭击、生物恐怖袭击等。

（1）化学恐怖袭击。

① 化学恐怖袭击是指利用有毒、有害化学物质侵害人、食品、饮用水与城市的重要基础设施等。如东京地铁沙林毒气袭击事件。异常情况有，异常的气味，如大蒜味、辛辣味、苦杏仁味等；异常的现象，如异常的烟雾、大量昆虫死亡、植物的异常变化等；出现异常物品，如遗弃的防毒面具、装有不明粉末或液体的容器等。一般情况下当人受到化学毒剂或毒物的侵害后，会出现不同程度的不适感觉，如恶心、胸闷、惊厥、皮疹等。

② 遇到化学恐怖袭击的应对。不要惊慌，进一步判明情况。化学恐怖袭击多利用空气为传播介质，使人在呼吸到有毒空气时中毒。利用环境设施和随身携带的物品遮掩身体和口鼻，避免或减少毒物的侵袭和吸入。尽快寻找出口，迅

速有序地离开污染源或污染区域，尽量逆风撤离。及时报警，请求救助。进行必要的自救互救，可采取催吐、洗胃等方法，加快毒物的排出。听从相关人员的指挥，配合相关部门做好后续工作，积极为警方提供破案线索。

（2）核与辐射恐怖袭击。

① 核与辐射恐怖袭击是指通过核爆炸或放射性物质的散布，造成环境污染，或使人受到辐射照射。

② 遇到核与辐射恐怖袭击的应对。不要惊慌，进一步判明情况。尽快有序撤离到相对安全的地方，远离辐射源。利用随身携带的物品遮掩口鼻，防止或减少放射性灰尘的吸入。及时报警，请求救助。听从相关人员的指挥，配合相关部门做好后续工作，积极为警方提供破案线索。

（3）生物恐怖袭击。

① 生物恐怖袭击是指利用有害生物或其产品侵害人、农作物、家畜等。

② 遇到生物恐怖袭击的应对。微生物恐怖袭击后48～72小时，或毒素恐怖袭击几分钟至几小时，会出现规模性的人员伤亡。不要惊慌，尽量保持镇静，判明情况。利用环境设施和随身携带的物品，遮掩身体和口鼻，避免或减少病原体的侵袭和吸入。尽快寻找出口，迅速有序地离开污染源或污染区域。及时报警。可拨打“110”“119”“120”报警。不要回家或到人员多的地方，以避免扩大病源污染。听从相关人员的指挥，配合相关部门做好后续工作，积极为警方提供破案线索。

小　结

大学生应当牢固掌握科学文化知识，坚持马克思主义的辩证唯物主义和历史唯物主义，对国家安全、公共安全、社会治安状况等有直观的体验和正确的理性认识，积极提高自我保护和防御的能力，做到学法、遵法、守法、护法，态度鲜明地拒绝邪教迷信，避免各类伤害事故的发生，积极维护民族团结和社会的安全稳定。

思考题

1. 如何把握当前的国际政治经济发展局势。
2. 邪教有哪些特征？
3. 我国的宗教政策是什么？

4. 如果你的亲友参加了会道门、邪教组织或搞迷信活动，你该怎么办？

5. 大学生犯罪有哪些特点？

6. 收集云南大学马加爵、西安音乐学院药家鑫、复旦大学林森浩杀人案的报道，谈谈这三位大学生的违法犯罪案件的警示意义。

7. 如何避免大学生违法犯罪。

8. 如何预防踩踏事故的发生。

9. 如何识别恐怖嫌疑人。

10. 公共场所发生爆炸如何应对。

第十一讲

自然灾害的防救

导读

由于自然的运动规律和人类对自然的过度开发，近年来，地震、水灾、雷电、沙尘暴、寒潮、雪灾、台风、崩塌、滑坡、泥石流、海啸等自然灾害日益频繁、复杂和严重。在灾难面前，人类的生命如此脆弱，不堪一击。从某种程度上说，我国每年灾害损失较大的原因主要是民众防灾、减灾意识的淡薄和应急能力的不足。

“明者防祸于未萌，智者图患于将来。”大学生是国家、民族的未来和栋梁，是社会最具活力和生机的力量，肩负着推动社会发展的历史重任。这必然要求大学生们具备灾害风险意识、防灾减灾的知识以及应对灾害的思想准备、心理素质和应急处置能力。

一、地震的防救

案例

2008年5月12日，四川汶川发生里氏8.0级特大地震。灾害发生后，全国人民众志成城、抗震救灾，表现出了前所未有的团结与坚强。为了表达对地震遇难者的纪念，弘扬团结抗灾的精神，经国务院批准，自2009年起，每年5月12日为全国“防灾减灾日”。（新浪网）

地震是一种极其频繁的自然现象，是由地壳的剧烈运动引起的突然而强烈的震动,是世界上最严重的自然灾害之一。全球每年发生地震约550万次。

(一) 地震的产生

地震所引起的地面振动是一种复杂的运动,它是由纵波和横波共同作用的结果。在震中区,纵波使地面上下颠动,横波使地面水平晃动。当某地发生一个较大的地震时,在一段时间内,往往会发生一系列的地震,其中最大的一个地震叫主震,主震前后的地震分别叫前震和余震。

(二) 地震大小的标准

小于里氏 2.5 级的地震,人们一般不易感觉到,称为小震或微震。里氏 2.5~5.0级的地震,震中附近的人会有不同程度的感觉,称为有感地震。全世界每年大约发生十几万次这样级别的地震。里氏 4.5 级以上的地震可以在全球范围内被监测到。大于里氏 5.0 级的地震,会造成建筑物不同程度的损坏,称为破坏性地震。

(三) 地震的危害

地震不仅会造成严重的人员伤亡,损坏房屋、桥梁、大坝等工程设施,还会引发火灾、水灾、有毒气体泄漏、细菌及放射性物质扩散,甚至可能形成海啸、滑坡、崩塌、地裂缝等次生灾害。有的次生灾害的影响甚至超过地震的直接损失。

人类是渺小的,地震是可怕的。虽然我们无法阻止地震的发生,但却可以采取有效的措施,以最大限度地减轻地震造成的灾难。

(四) 地震前兆

地震前,自然界出现的与地震有关的现象称为地震前兆。这些地震前兆有助于人们及时做出有效判断,提前做好地震的防护工作。人的感官能够直接觉察到的地震前兆有以下几种:

1. 地光

地震发生之前很短的时间,在震中或附近地区常常出现形态各异的地光,以白、红、黄、蓝色较为常见。

2. 地鸣

地光和地鸣同时发出,人们先看到地光,之后再听到地鸣。地鸣有时像一列很长的货运火车通过的声音,“嗯——嗯——”,持续一段时间,有时像“雷鸣声”,有时像狂风、炮鸣、狮吼或是激烈的“枪炮声”等。

3. 地震云

地震云是地震即将发生时，震区上空出现的白色、灰色、橙色、橘红色等带状云。其分布方向同震中垂直，一般出现于早晨和傍晚。地震云的高度可达6 000米以上，相当于气象云中高云类的高度。

4. 地下水异常

井水的水面突然出现升降、变浑、变色、变味、浮油花、冒气泡等异常现象，同时发出"咕噜、咕噜"的打雷声。

5. 动物出现异常反应

动物园里老虎、狮子萎靡不振、卧地不起；蛇爬出洞来长距离迁移；牛马骡羊不进圈、不吃草、嘶鸣不断；猪不吃食；狗坐立不安、狂叫不止、不吃不喝；大猫携着小猫跑；鸡鸭鹅傍晚不进笼，乱飞乱叫；老鼠痴呆搬家逃；鸽子惊飞不回巢；鸟飞上树高声叫；兔子竖耳蹦又撞；鱼儿惊慌水面跳；蜜蜂群迁闹哄哄等。

6. 前震

有的大地震在发生前几天或几小时，会发生一系列小震。

(五) 地震的紧急防护措施

当得到政府相关部门的地震预警后，应立即进行震前准备，努力将地震损害降到最低。

1. 安全准备的检测

(1) 评估房屋的防震能力，空调、天线等室外设施应考虑加固。

(2) 清理杂物、堆积物，使得门口、通道通畅无阻。

(3) 将牢固的家具下部清空，以备藏身之用。

(4) 用"L"型工具、支撑棒等加固家具和床体，以防其倾倒。

(5) 物体摆放原则是"轻在上，重在下"。悬挂的镜子、带框壁画等应取下，以免砸伤人。

(6) 玻璃上应贴上透明胶，形成"米"字形，以防玻璃震碎，飞散伤人。

(7) 确认厨房等用火场所附近无易燃易爆物品。

(8) 确认电器的断电开关位置，及时断电。

(9) 准备必需的灭火器材。

(10) 搭建防震棚，以便安身躲藏。

2. 必需物品的准备

配备一个防震包，包扎结实，置于易取处。包内应携带：

(1) 水、食品和日用品。充足的清洁水，便于保存的速食、熟食和卫生纸、毛巾等日用品。

(2) 药品。绷带、胶带、消毒水、创可贴、消炎药、黄连素和扑热息痛片等。

(3) 必需物品。食盐、电池、手电筒、应急灯(充好电)、袖珍收音机、手机、塑料袋、优质工作手套、哨子、小刀、铁铲、钳子、锥子、绳子等。

(4) 贵重物品。储蓄卡、存折、现金和首饰等。

(5) 证件。身份证、医保卡和记载个人血型等基本情况的卡片等。

3. 应掌握的必要信息

(1) 熟知急救电话,匪警"110"、消防"119"、医疗急救"120"。

(2) 了解医生、医院和药店的位置。

(3) 知道通往附近开阔地段的最佳路线。

(4) 了解相关部门和管理人员的电话。

地震前的安全准备工作,对于地震的防护是有着重要的意义和价值的。只有将准备工作做到充分、有序、有效,才能在地震的应对中做到冷静坦然,心中有数。

(六) 地震的应急避险

一般来说,小地震和远方的地震是不必外逃的。其他类型的地震则要充分重视,积极开展应急避险。

1. 将门打开,确保出口

感觉到小晃动时,立即将门打开,以避免地震的晃动造成门窗错位,无法打开。

2. 不要惊慌地朝户外跑

从地震发生到房屋倒塌,一般有 12 秒的时间。如果是平房,可迅速夺门而出。如果门变形打不开,破窗而出也是可以的。外逃时,注意用枕头、被子、毛衣、坐垫、脸盆、书包或课本等护住头部。如果在高层,则不要下楼,除非能在短短 12 秒内跑到安全地带。许多案例表明,如果慌慌张张地向外跑,碎玻璃、屋顶上的砖瓦或广告牌等掉下来砸在身上,反而更危险。

3. 不能乘坐电梯

地震时,千万不要乘坐电梯! 万一在搭乘电梯时遇到地震,立即将面板上各楼层的按钮全部按下。电梯一旦停下,迅速离开。万一被困在电梯中,应通过电梯中的专用电话求助。

4. 室内避震

地震时,大的晃动时间约为 60 秒,应迅速选择易形成"生命三角区"的空间躲避。如卫生间、厨房、储藏室等狭小空间,和承重墙(注意避开外墙)墙角或重心较低且牢固结实的桌子、床及坚固的家具旁。注意避开容易倒塌的空调、电扇、吊灯、书架、玻璃门窗和广告牌等。

躲避的姿势是：蹲下或坐下，尽量蜷曲身体，降低身体重心，抓住牢固的物体。掩住口鼻和耳朵，防止灰尘和泥沙灌入。注意保护头部、颈部。

在书店、车站、体育馆、电影院、商场等公共场所遇到地震时，应有组织地从多路口快速疏散。特别是当场内断电时，不要乱喊乱叫，更不要乱挤乱拥，避免发生踩踏事件。

5. 户外避震

发生地震时人在户外，应选择开阔地点蹲下或趴下，避开狭窄街道、危墙、楼房、水塔和立交桥等建筑物，远离路灯、烟囱、电线杆和广告牌等危险物、悬挂物，远离石化、煤气等易燃、易爆、化学有毒的工厂或设施。

如果身处野外，要避开山脚、陡崖等。因为这些地方有发生山崩、断崖落石、泥石流、滑坡等的危险。

在海岸边，当感知地震或听到海啸警报时，要尽快远离海岸线，以躲避因地震可能引发的海啸。

6. 行车过程中避震

地震时，汽车难以驾驶，要迅速打开双闪灯，靠路边停下，不要冒险穿越长桥、堤坝和隧道等危险地带。

如果在行驶的公共汽车或火车内遭遇地震，要第一时间抓牢扶手、柱子或座椅等，紧缩身体，抬膝护腹，护住后脑部，并注意防止行李从货架上砸下伤人。千万不要跳车！

务必谨记：地震中，千万不要跳楼！不要站在窗户旁！不要到阳台上去！不要随便点明火！因为空气中可能有易燃易爆气体。做到不信谣，不传谣，不轻举妄动，相信从政府部门直接得到的信息！

（七）地震中的自救与互救

地震中不幸被废墟埋压，要尽量保持冷静，理性分析所处环境，寻找出路或等待救援。资料显示，地震中不少无辜者并非因房屋倒塌被砸伤或挤压致死，而是由于精神崩溃，在极度恐惧中“扼杀”了自己。

1. 应急自救

（1）设法将双手从压塌物中抽出来，清除头部、胸前的杂物和口鼻附近的灰土，设法保障呼吸畅通，并移开身边较大的杂物，以免再次被砸伤。

（2）尽量将生存空间扩大，保持足够的空气。可就地取材，用砖头、木头等支撑可能塌落的物体。

(3) 闻到煤气、毒气时,用湿毛巾、湿衣服或手等物,捂住口、鼻,避免吸入。

(4) 观察四周有无通道或光亮,尽量朝着通风和有光线的地方移动。或可设法用手和其他工具开辟通道逃出。但如果费时、费力过多,则应停止,保存体力重要。

(5) 听到救援者靠近时就呼救。可通过吹哨子、用硬物敲击铁管、墙壁等方式,发出求救信号。

(6) 如果暂时不能脱险,应注意保存体力,尽力寻找食物和水,并节约使用,耐心等待救援。不要大喊大叫,因为长期的无效呼喊,会消耗大量体力,反而弱化求生的信念。

2. 积极互救

根据"先救近,后救远;先救易,后救难;先救多,后救少"的原则,先抢救附近的埋压者、建筑物边缘瓦砾中的幸存者以及学校、医院、宾馆等人员密集处容易获救的幸存者。

(1) 根据房屋结构,确定被埋人员的位置。不要破坏被埋压人员所处空间周围的支撑条件,以免引起新的垮塌,使被埋压人员再次遇险。

(2) 注意搜听被困人员的呼喊、呻吟或敲击声等。

(3) 抢救被埋压人员时,应使用小型轻便的工具,不可用利器刨挖。挖扒中如果尘土太大,应喷水降尘,以免埋压者窒息。

(4) 接近被埋压人员时,应手工谨慎挖掘,要先使其头部暴露,清除其口、鼻中的尘土,再将胸腹部和身体其他部位露出,切不可强行拖拽。若一时无法救出,可先提供水、食物和药品给被埋压人员。

(5) 对在黑暗、饥渴或窒息环境下埋压过久的人员,救出后应蒙上其眼睛,不要让强光刺激,也不可一下进食太多、太急。

(6) 抢救出的危重伤员,应迅速送往医疗点或医院,不要安置在破损的建筑物或废墟中,以防余震袭击。

(7) 抢救出来的轻伤幸存者,可迅速充实扩大救援队伍,以便有效地开展救助活动。

二、水灾的防救

河流漫溢,导致河水冲垮堤坝,就会发生水灾。河流漫溢多是由一个流域内的暴雨、融雪、冰凌、风暴潮或拦洪设施溃决等原因引发的。

(一) 防范水灾的前期准备

1. 选择适当的撤离路线

根据政府部门发布的洪水信息和自己的所处位置,选择适当的撤离路线,并尽早撤离危险区域。

2. 准备好饮用水和食物等生活必需品

准备好足够的饮用水和便于携带、可长期保存的食物,以及其他生活必需品。

3. 准备好漂浮器材

根据当地的条件,准备好各类漂浮器材,如木盆、塑料盆、大塑料、竹排、木排、气垫船或救生衣等。

4. 做好财务保管

将不便携带的物品拍照,进行防水处理后,埋入地下深处或放在高处。票款、珠宝等容易携带的物件,可以缝入随身内衣。

5. 备好各类通信设备

准备好手机、话筒、喇叭、口哨和醒目的衣物,便于求救和搜救时使用。

(二) 水灾中的自救互救

1. 登高暂避

登上楼房、山坡、高地、地基牢固的屋顶或避洪台。当情况危急时,可就近攀爬到高大粗壮的树木或高墙、屋顶上等。

2. 驾车逃离险地

车辆提前加满油。行车时遵从警示牌的指示,注意避让障碍物。注意,一旦洪水漫过车身,则要及时逃出车辆。

3. 灵活使用各类漂浮器材

如暂避地点无法起到作用,应及时利用已备好的漂浮器材逃生,或就近利用浮木、门板、桌椅等可以漂浮的物品转移。万一被卷入洪水中,要尽可能地抓住固定或漂浮的物件。假如发现他人落水,可能的话,应迅速将漂浮器材扔到落水者附近,以对其实施救助。

4. 理性求救

被洪水包围时,应沉着冷静,及时与当地防汛部门取得联系,报告准确位置,以寻求援助。

5. 应该避免的行为

(1) 千万不要惊慌失措、大喊大叫，这样只会增加紧张情绪，消耗体力，于事无补。

(2) 千万不要游泳逃生。因为洪水的力量强大，游泳者一旦体力不支，会有更大的生命危险。

(3) 千万不要接近或攀爬电线杆、高压线铁塔等。因为水是导体，容易引发触电事故。

(4) 千万不要爬到泥坯屋的屋顶。因为这样的房屋不够坚实，容易在水中泡化，缺乏安全稳定性。

(三) 水灾后的防疫

(1) 讲究饮水卫生，尽可能喝开水。水灾后，水中含有大量的细菌和微生物。人一旦饮用这样的水之后，很容易产生不适和得病。

(2) 注意饮食卫生。食品要煮透、热吃；瓜果要削皮或洗烫后再吃。不吃腐败变质或受污染的食物，以及病死、淹死的动物肉等。

(3) 搞好环境卫生、厨房卫生和个人卫生，尤其是水源卫生。及时、迅速清除淤泥、浊水或粪便等。生活垃圾不要倒入水中。动物的尸体要先焚烧再深埋。

小贴士

1. 山洪的紧急防护措施

山洪是在山地、丘陵等沿河流及溪沟形成的暴涨暴落的洪水。

强降雨后，如果有地声回响、动植物异常，例如蚂蚁搬家，蛇出洞等，则很可能会暴发山洪。这时，应及时向当地政府防汛部门报警，并提醒周围的人员做好防范准备。例如，可以先带着贵重物品，提前转移到安全地带。

洪水来临时，应保持冷静，尽快向高处转移。不要沿着行洪道方向跑，不要边跑边喊。如果不幸被洪水卷走，应尽可能抓住树木和树枝等固定物，可利用手表、镜子、手电筒、手机荧光或敲击声等引起救援人员的注意，以便及时获救。

2. 洪水过后，谨防火灾

洪水过后，极易引发漏电、短路、燃气泄漏爆炸等事故，造成火灾。

(1) 受淹房屋应晾晒几天。房屋进水、墙体湿润，一些电源插座、开关被洪水浸泡后，极易被腐蚀，导致漏电和短路危险。最好先由专业人员检测线路，查看家用漏电保护器是否受潮，合格后才能送电。

(2) 进水家电应及时处理。家电受潮或进水后，水汽附着在电路板或电机上，很容易侵蚀电路。这样不仅会减少家电的使用寿命，也会增加漏电、短路的隐患。

应尽快把家电转移至相对干燥的环境里，并请专业维修人员清洗检查。在确定可以使用后，再尝试开机。

(3) 受淹液化气瓶忌暴晒烘烤。长时间潮湿，甚至被水浸泡后，燃气管道或接口会被腐蚀。在使用前，必须经供气部门检查合格后，方可使用。

三、如何防范雷电击伤

雷电，即雷暴，是大气层中，云层间或云和地之间的电位差增大达到一定程度时，发生的猛烈的放电现象。雷电是一种危害程度很高的天气现象，常常伴有大风、强降水或冰雹。

在遭遇突发的强雷电天气时，不正确的避险方式很可能置人于危险的境地。因此，学习雷击防范的相关知识与措施是相当有必要的。

(一) 雷电伤人的方式

雷电伤人的方式主要有四种，即直接雷击、接触电压、旁侧闪击和跨步电压。

1. 直接雷击

即雷电直接袭击人体，流入大地。

2. 接触电压

高大的物体以及物体的尖端更容易被雷击。人在触摸到这些物体时，就很可能会触电。

3. 旁侧闪击

当人站在距被雷击中的物体很近时，闪电就很可能穿越空气间隙对人的身体放电，从而造成触电事故。

4. 跨步电压

雷击点周围会产生电位场。当人身处其中，两腿间就可能产生电压，从而导致强电流通过人的双腿，导致人员伤亡。

(二) 雷电击伤的防范

1. 雷电来临前

(1) 尽量避免户外活动。不要站在高地上，远离山顶、山脊；远离旗杆、树木、电线杆、烟囱等高耸、孤立的物体；远离户外的操场、运动场、露天停车场等开阔的地带，并远离开阔地带的金属物品，如摩托车、自行车、金属骨架的雨伞、铁轨、高尔夫球车及高尔夫球棒等外露金属物体；也不要接近高压电线、变压电器等一切电力设施。

(2) 不要在屋顶上逗留，应紧闭门窗防止雷电进屋。还要尽量远离阳台和外墙壁，放在室外的物品也要加固或搬入室内。

记住：看见闪电后数不到 30 下，就会听到雷声，必须立即进入室内。最后一声雷响过后 30 分钟内要留在室内。

(3) 不要在铁栅栏、金属物上晾晒衣服，也不要靠近或触摸电线、水管、煤气管、铁丝网、金属门窗等电器设备或类似金属装置。因为水管、铁丝网、金属门窗等金属物体都容易导电，而雷电天气又大大增加了其导电性。

(4) 不要在雷电天气洗澡或淋浴，尤其是不要使用太阳能热水器洗澡，以免雷电流有可能沿着水流导致沐浴者遭雷击伤亡。

(5) 保持室内地面的干燥，以及各种电器和金属管线的良好接地。未做任何接地处理的、无防雷措施的或防雷措施不足的电器都存在导电的隐患。

(6) 关闭手机等无线通信工具，不要接听或打出任何电话，也最好不要使用电脑、空调、电视机、洗衣机、微波炉、电磁炉和固定电话等任何家用电器。最好拔掉所有的电源线和网线，及时更换老旧断裂的电路。有条件的家庭最好安装家用电器过电压保护器，即避雷器。可以使用由电池供电的收音机。

2. 雷电发生时

(1) 不要在大树下避雨。当雷电来临之际，躲在大树底下是很危险的。

① 接触电压伤害。当人的身体与大树的躯干或枝干接触，强大的雷电流流经树干入地时，会产生很高的感应电压，可以把人击倒。

② 旁侧闪击伤害。人虽然没有与大树接触，但雷电流流经大树时，会产生很高的电压，足以通过空气对人体进行放电，从而造成伤害。

③ 跨步电压伤害。虽然人没有与大树接触，也与大树有一定的距离。但由于站立在大树底下，当强大的雷电流通过大树，流入地下向四周扩散时，会在不同的地方产生不同的电压，而人体站立的两脚之间存在着电压差，从而导致伤害。

如果只能在大树底下停留，那么必须与树身和树枝保持 2 米以上的距离，并且尽可能蹲下，并拢双脚。这样既可以降低人体的有效高度，又可以预防跨步电压的危害。

(2) 不要在旷野中打雨伞等。旷野中，人体本身就已经是一定范围内的突出物，如果再高举雨伞等，显然就更容易成为雷击的对象。

看见闪电或听到雷声，说明正处于近雷暴的环境中。此时，应该停止行走，低打雨伞，两脚并拢，立即下蹲。待到雷声逐渐远去后，才可以迅速寻找安全地点避雨。如果没有雨伞，也应同样采取上述措施。不宜飞奔狂跑。

(3) 不要待在旷野中的单独的屋棚、岗亭等低矮建筑物内。因为这些低矮建筑物几乎都没有防雷设施，是开阔地面中较高的突出物，容易成为尖端放电的对象而吸引闪电，遭受雷击。

(4) 不要在水面或水陆交界处工作。雷击具有一定的选择性。水的电导率比较高，较地面其他物体更容易吸引雷电。另外，水陆交界处是土壤电阻与水的电阻交汇处，形成一个电阻率变化较大的界面，闪电先导容易趋向这些地方。

雷电时，如果是在大船上，就可以直接躲到船舱里面。如果正在小艇上，或在游泳，则要立即上岸，并找到安全的躲避处。

(5) 不要快速骑摩托车、自行车等。摩托车、自行车再快也快不过雷电。在雷电天气下，应尽快就近寻找安全场所躲避。

(6) 可以躲避在有金属壳体的各种车辆内，关好车门；或者躲在低凹、干燥的山洞里；也可以躲在山涧、峡谷中，同时一定要当心突发的山洪。

(7) 如果确实找不到合适的避雷场所，可以找一块地势较低的地方，团身蹲下，双脚并拢，双手抱头藏在两膝之间，身体向前弯曲，使自己尽可能成为最小的目标。千万不要用手撑地，也不能平躺在地面上，减少与地面的接触。如果感到头发竖起，也应立即这么做。

(8) 不要赤脚站在水泥地上。尽量不要出门，若必须外出，最好穿胶鞋和雨衣。人与人不要挤在一起，彼此要间隔开几米远。

(9) 当高压电线遭雷击落地时，近旁的人必须高度警惕。逃离时，双脚并拢，跳着离开危险地带。如要蹚水，也应避开掉落在积水中的电线。

(三) 雷电击伤的现场急救

雷电击中人体时，雷电流虽然很大，但由于流经人体的时间只是几毫秒，且往往只流经皮肤表面，甚至在皮外短路。大量的雷击抢救实践证明，有一部分遭到雷击后呈现死亡状态的人，并未真正死亡，就是人们通常所说的雷击“假死”现象。此时，若能够立即采取正确的急救措施，如人工呼吸和心脏按压等，往往可以死而复生。若是受雷击烧伤，应迅速扑灭其身上的火。以上两种情况都要立即拨打“120”，送医院治疗。

四、沙尘暴、寒潮、雪灾的防救

(一) 沙尘暴

1. 沙尘暴的概念

沙尘暴多发于我国北方春季,是指强风将本地或外地地面的尘沙吹到空中,使水平能见度小于1千米的天气现象。沙尘暴出现时,天空混浊,一片黄色,对交通运输业、农牧业、工业,以及人们的日常生活带来了不利的影响,还会危害人体的健康。

2. 沙尘暴防护措施

(1) 注意收听天气预报,及时做好防备。

(2) 尽量减少外出,暂停户外活动,尽可能待在安全的地点。必须出门时,应戴口罩、纱巾等,做好防护。

(3) 关闭门窗,屋外的搭建物要确保安全稳固。

(4) 多喝水,吃清淡的食物,不要购买在露天生产、销售的食品。

(5) 骑车、开车时,要减速慢行,远离树木和广告牌等。

(6) 身处危险地带或危房里的居民应转移到安全地带。必要时,学校、商场要停课、停业。

(7) 受影响的机场、火车站、高铁站、高速公路和轮渡码头等,必要时暂时封闭或停航。

(二) 寒潮

1. 寒潮的概念

寒潮指北方寒冷气团迅猛南下,造成急剧降温,常伴有大风、雨、雪天气的现象。寒潮不仅会对交通运输和农牧业造成严重危害,还会损害人们的健康,常引发冻伤和呼吸道、心血管疾病等。我国气象部门规定冷空气侵入造成一天内10°以上的降温,而且最低气温在5°以下,则此次冷空气爆发过程为一次寒潮过程。

2. 寒潮的防护措施

(1) 寒潮来临前。准备防寒外套、手套、帽子、围巾、口罩等。检查暖气设备、火炉等,确保其正常使用。燃煤、燃气、柴等要储备充足。节约能源、资源,室温不要过高。注意汽车防冻。

(2) 寒潮发生时。注意收听天气预报和紧急状况警报。多穿几层舒适、暖和的衣服。可能的话,尽量待在室内。注意饮食规律,多喝水,少喝含咖啡或酒精的饮料等。避免过度劳累，保重身体。

警惕手指、脚趾、耳垂及鼻子失去知觉或出现苍白色。如果出现类似冻伤症状，应立即采取保暖措施，情况严重的还需要快速就医。可以使用暖水袋或电暖宝，但要注意用电安全，防范低温灼伤。

尽量不开车外出，不夜间开车，不单独开车，不疲劳开车。开车外出时，走干道。如果遭遇暴风雪，汽车在高速路上抛锚，必须及时打开双黄灯。尽量待在车内，每小时开动发动机和加热器10分钟来取暖。同时，要稍微打开逆风窗，保证空气流通。

(三) 雪灾

1. 雪灾的概念

雪灾指冬季、春季出现的强降温和大风伴随降雪或大风卷起地面积雪的天气。雪灾可能会造成停水停电、交通阻塞等，对人们的日常生活和农牧业生产造成极大的危害。

2. 雪灾的防护措施

(1) 大雪前。注意收听、收看天气预报。做好防寒过冬的准备，包括室内取暖设施及衣物。准备充足的食物。

(2) 下大雪时。汽车减速慢行，路人当心滑倒。老、弱、病、残、孕和幼儿等应尽量减少外出，并注意防寒保暖。关闭门窗，将室外的搭建物加固，以免被雪压塌，引发安全事故。

(3) 雪停后道路湿滑，常会出现积雪或结冰现象。行人、车辆一定要注意交通安全。请积极参与融雪、道路积雪清扫等工作。

五、台风的防救

台风，术语称“热带气旋”，通常指发生在热带地区急速旋转的低压旋涡。台风常常伴随着强烈的天气变化，如暴雨、巨浪和风暴潮等。我国是台风频发国家，人民的生命、财产受到严重危害。

(一) 台风的前兆

(1) “无风起长浪，不久狂风降。”长浪也称涌浪，在台风到来之前即可观测到，其传播速度比台风快2～3倍。

（2）“跑马云，台风临。”跑马云学名“碎积云”，由形状近似馒头的积云破碎而成，速度快，势如跑马，高度为1～2千米，属低云。

（二）台风的应急避险措施

尽管台风的后果难以预见，但台风是可以准确预报的。一定要慎重对待台风预警，认真做好台风来临前的准备工作。

1. 台风来临前的准备

（1）备足应急物品和照明设施。应急物品，如清洁的饮用水、面包、饼干、方便面等干粮和收音机（带电池）、常用药品及防寒衣物等。照明设施，如手电筒、蜡烛或蓄电的节能灯等照明设备。

（2）留意气象预报。及时了解台风近况。尽量不要外出。必须外出时，尽量乘坐公交车。

（3）检查高空物的摆放。关好门窗，做好空调室外机的安全检查，清理阳台、窗口的衣架，将开放式阳台、窗外的动、植物及其他物品移至屋内。室外容易被吹动的物品要加固，以免飞物伤人。窗户上可以预先用透明胶贴成“米”字形，以增强玻璃的防风强度，防止其破碎后溅到别处。

（4）检查电路、煤气、炉火，确保安全。

（5）疏通下水管，防止进水。检查自家的排水管道，如果有条件最好疏通一遍。特别是一楼的住户，更要把一些不能浸水的电器、物品等尽可能转移到高处。万一室内积水，可在家门口安放挡水板或堆砌土坎。

（6）维修加固。及时对老旧的楼体外墙进行维修和加固，并仔细检查广告牌、玻璃拉门以及其他室外物体是否已安全加固，以防万一。

2. 台风来临时的注意事项

（1）千万不要在玻璃门、窗附近逗留。也千万不要在迎风的一侧开窗户，避免强气流进入后吹倒房屋。应紧闭门窗。

（2）迅速、彻底切断各类电器的电源，断开插座连线，以防雷击。不要在雷雨天使用收音机、手机，因为电波会引来雷击，十分危险。

（3）听从政府相关部门的安排，要求撤离的话应立即撤离，确保人身安全。如无法撤离至安全场所，可就近选择在空间较小的室内，如壁橱、厕所等处躲避，或躺在桌子等坚固物体下面。在高层建筑的人员则应撤到底层来。千万不要在树木、铁塔、电线杆、广告牌、脚手架、临时工棚、危旧住房等容易造成伤亡的地点避风避雨。

（4）在海边或山区，应注意及时排除屋内的积水，并谨防因大风和暴雨引发的山体滑坡、泥石流和地面沉降等地质灾害。一旦发现山体滑坡、泥石流等地质灾害征兆时，务必尽早撤离危险区域，并及时上报相关部门，使周围民众及时撤离。

（5）沿海地区的人们要及时转移到安全地带，不要在河、湖、海堤或桥上行走。因为，台风引发的风暴潮容易冲毁涵闸、堤防、码头、护岸等设施，甚至可能直接冲走附近人员。海上的船只也必须立即远离台风。

（6）台风信号解除前，即使出现短暂的平息，仍然需要保持警戒，不可涉足危险和未知的区域。台风信号解除后，要等撤离区被宣布为“安全”以后才可返回。待相关部门和人员确定煤气、电气、自来水或电器设备等安全后，方可使用。一旦发生危险，要及时报告相关部门。

3. 台风期间外出的注意事项

（1）小心为妙。尽量避免外出。如果一定要外出，要尽量远离海边。遇到风力很大时，要尽量弯腰，不要紧贴老化墙面的大楼，并随时注意道路两侧的围墙、行道树、广告牌、电线杆、树木折枝和阳台花盆等高空坠落物。

（2）穿戴雨具。穿上雨衣或冲锋衣和雨鞋，并把衣服扣好或用带子扎紧，以减少受风面积。如果是骑车，最好把雨衣的前摆用夹子固定在前车筐上。这样，就不会有雨衣被风吹起，遮挡视线的危险了。

（3）谨慎驾车。台风天气能见度较低，在不影响正常行驶和不违反交通规则的情况下，可在车辆上绑上颜色鲜艳、辨识度高的物件，以提醒其他车辆注意避让。在行驶过程中，尤其要保持注意力集中，做到“慢”“稳”“礼让”，并及时打开双闪警示灯，必要时开启大灯。

当风雨太大控制不住车辆时，应立即找个安全的地点停车，尽量不要停在树木、垃圾箱、广告牌、电线杆旁边。如果停在建筑物楼下，应先看看楼上有无花盆、杂物等危险品，以免出现高空坠落物或飞来物。若是停在地下车库，一定要事先确定车库的排水系统是否完善，以免车子被水淹了。

（4）及时收听天气预报及各种通知信息，实时掌握天气的变化状况。如遇紧急情况，应服从有关部门的安全转移。万一涉险，要及时拨打“110”“119”“120”等电话，耐心等待救援，并积极开展自救和互救。

（三）台风过境后的应对措施

（1）保持室内空气流通，注意保暖。及时抢救伤员，不要给昏迷者喂流食，必要时实行人工呼吸。

（2）注意饮食卫生，多喝干净的水，不要过度劳累。

(3) 戴胶皮手套，穿胶皮靴，使用木棍等工具清理残骸。结束后，要及时用肥皂和清水洗手。

(4) 注意安全，小心蛇、虫。

(5) 当心被冲毁的路面、被损坏的电线以及污水、燃气泄漏、碎玻璃和湿滑的地面等，不要进入结构遭到严重破坏或发生煤气泄漏的房屋内。

(6) 及时向有关部门汇报生命损失、道路毁坏、燃气管道损坏、电力系统瘫痪以及化学物品泄漏等安全问题。

六、崩塌、滑坡、泥石流与海啸的安全防范

案例 1

2018 年 10 月 11 日凌晨，西藏昌都市江达县波罗乡境内发生山体滑坡，形成堰塞湖。波罗乡部分房屋、农田被淹，群众被迫转移至临时的过渡安置点。（新浪网）

案例 2

2018 年 10 月 7 日 23 时 10 分左右，受连日强降雨影响，云南省墨江县团田镇复兴村搬粮坡组发生山洪泥石流灾害，造成 1 人死亡、3 人失联。（新浪网）

案例 3

2004 年 12 月 26 日上午，年仅 10 岁的英国小姑娘蒂莉·史密斯正与家人在泰国普吉岛享受阳光和沙滩。突然，蒂莉发现海水开始变得有些古怪，冒着气泡，潮水突然退下。凭借着自己在学校里所学的地理知识，她预测将有威力强大的海啸发生。刚开始大家还不信，幸好小姑娘的父母成功说服了海滩救援人员，整个海滩和邻近旅店的 100 多人迅速撤离海滩，幸免于难。

据统计，2004 年印度洋大海啸夺走了几十万人的生命，给全世界留下了恐怖的记忆。（百度百科）

(一) 崩塌、滑坡

1. 崩塌、滑坡的概念

崩塌是岩土体的突然垂直下落运动，经常发生在陡峭的山壁。其过程表现为岩块顺山坡猛烈翻滚、跳跃、相互撞击，最后堆积在坡脚，形成倒石堆。降雨、融雪、洪水、地震、海啸、风暴潮等自然因素，以及爆破、泄洪、开矿、开挖坡脚、修筑水库等人为因素，都有可能诱发崩塌。

滑坡是指斜坡上的土体或者岩体，受河流冲刷、地下水活动、雨水浸泡、地震及人工切坡等因素影响，在重力作用下，沿一定的软弱面整体或局部向下滑动的现象。我国从太行山到秦岭，经鄂西、四川、云南到藏东一带滑坡发生密度极大，危害非常严重，有的甚至是毁灭性的灾难。

2. 崩塌、滑坡的危害

崩塌会损害农田、厂房、水利设施和其他建筑物，导致人员伤亡。铁路、公路沿线的崩塌，会造成交通堵塞、车辆损毁或行车事故等。

滑坡会对城镇建设、交通运输、河运航道、工矿企业、农田村庄、水利水电建设等造成重大破坏。

3. 崩塌和滑坡的前兆

断流泉水复活，或泉水、井水忽然干涸；滑坡体后缘的裂缝扩张，有冷气或热气冒出；有岩石开裂或被挤压的声音；动物惊恐异常，植物变形。

4. 崩塌和滑坡的紧急防护措施

(1) 前期预防。不攀登危岩，不在危岩下避雨、休息和穿行。及时收听天气预报，不在大雨或连续阴雨天进入山区峡谷。发现可疑的崩塌和滑坡活动时，应立即报告相关政府部门。

(2) 危机救助。在向下滑动的山坡中，向上或向下跑都是很危险的。正确的做法是，不要慌张，立即离开岩土滑行道，向两边稳定区逃离。驾车者应迅速离开有斜坡的路段。

(二) 泥石流

1. 泥石流的概念

泥石流是山区沟谷中，由暴雨、溃坝或冰雪融化等激发的，含有大量的泥沙、石块的特殊洪流，俗称“走蛟”“出龙”“蛟龙”等。其特征是往往突然暴发，浑浊的流体沿着陡峻的山沟前推后拥，奔腾咆哮，地面震动，山谷雷鸣，浓烟腾空。由于突发性、凶猛性、快速性以及冲击范围大、破坏力度强等特点，泥石流给人们的生命财产安全带来严重的威胁。

2. 泥石流的规律

（1）我国的泥石流一般发生在多雨的夏秋季节，具有明显的季节性。泥石流发生的时间规律与集中降雨时间规律相一致。四川、云南等西南地区的降雨多集中在6～9月，因此西南地区的泥石流多发生在6～9月。西北地区降雨多集中在6～8月，尤其是7、8两个月降雨集中、强度大，因此西北地区的泥石流多发生在7、8两个月。据不完全统计，发生在这两个月的泥石流灾害约占该地区全部泥石流灾害的90%以上。

（2）泥石流的发生也受洪水、地震的影响，其活动周期与洪水、地震的活动周期大体相一致。当集中降雨、洪水的活动周期相叠加时，常常会形成泥石流活动的高潮。

（3）泥石流的产生和活动程度还与生态环境有着密切的关系。一般来说，生态环境好的区域，泥石流发生的频度低、影响范围小；反之，泥石流的发生就会相对多些。

3. 泥石流的前兆

河流突然断流或水势突然加大，并夹杂着较多杂草、树枝等；深谷或沟内传来类似火车轰鸣或闷雷般的声音；沟谷深处忽然变得昏暗，并伴随着轻微的震动感等。

4. 泥石流的前期预防

（1）房屋不能占据泄水沟道，也不宜离沟岸过近。在沟道两侧修筑防护堤或防护林，可以避免或减轻因泥石流溢出沟槽而对两岸民众造成的伤害。

（2）保证沟道有良好的泄洪能力，不能把沟道当作垃圾场，随意弃土、弃渣等。

（3）泥石流多发区的民众应注意观察泥石流发生的前兆，留意政府有关部门的预警，熟悉逃生线路，并提前做好应对准备。

（4）游客去山地游玩，一定要事先了解当地的近期天气状况和未来数日的天气预报，及地质灾害气象预报。如果恰逢恶劣天气，那就宁可调整旅游线路，蒙受一些经济损失，也不能贸然前往这些山区沟谷。

宿营时，应选择平整的高地作为营地，避开河沟弯曲的凹岸或地方狭小、高度低的凸岸。切忌在山谷、沟道处或河沟底部宿营；切忌在凹形陡坡或危岩突出的地方避雨、停留、休息和穿行；切忌攀登危岩。

（5）在沟谷遭遇暴雨、大雨时，要密切注意雨情，迅速转移、撤离到安全的高地。

5. 泥石流灾害的应急避险措施

雨天，在山区中要注意观察周围环境。如果不幸遇上泥石流，千万不要惊慌失措，必须遵循规律，采取以下应急避险措施：

(1) 立即与泥石流成垂直方向向两边的山坡上爬，爬得越高越好，切忌沿着泥石流前进方向向上或向下奔跑。逃生时，抛弃重物，以便于快速逃命。

(2) 不要爬到树上躲避，也不要停留在坡度大、土层厚的凹处或低洼处，因为泥石流力量强大，可扫除沿途一切障碍。

(3) 不要躲在陡峻的山体下，也不要躲在有滚石和大量堆积物的山坡下，以防坡面泥石流或崩塌的发生。

(4) 泥石流一般发生在一次降雨的高峰期，或是在连续降雨之后的时间段。因此，长时间降雨、暴雨渐小或刚停时，不能马上返回危险区域。

(三) 海啸

1. 海啸的概念及其危害

海啸是一种具有强大破坏力的、灾难性的海浪。海底地震、海底火山爆发、土崩、陨石撞击以及人为的水底核爆都有可能引发海啸。

海啸发生时，越在外海越安全。一旦海啸进入大陆架，就会以摧枯拉朽之势，迅速地袭击岸边的港口、城市和村庄等，一切瞬时被席卷一空。

2. 海啸的应对

(1) 手机里要提前存储当地的应急电话，或者了解应急场所的位置。也要随身备上简易的应急包。

(2) 地震海啸发生的最早信号是地面的强烈震动。如果听到有关附近地震的报告，就要远离海岸、远离江河的入海口。海啸有时会在地震发生几小时后到达离震源上千公里之外的地方，万不可大意。

(3) 通过氢气球听到次声波的“隆、隆”声，或出现潮汐突然反常涨落，海平面显著下降，或者有巨浪袭来，并且有大量的水泡冒出的现象，就要以最快的速度撤离海岸，向内陆高处转移。即使跑不到高地的，也一定要远离密集建筑物，往斜坡或丘陵地带跑，尽可能找一个坚固的地方躲起来。航行在海上的船只应该马上驶向深海区，不可以回港或靠岸。因为深海区相对于海岸更为安全。

(4) 耐心等待，直到听到官方的海啸解除信号后，才能保证已经安全。

小 结

“居安思危，思则有备，有备无患。”大学生的灾害知识和应对灾害事件的能力需要长时间、系统的引导、教育和培训。这也会不断提升全民的灾害意识和应急处置能力，体现灾害中的人文关怀，促进社会的可持续发展。

平时，我们应增强环境保护意识，千万不能因为功利心和眼前的经济利益而破坏自然环境和生态系统。人与自然的平等对话、和谐相处才是人类的生存发展之道。

思考题

1. 地震的前兆有哪些？
2. 观看《唐山大地震》，并谈谈自己的感想。
3. 请以班级为单位组织一次防地震逃生演习。
4. 水灾中的自救、互救要注意些什么？
5. 如何防范雷击伤害。
6. 沙尘暴、寒潮、雪灾的防护措施有哪些？
7. 台风的应急避险措施有哪些？
8. 如何应对崩塌、滑坡、泥石流。
9. 了解 2004 年印度洋大海啸的状况，并谈谈其警示意义。

第十二讲

应急实用常识

导读

急救是基本生存能力的体现，是一种必备的生活常识。大学生们学习急救知识，掌握基本的急救措施和方法，对提高其生存质量具有重要意义。

一、急救的原则和措施

案例

2014年4月14日，家住东北的李先生，正在喷洒杀虫剂时突然发生爆炸，甚至连家里的阳台窗框都被炸飞了出去，李先生双手、面部严重烧伤。

事故和突发伤害每天都在上演。赢得了时间，也就意味着留住了生命。正确的急救方式能够有效地缓解病症，赢得生存的机会。而束手无策，不知如何施救，或不恰当的救助却是好心办坏事，加重患者的伤情。

（一）黄金5分钟

人脑死亡超过5分钟、心脏停止跳动超过10分钟往往无法救治。因此，医学上把急救的最初5分钟称为“黄金5分钟”。但是，大多数情况下，短短的5分钟内，“120”救护车是无法赶到现场的。此时，如果第一目击者能够迅速地对伤者实施正确有效的急救，争取在5分钟内完成初步急救，就能明显提高伤者的生存概率。

(二) 对伤情迅速作出判断与分类

迅速对伤情作出正确判断与分类，目的是尽快了解伤者的整体情况，以便在有限的时间、空间、人力和物力条件下，掌握救治重点，确定急救和护送的顺序，避免在传递、护送的各项工作中出现重复和遗漏，尽可能地拯救生命、减轻伤残及后遗症。

判断伤情的主要参数是：有无大出血；有无大动脉搏动，有无循环障碍；气管是否通畅，有无呼吸道堵塞；意识状态如何，有无意识障碍，瞳孔是否对称或有异常。分类的标志物一般是黑、红、黄、绿的卡片，分别代表死亡、重伤、中伤、轻伤。

(三) 让伤者迅速脱离危险

现场急救一般应本着“先抢后救”“先重后轻”“先急后缓”“先近后远”的顺序，灵活掌握。无论什么场合，只要现场存在危险因素，如火灾现场的爆炸因素，地震现场的余震及再倒塌因素，毒气泄露现场的扩散因素，泥石流现场的坍塌因素等，都必须首先将伤者转移到安全地带。而且要根据伤者的状况，选取适合的搬运方式，以避免因为搬运方法不当而加重伤情或发生意外。

1. 现场搬运

应详细了解伤病的部位，以便搬运时保持适当的体位。最常见、最主要的搬运方法是单人背、抱。双手搬运的方法也比较常用，分为座椅式与抬式搬运两种类型。

2. 转运伤员

重伤员经过现场抢救后，应迅速送入医院治疗。转运的方法如下：木板或担架抬运法；单人背、抱转送法；推车、三轮车、拖拉机、汽车运送；各种船只运送。

3. 转送时的注意事项

(1) 注意保持伤员的特定体位。

(2) 注意观察病情，特别是脉搏、呼吸、神志等的改变。留意颈部、胸部的伤情，维持呼吸道通畅。留意开放性伤口是否出血，必要时，进行重新包扎处理。

(3) 注意观察经过固定的肢体，并定时检查末梢循环。如出现循环障碍，应及时处理。

(4) 腹部损伤、昏迷、呕吐及需要尽快手术治疗的患者，应停止进食。一般病例可适量饮水。

小贴士

请注意身边意想不到的爆炸源

1. 煤气罐

煤气罐爆炸导致的人身伤害最为常见，且受伤程度也往往较重。煤气罐爆炸的主要原因有：煤气罐受到暴晒、烘烤，或用热水烫煤气罐的底部；超量充灌。一般来说，灌装量不能超过其容积的85%。超期服役、缺乏保养和维修的煤气罐，遇到高温、挤压、碰撞时。

管道煤气相对安全，但最好要安装警报器，并定期检查是否漏气，以免因漏气导致室内一氧化碳浓度过高，遇到明火引发爆炸。

2. 高压锅

高压锅发生爆炸的情况有两种：

(1) 超出安全使用期限。不管是传统高压锅，还是电压力锅，使用年限均在6～8年。若发现锅体变形、生锈等更要马上弃用。

(2) 不注意清洁，造成限压阀和浮子阀堵塞。使用高压锅前，必须确保限压阀和浮子阀没有堵塞。锅内的食物也不能装得太满，扣盖要到位。离火后要等锅体充分冷却后再取下限压阀、开盖。

3. 车里的打火机

炎热的夏季，车内温度会达到60℃以上。若把打火机放在车内，其内含的液态丁烷受热膨胀，外壳不能承受内压便可能会发生爆炸，甚至引燃整辆车。

因此，打火机不要放在车上。此外，电池、香水、充电宝、花露水、碳酸饮料等易在高温下爆炸的物品也不要放在车里。

4. 微波炉

不能用微波炉过度加热清水。因为，微波加热水时，水不会流动，只是温度升高，有可能超过沸点还不开。但端起水杯，一点振动就可能引发暴沸，甚至爆炸。加热液体时，时间不宜过长，控制在2分钟以内。

需要注意的是，微波炉加热是从内到外，鸡蛋、鹌鹑蛋、脆皮肠、未削皮的土豆等类似“穿着衣服”的食物，在加热过程中内部膨胀，而外壳却阻挡气体膨胀，就会发生爆炸。这类食物在用微波炉加热时，最好先划个口子、戳个洞，以利于热气散发。

5. 老旧的热水袋

热水袋的使用寿命大概在两三年。如发现其表面已有轻微裂纹,更要坚决弃用。热水袋的水温在 50℃上下,以温暖不烫为宜,最好不要灌入开水。热水袋灌到其容量的 2/3 即可,灌好后排尽空气,拧紧盖子。

6. 没有标识的电暖袋

由于加热元件不同,电暖袋可分为电极式、电热管式和柔性发热丝式。如捏到硬块或硬物,就是电极式或电热管式;如袋体通体柔软,就是柔性发热丝式。

电极式电暖袋最危险,因常发生爆炸已被国家明令禁止生产,但仍有不法商家出售。电热管式电暖袋一般不会爆炸,但手感不好,且寿命较短,约一年。柔性发热丝式电暖袋手感舒适、寿命长,是购买首选。一定要购买正规厂家的产品,不要贪图便宜而购买"三无"产品。

7. 受到挤压的充电宝

外出、旅行时带个充电宝能避免"断电"的麻烦。但国家市场监督管理总局的质量监测发现,所有充电宝都存在或多或少的安全风险。部分产品遭遇挤压、冲击等外部影响,可能会发生内部短路,从而自燃或爆炸。

所以,要在正规渠道购买充电宝,不要购买"三无"产品。发现充电宝温度异常升高时,应迅速将其置于有一定防火、防爆能力的容器中,并远离人群。

谨防杀虫剂成"伤人剂"

杀虫剂属于易燃易爆物品。使用时,需要多加留意。

(1) 远离火源。不要直接将杀虫剂放在火源旁,也不要放在使用明火的厨房里,更不要向火源和红热物品喷射,以免引发火灾。

(2) 避免摩擦静电。摩擦或者静电产生的火花会引发爆炸,使用时最好远离或者关闭电源,避免剧烈摇晃。

(3) 存放时避免高温暴晒。外界气温越高,罐内气压越大,越容易爆炸。平时应放在阴暗处保存,勿在 50℃以上的环境存放。

(4) 存放时切勿挤压敲打。杀虫剂内有低沸点溶剂和推进剂,一旦过度挤压和剧烈摇晃敲打,使得内外部温度产生差异,压力变化,就很容易引发爆炸事故。

此外,日常生活用品,如发胶、摩丝、空气清新剂、婚礼上用的彩带喷剂等,这些瓶装物品都和杀虫剂有着一样的危险性。所以,使用前一定要仔细阅读说明,在存放的过程中,也要远离火源、避免高温及摩擦静电火花等。

二、意外伤害的急救

案例 1

暑假里，章莹与同学赵兰去游泳。到了游泳池，章莹换上泳装，草草冲了澡，便跳进泳池。赵兰则冲淋浴，做操，活动身体，眼看章莹游完 50 米，她才下水。在游第二个 50 米时，章莹感到不对劲了，她的小腿越来越沉重，抽筋了，最后小腿竟伸不能伸，屈不能屈，疼得她侧身抓住池壁，被赵兰扶上了岸，经医务室医生做了按摩，才恢复正常。

案例 2

2014 年 12 月 14 日凌晨 1 时 15 分，广东省某地 2 人因煤气中毒倒地昏迷，经“120”医护人员现场抢救无效死亡。

日常生活中，意外伤害时常不期而至。如果能够掌握必要的急救知识与技能，在不幸遭遇伤害时，迅速采取保护、救护措施，就可以在一定程度上避免身心伤害，甚至挽救生命。

(一) 止血

其目的是降低血流速度，防止血液的大量流失，导致休克昏迷。具体方法：

(1) 先转移到安全或安静的地方，检查伤势，判明出血的性质，如动脉出血、静脉出血或毛细血管出血等。

(2) 可采取直接用手指压在出血伤口上或出血的供血动脉上进行止血。

(3) 四肢受伤出血的，使用领带、腰带、丝巾、粗布条等，也可将自己的衣服撕成条状，在大臂上 1/3 处和大腿中间处进行绑扎止血。

(二) 休克急救

休克的急救措施有：避免伤者过冷或过热，利用毛毯或大衣给其保暖；若无骨折，将伤者双脚抬高 30 厘米左右；不要给伤者饮水或者喂食；留意伤者的清醒程度。

(三) 腹部受伤的急救

1. 止血

如果是闭合性伤口,应及时压住伤口,进行止血。

2. 保鲜

如果是开放性伤口,小肠外露时,应用水打湿上衣,包住小肠,不使其外露于空气中,避免细菌感染,失水干燥坏死。千万不要把沾染污物的内脏回填腹腔,这样会使内脏在腹内相互感染,产生粘连,加速内脏坏死。

3. 等待救援

受伤后尽量不移动,采取卧或平躺姿势等待救援。

(四) 人工呼吸法

人工呼吸是当患者呼吸停止而心跳也随之停止,或还有微弱的跳动时,用人工的方法帮助患者进行呼吸活动,以达到气体交换的目的。

先抬伤者的下颌角使呼吸道畅通无阻。如果受伤者仍不能呼吸,要检查口鼻内是否有异物,如泥沙、血块、假牙、呕吐物等,用纱布包住食指伸入其口腔进行清除,继续进行人工呼吸。如果上述人工呼吸不能起作用,可以采用口对口人工呼吸法。

口对口人工呼吸法是用施救者的口呼吸协助患者呼吸的方法。它是现场急救中最简便有效的方法,常用于溺水、触电、煤气中毒或缢死导致的呼吸停止。

1. 打开呼吸道

在保持呼吸道通畅的情况下进行人工呼吸。松开衣领、裤带、乳罩、内衣等。舌后坠者要先用纱布或手巾包住其舌头并拉出,或用别针将其固定在嘴唇上。

2. 先吹两口气

口对口呼吸前先向患者口中吹两口气,以扩张已萎缩的肺,以利气体交换。

3. 操作要点

(1) 患者仰卧位,头后仰,颈部用枕头或衣物垫起,下颌抬起,口盖两层纱布,施救者用一手扶患者前额,另一只手的拇、食指捏紧患者鼻翼,以防吹进的气体从鼻孔漏出。

(2) 患者的口全张开,施救者吸一口气后,张大口将患者的口全包住。

(3) 捏住患者鼻翼,快而深地向患者口内吹气,并观察患者胸廓有无起伏活动。一次吹完后,脱离患者之口,捏鼻翼的手同时松开。慢慢抬头再吸一口新鲜空气,准备下次口对口呼吸。

(4) 每次吹气量成人约 1 200 毫升，儿童 800 毫升。吹气量过大易造成胃扩张，以施救者吸入的气体不要过度饱满为度。

(5) 口对口呼吸的频率为成人 16～20 次/分钟，儿童 18～24 次/分钟，婴儿 30～40 次/分钟。单人急救时，每按压胸部 15 次后，吹气两口，即 15∶2；双人急救时，每按压胸部 5 次后，吹气 1 口，即 5∶1；有脉搏无呼吸者，每 5 秒吹一口气（12～16 次/分钟）。

当患者的呼吸、心跳恢复后，或有经验的医生检查证实患者脑死亡的情况时，可以停止口对口呼气的抢救。

(五) 呼吸道阻塞的急救

1. 呼吸道阻塞的常见原因

(1) 摄入大块的咀嚼不全的食物时，若同时又大笑或说话，很容易使一些肉块、鱼块、汤团、果冻等滑入呼吸道。

(2) 大量饮酒时，由于血液中酒精浓度升高，咽部肌肉松弛而吞咽失灵，食物团块也极易滑入呼吸道。

(3) 昏迷患者，因舌根坠落，胃内容物和血液等反流入咽部，也可阻塞呼吸道入口。

2. 呼吸道阻塞的应对

(1) 腹部手拳冲击法。施救者站或跪在患者身后，双臂抱住患者腰部，双手叠放在患者腹部中间，一手握拳以拇指揿压肋骨以下的腹间，位于腹中线脐上远离剑突处，加压并迅速猛击 6 次，使阻碍物放松，然后再来 6 次。当患者开始恢复呼吸，或者大声咳出异物即可停止。操作时，要注意施力方向，防止损伤胸部和腹内脏器。如果开始时没有成功，要重复做，不要放弃。如果阻塞物已被清除，而患者尚未恢复呼吸，要准备进行人工呼吸。

如果患者昏迷，让昏迷者仰面躺在地上，施救者双膝分开，双掌交叠，斜放在患者脐部，迅速向上腹猛力推压。如果阻塞物还没有移开，迅速将患者侧放，在肩胛骨之间连击 6 次。如果需要，重复进行。

(2) 拍背法。患者可取立位或坐位。施救者站在患者的侧后位，一手置患者胸部以围扶患者；另一手掌根在患者肩胛区脊柱上给予 6～8 次连续急促的拍击。拍击时应注意，患者头部要保持在胸部水平或低于胸部水平，充分利用重力使异物驱出体外；拍击时应快而有力。

(3) 手抠法。这种方法一般只适用于可见异物，且多用于昏迷患者。施救者先用手的拇指及其余四指紧握患者的下颌，并向前下方提牵，使舌离开咽喉后壁，以使异物上移或松动。然后拇指与食指交叉，前者抵下齿列，后者压在上齿列，两指交叉用力，使患者口腔张开。施救者用另一手的食指沿其颊部内侧插入，在咽喉部或舌根处轻轻勾出异物。

另一种方法是用一手的中指及食指伸入患者口腔内，沿颊部插入，在光线充足的条件下，看准异物并夹出。手指清除法不适用于意识清楚者，因手指刺激咽喉会引起患者恶心、呕吐。勾取异物动作宜轻，切勿过猛，以免反将异物推向呼吸道深处。

(4) 呼吸道阻塞的自救法。将患者上腹部迅速倾压于椅背、桌角、铁杆或其他硬物上，然后做迅猛向前倾的动作，以造成人工咳嗽，驱出呼吸道异物。

(六) 溺水的应对

溺水常见于游泳或落水等意外事故，因水进入呼吸道及肺中引起窒息，或者是泥沙等物堵塞鼻腔及口腔导致窒息。

1. 溺水自救

头后仰，口向上，尽量使口鼻露出水面，进行呼吸，不能将手上举或挣扎，以免使身体下沉。会游泳的人如肌肉疲劳、肌肉抽筋也应采取上述自救办法。

2. 溺水施救

若是直接下水救护，救护者要镇静，尽量脱去外衣、鞋、靴等，迅速游到溺水者附近，一般要先在溺水者的后脖颈处用手掌砍一下，以免被溺水者抓住而一同沉入水底。然后，转动他的髋部，使其背向自己，再进行拖运。拖运时通常采用侧泳或仰泳拖运法。

救起溺水者后，应立刻撬开其牙齿，清除其口腔和鼻内的泥沙污物，将舌头拉出，使其保持呼吸道通畅。如溺水者尚有心跳、呼吸，救护者一腿跪地，另一腿屈膝，将溺水者腹部横放在救护者屈膝的大腿上，头部下垂，后压其背部，使其胃及肺内水倒出。如溺水者呼吸停止，立即进行人工呼吸，同时送医院急救。

(七) 触电的应对

触电分为交流电击伤和雷电击伤。触电轻伤者表现为触电部位起水泡，组织破坏，损伤重的皮肤烧焦，甚至骨折，肌肉、肌腱断裂等。触电重伤者会抽搐、休克、心律不齐、内脏破裂，甚至死亡。触电的现场急救如下：

(1) 迅速切断电源，并用书本、皮带、棉麻、木制品或塑料制品等绝缘物品迅速将伤员与电线、电器分离。切忌空手或用非绝缘的物品去“救”触电者，以免相继触电。

(2) 对心跳、呼吸停止者立即进行心肺复苏。

(3) 包扎电烧伤的伤口,并立即送医院治疗。

(八) 急性中毒的应对

由毒物引起的疾病称为中毒性疾病。短时间内大量毒物进入人体,迅速引起严重中毒症状甚至危及生命,称为急性中毒。急性中毒的救治处理程序如下:

1. 了解病史

了解患者的生活及心理情况,观察临床表现,寻找接触毒物的证据,如剩余食物和同餐者的情况,有无药瓶、药袋,或是可以产生一氧化碳的设备等。

2. 排出毒物

(1) 吸入有毒气体时,如一氧化碳中毒,应迅速离开现场,加强通风、吸氧和保暖,并迅速送医院诊治。

(2) 由皮肤吸收毒物的,如有机磷农药中毒,应立即脱掉衣服、鞋、帽等,对接触处进行严格的清洗,并迅速送医院诊治。

(3) 吃进毒物的,如服用过量或一次大量服用安眠药中毒,应立即停止食用,及时进行催吐,并迅速送医院诊治。可用手指刺激舌根部引起呕吐,吐出毒物。如此反复进行,直到胃内毒物全部呕吐出来为止。洗胃法则是清除体内尚未被吸收的毒物的有效方法。

小贴士

如何防溺水

(1) 严禁私自在河边、湖边、江边、海边、池塘边、水沟边和水库边玩耍、追赶或游泳。俗语说:"有事无事江边走,难免有打湿脚的时候。"

(2) 严禁私自外出钓鱼。水边的泥土、沙石长期被水浸泡,变得很松散,有的长年累月被水浸泡的地方还长出了苔藓,垂钓者踩上去就有滑入水中或者摔伤的危险。

(3) 严禁私自结伙去划船。在公园划船或坐船时,必须坐好,不要在船上乱跑,或在船舷边洗手、洗脚。尤其乘坐小船时不能超重,也不要摇晃,以免小船被掀翻或下沉。一旦遇到特殊情况,一定要保持镇静,听从船上工作人员的指挥,不要轻率跳水。遇到大风、大雨、大浪或雾太大的恶劣天气时,最好不要乘船。

(4) 当特别心爱或重要的物品掉入水中时,不要急于去捞,应找到妥善的解决方法,或向他人求助。

游泳的风险控制

1. 游泳的常识

(1) 到正规的游泳场所游泳。设有“禁止游泳”或“水深危险”等警告标语的水域,千万不可下水。对游泳场所的环境,如是否卫生,水下是否平坦,有无暗礁、暗流、杂草,水域的深浅等情况要了解清楚。

(2) 如集体组织外出游泳的,下水前后都要清点人数,并指定救生员做好安全保护。

(3) 要清楚自己的身体健康状况,平时四肢容易抽筋者不宜参加游泳活动或不要到深水区游泳。即便会游泳,也尽量不要游到深水区,即使带着救生圈也不是百分之百安全的。身心情况欠佳时,如饥饿、饱食、疲倦、生病、情绪低落以及酗酒后均不宜戏水。饭后 1 小时内不能下水。

(4) 下水前,一定要做适当的热身准备活动,活动手脚,以防抽筋。如水温太低应先在浅水处用水淋洗身体,待适应水温后再下水游泳。不要贸然跳水和潜泳,更不能互相打闹,以免喝水、呛水和溺水。

(5) 对自己的水性要有自知之明。出现身体不舒服、过度疲劳,如心慌、气短、眩晕、恶心等时,应立即停止游动,仰浮在水面上恢复体力,待体力恢复后及时返回岸上。发生抽筋时,如果离岸很近,应立即出水,到岸上进行按摩。如果离岸较远,可以采取仰游姿势,仰浮在水面上,尽量对抽筋的肢体进行牵引、按摩,以求缓解。如果自行救治不见效,就应尽量利用未抽筋的肢体划水靠岸。周围有人时,立即求救。遇到水草时,应以仰泳的姿势从原路游回。若被水草缠住脚,不要慌张。首先控制住身体,仰浮在水面上. 双脚轻微摆动,一手划水,一手解开水草,千万不要乱蹦乱蹬,防止缠上其他水草。然后仰泳从原路游回。若双脚陷入淤泥,也要保持镇定。先用双手划水增加浮力,双脚前后摆动,使淤泥松动,借机脱险。在没有其他浮力的情况下,双脚不要“单独行动”,以防止越陷越深。

2. 不慎落水的求生步骤

(1) 憋气,可用手捏住鼻子,避免呛水。

(2) 及时扔掉鞋子,丢掉口袋里的重物。

(3) 呼救。不会游泳者,要边拍水边呼救。

(4) 放松全身,将头部浮出水面,让身体漂浮在水面上,用脚踢水,防止体力丧失。身体下沉时,可将手掌向下压。

(5) 当漂到水浅的位置时,要抓住时机及时站起。若遇到水边的固定植物等，也应及时抓住这救命的“稻草”。

(6) 如果无法上岸，那么就顺着水流，边漂边游，不要径直游向对岸，最好是顺水流方向稍偏向岸边。

(7) 万一陷入漩涡中，可以吸气后潜入水下，并用力向外游，待游出漩涡中心再浮出水面。

(8) 若有人相救，自己要尽量放松，配合施救者。切不可紧紧抓住施救者，以免双方都发生溺水的危险。

3. 发现有人溺水的救护方法

如遇他人落水，即使水性再好也不要盲目入水救人，应立即大声呼救或利用救生器材救援。

可将救生圈、长竹竿、绳子或木板等物，抛给溺水者，让其抓住再将其拖至岸边。如果直接下水救护，操作见前述溺水的应对。

远离一氧化碳中毒

1. 停车不要开暖气

停车时开着暖气，尤其是关闭车窗，会导致一氧化碳聚集在车内无法排出。应注意让车窗留点缝隙，不要完全关闭。

2. 屋内不要烧炭取暖

不要直接用明火在室内取暖。确实要烧炭取暖的话，应安装烟筒，注意通风，防止室内空气闭塞干烧，造成危险。

3. 燃气热水器不要放在洗澡间

洗澡间空间狭小，空气流动性差，一定要将燃气热水器外置。同时，保证室内空气流通，洗浴时间不要过长。使用后，应将燃气总开关关闭，防止泄漏。

4. 厨房要通风

灶具要安装在靠近窗口通风处。点燃灶具时，要遵守“火等气”的原则。若一次未点燃，要等气味散尽后才能再次点火。使用过程中切勿离人，以免火焰被风吹灭或被溢出的汤汁浇灭，而造成煤气泄漏。使用完毕或休息时，必须确保关闭户内燃气阀门。平日要加强对煤气软管、燃气管道的检查。

5. 卧室不要摆放过多的植物

植物在白天进行光合作用，吸收二氧化碳，释放氧气；在夜间进行呼吸作用，吸收氧气，释放二氧化碳，这会导致人缺氧而中毒。一旦出现头疼头晕、恶心呕吐、四肢无力、呼吸困难等症状，则有可能是一氧化碳中毒。

此时，一定要保持冷静，立即打开门窗，把患者转移到空气新鲜、通风良好的地方，松解其衣扣，清除其口鼻分泌物，使其保持呼吸道通畅。万一发现患者呼吸骤停，应立即进行口对口人工呼吸，同时拨打“120”急救电话，迅速送往医院。

三、急症的处理

(一) 皮肤烫伤的处理

万一不小心被开水、热汤、热油或蒸汽等烫伤，轻者会皮肤潮红、疼痛，重者会皮肤起水泡，表皮脱落。发生烫伤后，可按如下方法处理：

(1) 立即万分小心地将被热液浸透的衣裤、鞋袜脱掉，迅速用清洁的冷水喷洒伤处或将伤处浸入清洁的冷水或冰块中降温，也可用湿冷毛巾敷患处，还可以用食醋浇到被烫伤的皮肤上。

(2) 尽可能不要擦破水泡或表皮，以免引起细菌感染。为了防止烫伤处起水泡，可用食醋洗涂患处，也可以用鸡蛋清擦患处。如果水泡已经被擦破，可用消毒过的纱布覆盖伤处，同时尽快送往医院救治。

(二) 眼睛烫伤的处理

眼睛烫伤一般是在眼皮上。烫伤时，眼皮发红、肿胀，有时会起水泡。一般只要在烫伤处抹点金霉素眼膏或红霉素眼膏即可。如果有小水泡，尽量不要挑破。烫伤处不必包扎，可任其暴露，3～5天就会慢慢愈合。如果伤者眼内的摩擦感很重，流泪多，并且角膜(黑眼球)上可看到白点，那就说明角膜已经被烫伤了，此时一定要去医院治疗。

(三) 烧伤的处理

烧伤主要指火灾、易燃物爆炸等的高温火焰对人体组织的一种损伤。

1. 烧伤的分类

按烧伤的深度，一般采用三度四分法，即一度烧伤、浅二度烧伤、深二度烧伤和三度烧伤。

(1) 一度烧伤。表现为受伤处皮肤轻度红、肿、热、痛，感觉过敏，无水泡。

(2) 浅二度烧伤。表现为受伤处皮肤疼痛剧烈，感觉过敏，有水泡。水泡剥离后可见创面均匀发红、潮湿，水肿明显。

(3) 深二度烧伤。表现为受伤皮肤痛觉较迟钝，有或无水泡，基底苍白，间有红色斑点。拔毛时可感觉疼痛。

(4) 三度烧伤。表现为皮肤感觉消失,无弹性,干燥,无水泡,蜡白,焦黄或炭化,拔毛时无疼痛。

轻度、小面积的烧伤对人体健康影响不大,但是特别疼痛。重度烧伤容易导致休克、感染,甚至死亡。

2. 烧伤的急救原则

烧伤的急救原则为消除烧伤的原因,保护创面,镇静镇痛。消除烧伤的原因应根据不同的情况采用不同的办法。

(1) 如果火焰直接烧伤,应迅速离开火源。当身上着火时,不要惊慌,可用水将火浇灭,也可脱去着火的衣服,或就地慢慢打滚将火压灭,也可以跳入水坑、水塘、溪河灭火。触电烧伤,应立即切断电源。

(2) 注意不要将创面上的水泡刺破,也不要在创面上涂抹任何治疗烧伤的药品,避免感染和加重损伤。大面积烧伤的患者若清醒,则会口渴,可喝少量的、温热的淡盐水,而不能喝淡水,否则会加剧日后的水肿等。

(3) 烧伤伤员都有不同程度的疼痛和紧张,可给予口服的镇静镇痛药物,但是有呼吸道烧伤和颅脑损伤的患者禁用。必须详细记录使用药物的名称、剂量、给药时间和途径,以免造成药物过量而中毒。

烧伤患者在送往医院途中应采取未烧伤一侧的卧位。

(四) 化学物质灼伤的处理

盐酸、硫酸、硝酸等酸类和石灰、氨水、纯碱、烧碱等碱类物质能引起化学灼伤。酸类物质会使组织蛋白凝固、细胞脱水,故酸类物质灼伤一般创面较浅,表面可见到干痂。而碱类物质的灼伤则不同,由于碱离子能与组织蛋白结合生成可渗性酸性蛋白酸化脂肪组织,故碱类物质灼伤的创面会逐渐加深,且愈合缓慢。

对于化学物质的灼伤应争分夺秒进行抢救,操作要点有:

1. 清除化学物质

尽快让伤员离开现场,迅速脱下被化学物质玷污的衣服,并用大量的自来水、井水等清洁水冲洗创面半个小时左右。

2. 使用中和剂

若为酸类物质灼伤,可用弱碱,如小苏打、肥皂水等溶液中和。若为碱类物质灼伤,可用弱酸,如食醋、氯化铵等溶液中和。但未用清洁水冲洗前不能使用中和剂,否则中和反应时放出的热量会加深皮肤的灼伤。

3. 包扎等处理

清洗、中和后的创面可用消毒纱布、干净的绷带、被单或衣服等包扎，以免细菌感染。由于强酸、强碱致伤可产生剧烈疼痛，严重者甚至会休克，故可酌情使用镇痛镇静剂。在抢救过程中，要随时注意伤员全身情况的变化，如呼吸、脉搏等，若有变化应对症抢救，并迅速送医院进行治疗。

(五) 皮肤擦伤和割伤的处理

用生理盐水或纯净水清洗创面，除去异物，再用酒精消毒伤口周围，涂上碘酒或红药水(两者不能同时使用)，有出血者应进行止血包扎。

注意保持创面清洁，防止感染。割伤较深者，尤其是被生锈器物、利器损伤，需到医院清创缝合，注射破伤风抗毒素，预防破伤风。

(六) 关节扭伤和软组织挫伤的处理

运动时经常会发生指腕关节、踝关节扭伤或软组织挫伤，表现为局部肿胀、疼痛、皮下淤血、活动受限、不能站立或行走、伤处压痛明显。

立即用冷水或冰块冷敷，休息，抬高患肢，24～48 小时后改热敷，涂正骨水、消炎止痛膏。如果局部畸形、肿胀、瘀斑明显，应立即去医院拍片，排除骨折。

(七) 骨折

关节出现扭伤、脱臼、骨折等损伤的伤员，应避免活动，并立即急救，迅速送医院治疗。具体急救方式如下：

(1) 如为无骨端外露骨折，用夹板或木棍、粗一点的树枝等固定。固定时应超过伤口上、下关节。

(2) 如为锁骨骨折，用绷带兜臂。

(3) 如为盆腔、胸腰部骨折，应将患者轻轻托起，放在硬板担架上。转送途中尽量减少震动。

(4) 如为四肢长骨骨折，可就地取材，如用夹板或木棍、粗一点的树枝、卷折的杂志或其他可用来固定的东西进行固定。

(5) 如为单腿骨折，一时又找不到固定物，可先在两腿间垫上软一点的衣物，再将伤腿与好腿在相应处捆绑固定。

(6) 如为脊柱受损，不要改变伤员姿势。固定伤处力求稳妥牢固，要固定骨折的两端和上下两个关节。

(7) 当骨折处出血时,应先止血和消毒包扎伤口,不要随便移动伤者,也不要自行摆弄、随意接骨,更不可误当脱臼进行复位,以免骨折断端刺伤神经、血管。注意,不得用水冲洗骨折伤口。

(八) 晕厥的处理

晕厥产生原因有抽血、注射、痛经、低血糖、体质较弱者剧烈运动等,女生较为多见。有人发生晕厥,应尽快将其平躺。如是低血糖造成的晕厥,可喝些含糖饮料,一般短时间休息即可逐渐恢复正常。情况严重的要马上送医院治疗。

(九) 中暑的处理

日最高气温达 35℃以上的天气现象称为高温,达到或超过 37℃时称酷暑。中暑是由高温环境引起的体温调节中枢功能障碍,汗腺功能衰竭和水、电解质丢失过量所致。在高温天气或强热辐射下无风环境中,长时间军训、上体育课和户外活动,如无足够的防暑降温措施,易发生中暑。表现为大量出汗而皮肤发凉,面色苍白或发红,脉搏微弱,体温可能保持正常或升高;昏迷或头昏眼花,呕吐.疲惫无力或头痛等。中暑的诱因有体弱、营养不良、疲劳、肥胖、饮酒、饥饿、失水失盐、最近有发热症状、穿紧身不透风的衣裤、水土不服、甲亢、糖尿病、心血管病、广泛皮肤损害、先天性汗腺缺乏症、震颤麻痹、应用阿托品等。

轻症中暑的处理方法有:

(1) 立即将患者移至阴凉通风处或电扇下,最好移至空调间,帮助散热。使其平躺,并解开或脱去其衣服,但不能使其对着空调吹。

(2) 用一心油、风油精涂擦太阳穴、合谷穴等穴位。

(3) 给予清凉含盐饮料补充水分,可选服人丹、十滴水、开胸顺气丸、藿香正气丸等。一般经上述处理后 30 分钟到数小时内即可恢复。

如果是重症中暑,出现高热、痉挛、虚脱等症状应立即送医院治疗。

(十) 咬伤

被蛇或狗咬伤后用 20%的肥皂水彻底冲洗伤口 30 分钟。如伤口深,可切开伤口,冲洗后用碘酊涂擦,并立即送医院治疗。忌挤压、缝合包扎伤口。

(十一) 心脏病

发生气喘忌平卧,平卧会增加心脏负担,使气喘加重。应取坐位,双腿下垂。

马上服用身边配备的心脏病药,并立即送医院治疗。

(十二) 猝死

发现有人突然昏倒,应保持清醒的头脑,做到:

(1) 根据现状立即判断其是否昏迷,如是否眨眼、是否有反应等。不要随意搬动患者,要保证患者安静休息,避免随意走动。

(2) 迅速拨打"120"急救电话,讲清楚患者的基本情况和具体位置,提前清理好救护车通道,携带患者的身份证、衣服等随身物品,做好就医准备。救护车到达后,要听从救护人员的指挥,主动协助救护人员,最大限度地争取救治时间。

(3) 跟随救护车送院治疗。在救护车上详细地给救护人员介绍事发经过,以利于确诊病情。

小贴士

高温的防护措施

1. 高温来临前

(1) 安装降温设备,如空调、电扇等。但不要长时间停留在空调房内,也不能长时间直接对着头或身体某一部位吹电扇。

(2) 早晨或下午朝阳的窗户用帘子遮好。在窗和窗帘之间安装临时隔热板,如铝箔表面的硬纸板。

(3) 准备防暑降温的饮料和常用药品,如清凉油、十滴水、人丹等。

2. 高温天气中

(1) 暂停户外或室内大型集会。尽量留在室内,避免阳光直射。上午 10 点至下午 4 点不要在烈日下外出运动。必须外出时,要打遮阳伞,穿浅色衣服,戴宽檐帽。

(2) 室内空调温度不要过低。空调无法使用时,也可以向地面洒水降温。

(3) 浑身大汗时,不宜立即用冷水洗澡,应先擦干汗水,稍做休息再用温水洗澡。持续的高温干旱天气有可能会造成供水紧张,应及时储备用水。

(4) 不宜吃咸食,多喝凉白开水、冷盐水、菊花茶、绿豆汤等,也不要过度饮用冷饮或含酒精的饮料。

(5) 注意作息时间,保证睡眠,暂停大量消耗体力的工作。

小 结

大学生学习、掌握一些基本的应急实用常识，有备无患，既有利于自救，也有利于对他人进行施救。

思考题

1. 急救的原则是什么？
2. 身边的爆炸源有哪些？
3. 呼吸道阻塞的急救措施是什么？
4. 溺水怎么急救处理？
5. 游泳的风险怎么控制？
6. 触电怎么急救处理？
7. 如何防范一氧化碳中毒。
8. 化学物质灼伤怎么急救处理？
9. 烧伤怎么急救处理？
10. 中暑怎么急救处理？

附　录

19 类大学生安全教育问卷

大学生网络问题调查问卷

1. 您的性别(　　)

A. 男　　B. 女

2. 您的年级(　　)

A. 大一　　B. 大二　　C. 大三　　D. 大四

E. 其他________

3. 您大学以前是学生干部吗(　　)

A. 是　　B. 否

4. 您来自(　　)

A. 城镇　　B. 农村

5. 您父亲的受教育程度(　　)

A. 小学以下　　B. 小学　　C. 初中　　D. 中专

E. 高中或高职　　F. 大专　　G. 大本　　H. 本科以上

6. 您母亲的受教育程度(　　)

A. 小学以下　　B. 小学　　C. 初中　　D. 中专

E. 高中或高职　　F. 大专　　G. 大本　　H. 本科以上

7. 您有自己的电脑吗(　　)

A. 有　　B. 没有

8. 您的网龄是(　　)

A. 1 年以内　　B. 2～5 年　　C. 6～10 年　　D. 10 年以上

9. 您平均每天的上网时间大概是(　　)

A. 1个小时左右　　B. 2～3个小时

C. 3～5个小时　　D. 5个小时以上

10. 您使用电脑最多的用途(　　)

A. 查资料　　B. 看电影

C. 玩游戏　　D. 与家人、朋友交流

E. 学习网络课程　　F. 其他________

11. 您对于学校开展的“三走”活动(走下网络,走出寝室,走向操场)的看法是(　　)

A. 很有必要,效果不错　　B. 应该整治,但是效果一般般

C. 没什么感觉,无所谓　　D. 妨碍了学生的上网自由

12. 您平时对上网的依赖程度(　　)

A. 很轻,娱乐放松、打发时间

B. 更多是为了学习、工作的需要

C. 有一定的依赖,一段时间会上一次

D. 相当沉迷,一两天不上网就会感觉不舒服

13. 您对于电脑游戏的看法(　　)

A. 电脑游戏可以让我不用面对现实生活中的困难,得到现实中无法得到的满足

B. 电脑游戏使我放松,让我更好地投入到学习、工作中

C. 电脑游戏可以使我交到更多的朋友

D. 不喜欢玩电脑游戏

E. 其他________

14. 您对大学生上网的看法及如何预防沉迷网络的建议

____

____

____

大学生艾滋病认知调查问卷

1. 您的性别(　　)

A. 男　　B. 女

2. 您的年级(　　)

A. 大一　　B. 大二　　C. 大三　　D. 大四

E. 其他________

3. 您大学以前是学生干部吗(　　)

A. 是　　B. 否

4. 您来自(　　)

A. 城镇　　B. 农村

5. 您父亲的受教育程度(　　)

A. 小学以下　　B. 小学　　C. 初中　　D. 中专

E. 高中或高职　　F. 大专　　G. 大本　　H. 本科以上

6. 您母亲的受教育程度(　　)

A. 小学以下　　B. 小学　　C. 初中　　D. 中专

E. 高中或高职　　F. 大专　　G. 大本　　H. 本科以上

7. 您觉得艾滋病病毒离开人体还能存活多久(　　)

A. 艾滋病病毒离开人体后,常温下只可生存数小时至数天

B. 艾滋病病毒离开人体后,一直能够存活,不会死亡

C. 艾滋病病毒离开人体后,马上就死亡了

D. 不清楚

8. 中国(　　)地区是艾滋病高发地区

A. 东南地区　　B. 华北地区　　C. 西南地区　　D. 东北地区

E. 不清楚

9. 世界艾滋病日是(　　)

A. 10月1日　　B. 11月1日　　C. 5月1日　　D. 12月1日

E. 不清楚

10. 艾滋病的丝带是(　　)颜色的

A. 红　　B. 彩　　C. 粉　　D. 蓝

E. 不清楚

11. 艾滋病的平均潜伏期是(　　)
A. 2～5 年　B. 5～8 年　C. 9～12 年　D. 13～16 年
E. 不清楚
12. 2017 年中国约有(　　)艾滋病病毒携带者
A. 30 万左右　B. 50 万左右　C. 70 万左右　D. 90 万左右
E. 更多
13. 如果您身边有人感染艾滋病,您是否愿意和他一起握手、就餐(　　)
A. 愿意,这样做不会被感染
B. 不愿意,担心被感染艾滋病病毒
C. 尽力拒绝
D. 不清楚
14. 假设您的朋友不幸感染了艾滋病,您对他的态度是(　　)
A. 疏远　B. 看不起　C. 厌恶　D. 可怜
E. 看他是怎样感染的,区别对待
15. 如果有一个义务照顾艾滋病人的机会,您的态度是(　　)
A. 非常乐意　B. 有时间就去　C. 坚决不去　D. 不清楚
16. 您认为艾滋病感染者是否应该公开他们的身份(　　)
A. 应该　B. 不应该
C. 无所谓,与我无关　D. 不好回答
17. 您是否认为同性恋是一种性自由,可得到保护(　　)
A. 是　B. 否　C. 不清楚　D. 不好回答
18. 您是否认为应该给吸毒者发放一次性针具(　　)
A. 应该,可预防或减少艾滋病
B. 不应该,会间接鼓励吸毒
C. 不清楚
D. 不好回答
19. 您获得艾滋病知识的途径有(　　)
A. 影视剧作品　B. 报纸、杂志　C. 广播　D. 网络
E. 展览　F. 朋友/家人　G. 医生　H. 街头宣传
I. 学校　J. 专门医疗机构
20. 下列(　　)是主要的艾滋病高发人群
A. 高危性行为人群　B. 吸毒人群
C. 卖血人群　D. 血友病患者

E. 低收入者

21. 关于预防艾滋病你知道多少(　　)

A. 洁身自爱,发生性行为时使用安全套

B. 输血时使用艾滋病病毒抗体检验合格的血液

C. 远离毒品,不吸毒

D. 医疗时使用经严格消毒的注射器及医疗器械

E. 手术前要求进行术前检查,并保留相关资料

大学生校园火灾安全意识调查问卷

1. 您的性别(　　)

A. 男　　B. 女

2. 您的年级(　　)

A. 大一　　B. 大二　　C. 大三　　D. 大四

E. 其他________

3. 您大学以前是学生干部吗(　　)

A. 是　　B. 否

4. 您来自(　　)

A. 城镇　　B. 农村

5. 您父亲的受教育程度(　　)

A. 小学以下　　B. 小学　　C. 初中　　D. 中专

E. 高中或高职　　F. 大专　　G. 大本　　H. 本科以上

6. 您母亲的受教育程度(　　)

A. 小学以下　　B. 小学　　C. 初中　　D. 中专

E. 高中或高职　　F. 大专　　G. 大本　　H. 本科以上

7. 以下(　　)违章电器的使用最有可能引起火灾

A. 无　　B. 电吹风　　C. 热得快　　D. 电饭锅

E. 电热毯　　F. 电暖宝　　G. 台灯　　H. 电磁炉

I. 电水壶　　J. 其他________

8. 您曾经使用过(　　)违章电器

A. 无　　B. 电吹风　　C. 热得快　　D. 电饭锅

E. 电热毯　　F. 电暖宝　　G. 台灯　　H. 电磁炉

I. 电水壶　　J. 其他________

9. 您所在学校宿管检查违章电器使用的频率是(　　)

A. 一周一次　　B. 一月一次　　C. 一季一次　　D. 一年两次左右

E. 从不检查

10. 在校园特大火灾发生后,您是否还会继续使用违章电器(　　)

A. 不再使用　　B. 偶尔使用

C. 仍然多次使用　　D. 天天使用

11. 您是否考虑过自己使用违章电器会导致火灾的发生(　　)

A. 没有想过　　B. 偶尔想过

C. 自己比较注意,也会提醒同学　　D. 认为二者没联系

12. 如果使用违章电器有可能会引起火灾,但不使用违章电器又对日常生活造成一定程度的不便,您会选择(　　)

A. 为了生命安全,不使用违章电器,并且学习消防知识以备不时之需

B. 尽量少用违章电器,并且学习消防知识以备不时之需

C. 发生火灾的可能性不大,适当使用违章电器,并且学习消防知识以备不时之需

D. 火灾离我很远,违章电器想用就用

13. 您是否了解过有关防火方面的知识(　　)

A. 经常了解　　B. 偶尔关心　　C. 从不关心这些东西

14. 您所在的学校是否进行过消防知识的普及(　　)

A. 每月一次　　B. 每学期一次　　C. 每学年一次　　D. 从未普及过

15. 当遭遇火灾时,您首先会(　　)

A. 收拾东西　　B. 原地避难　　C. 马上离开　　D. 参与救火

E. 通知他人　　F. 电话报警　　G. 其他________

16. 在情况非常危急而又处在较高楼层时,您会选择跳楼吗(　　)

A. 不会,继续等待救援　　B. 万不得已,会

17. 发生火灾逃离时的措施有(　　)

A. 初期火灾时,应立即灭火

B. 逃离后随手关门,控制火势发展

C. 察觉有烟时,要爬行到门口开门

D. 利用防毒面具或者湿毛巾逃跑

E. 自制救生绳索,不到万不得已,切勿跳楼

F. 不要乘坐普通电梯

G. 下楼梯时要抓住扶手,避免被人群撞倒

H. 被困在房间时,要想办法弄湿房间的一切

18. 遇难者在火灾中丧生的主要原因为(　　)

A. 不当逃生而意外身亡　　B. 逃生拥挤而踩踏致死

C. 烟雾过多而呛死　　D. 火势过大而烧死

大学生诈骗问题调查问卷

1. 您的性别（　　）

A. 男　B. 女

2. 您的年级（　　）

A. 大一　B. 大二　C. 大三　D. 大四

E. 其他________

3. 您大学以前是学生干部吗（　　）

A. 是　B. 否

4. 您来自（　　）

A. 城镇　B. 农村

5. 您父亲的受教育程度（　　）

A. 小学以下　B. 小学　C. 初中　D. 中专

E. 高中或高职　F. 大专　G. 大本　H. 本科以上

6. 您母亲的受教育程度（　　）

A. 小学以下　B. 小学　C. 初中　D. 中专

E. 高中或高职　F. 大专　G. 大本　H. 本科以上

7. 您或者您身边的朋友是否有被诈骗的经历（　　）

A. 有　B. 没有

8. 被诈骗的金额在（　　）

A. 200 元以下　B. 200～1 000 元

C. 1 000～2 000 元　D. 2 000 元以上

9. 当发现自己被诈骗后，您会采取的措施是（　　）

A. 马上报警　B. 求助家长

C. 告诉老师　D. 和同学、朋友商量对策

E. 把自己的教训告诉身边的人，揭露诈骗方式

F. 自认倒霉

10. 您或者您朋友的损失是否被追回（　　）

A. 完全没有　B. 一部分追回了

C. 全部追回

11. 您对现在社会上的骗术是否了解（　　）

A. 完全不了解　　B. 了解一些
C. 专门地仔细研究过

12. 您是通过(　　)渠道了解到诈骗方式的
A. 影视剧作品　　B. 网络
C. 学校宣传、课堂讲解　　D. 公安宣传
E. 报纸、杂志　　F. 广播
G. 展览　　H. 家人、亲友
I. 其他________

13. 您觉得学校宣传、课堂讲解等对您在防诈骗方面是否有帮助(　　)
A. 很大帮助　　B. 一定帮助　　C. 基本没有　　D. 不清楚

14. 目前校园诈骗案件中频繁使用的途径有(　　)
A. 网络诱骗
B. 商品推销
C. 冒充学校工作人员
D. 盗取qq、支付宝等账号
E. 利用手机短信/电话进行诈骗
F. 扮演乞丐/老人等弱势群体,博取同情
G. 其他________

15. 现在诈骗多的主要原因有(　　)
A. 大学生防范意识薄弱　　B. 贪小便宜的心理
C. 个人信息遭受泄露　　D. 对诈骗的监管惩罚措施不完善
E. 破案率低　　F. 其他________

大学生传销认知调查问卷

1. 您的性别(　　)

A. 男　　B. 女

2. 您的年级(　　)

A. 大一　　B. 大二　　C. 大三　　D. 大四

E. 其他________

3. 您大学以前是学生干部吗(　　)

A. 是　　B. 否

4. 您来自(　　)

A. 城镇　　B. 农村

5. 您父亲的受教育程度(　　)

A. 小学以下　　B. 小学　　C. 初中　　D. 中专

E. 高中或高职　　F. 大专　　G. 大本　　H. 本科以上

6. 您母亲的受教育程度(　　)

A. 小学以下　　B. 小学　　C. 初中　　D. 中专

E. 高中或高职　　F. 大专　　G. 大本　　H. 本科以上

7. 请问您是否了解传销(　　)

A. 害人害己,扰乱社会正常的经济秩序

B. 合法的经营手段

C. 概念模糊,只知道大概的意思

D. 不清楚

8. 您了解过传销案例吗(　　)

A. 了解过,看关于传销的新闻和报纸、杂志

B. 从没了解过,一般都不看

C. 听老师介绍过

D. 听家人、亲友提起过

9. 大学生容易陷入传销组织的主要原因有(　　)

A. 金钱诱惑

B. 想锻炼、证明自己

C. 阅历少,对传销不了解

D. 就业压力大

E. 被亲人、朋友欺骗

F. 想要做最少的活，赚最多的钱的懒惰心理

10. 您所知道的传销组织有（　　）

A. 完美　B. 安利　C. 蒙卡迪　D. 云在指尖

E. 蝶贝蕾　F. 其他________

11. 传销作案的手法和特点有（　　）

A. 从亲友同学入手，骗人骗钱　B. 组织严密，牵涉人员多

C. 先讲课进行洗脑，再实践　D. 范围广，危害性大

E. 限制人身自由，威逼胁迫　F. 发展下线，金字塔式管理结构

12. 您是否期待过一夜暴富（　　）

A. 有，很正常，谁不想自己过得好一点呢

B. 没有，认为付出了才会有收获

C. 偶尔有过想法

13. 您身边有家人或朋友接触过传销吗（　　）

A. 有　B. 没有

14. 如果有人拉拢您进入传销组织，您会（　　）

A. 绝对不去

B. 如果待遇好的话，可以先考虑一下

C. 绝对会去

D. 先进去观察一段时间，再决定是否留下

15. 您认为了解相关反传销的法律知识是否有必要（　　）

A. 很有必要，是防止受骗的途径

B. 没必要，觉得自己不会遇上这些事

C. 了解些，有备无患

16. 您获取反传销教育的途径是（　　）

A. 网上新闻传播　B. 周边亲人、朋友讲述

C. 学校反传销教育活动　D. 阅读书籍、报纸、杂志

17. 您是否了解传销的新形式“网络传销”（　　）

A. 非常了解　B. 听说过

C. 只知道传销，不清楚“网络传销”

18. 您如何看待“网络代理”“发展广告会员”等业务（　　）

A. 这类渠道可以缓解就业压力

B. 合法性值得商榷，不从事违法的工作

C. 如有合适的，会考虑选择

D. 此类业务是新型产业，值得期待

19. 应该如何预防大学生从事传销活动（　　）

A. 高校加强教育宣传

B. 营造网络安全环境

C. 提升大学生法制观念

D. 高校更加注重学生的就业情况，防止误入歧途

E. 增强勤劳奋斗、吃苦耐劳的意识和行动

F. 加强自身的就业、创业能力

大学生心理健康问题调查问卷

1. 您的性别(　　)

A. 男　　B. 女

2. 您的年级(　　)

A. 大一　　B. 大二　　C. 大三　　D. 大四

E. 其他________

3. 您大学以前是学生干部吗(　　)

A. 是　　B. 否

4. 您来自(　　)

A. 城镇　　B. 农村

5. 您父亲的受教育程度(　　)

A. 小学以下　　B. 小学　　C. 初中　　D. 中专

E. 高中或高职　　F. 大专　　G. 大本　　H. 本科以上

6. 您母亲的受教育程度(　　)

A. 小学以下　　B. 小学　　C. 初中　　D. 中专

E. 高中或高职　　F. 大专　　G. 大本　　H. 本科以上

7. 您是独生子女吗(　　)

A. 是　　B. 否

8. 您对待父母的态度(　　)

A. 尊敬　　B. 友好　　C. 敌对　　D. 冷漠

E. 一般般　　F. 敬而远之

9. 父母对您人生规划的参与程度(　　)

A. 多　　B. 一般　　C. 少　　D. 基本不会

10. 您对学校的教学质量是否产生不满心理(　　)

A. 经常有　　B. 很少有　　C. 没有　　D. 没有考虑过

11. 您有没有主动学习相关的心理学知识(　　)

A. 上过心理学课

B. 自己课外看过一些心理学方面的报纸、杂志

C. 不是很了解

D. 完全不了解

E. 认真研读过心理学专业书籍

12. 您平时参加班级、年级或学校组织的集体活动的频率(　　)

A. 经常参加　　B. 偶尔参加　　C. 基本不参加　　D. 从不参加

13. 您感觉和班上或宿舍的同学相处如何(　　)

A. 很好　　B. 还可以　　C. 不太好　　D. 很不好

14. 您专业的就业前景会给您带来压力吗(　　)

A. 特别大　　B. 很大　　C. 一般　　D. 不太大

E. 不清楚

15. 遇到压力和心理问题,您会最先向(　　)求助

A. 家人　　B. 知心朋友　　C. 老师　　D. 专业人士

E. 不找任何人,憋在心里　　F. 看心理书籍、报纸、杂志

G. 其他________

16. 您会采取(　　)方式应对压力及心理问题

A. 向朋友、老师或家人倾诉　　B. 埋在心里,不予理睬

C. 逛街、购物　　D. 观看影视剧作品来疏解

E. 听音乐、看看书或做运动来调整

F. 通过喝酒、吃大餐、玩通宵等来发泄

G. 玩电脑/手机游戏

H. 其他________

17. 您是如何看待林森浩事件的(　　)

A. 震惊　　B. 憎恨　　C. 同情　　D. 敬仰

E. 不了解　　F. 其他________

18. 如果失恋了,您会(　　)

A. 痛苦到难以自拔　　B. 报复对方

C. 分析原因,自我完善　　D. 无所谓

E. 痛苦,但可以转移自己的注意力,靠时间恢复

F. 尽快找回自我,不在一棵树上吊死

G. 其他________

19. 您认为大学生谈恋爱是因为(　　)

A. 一见钟情,两厢情愿　　B. 舒缓压力,摆脱压抑感

C. 寻求精神动力　　D. 证明自己的魅力

E. 满足好奇心　　F. 周围的同学都谈了

G. 无聊,打发时间　　H. 其他________

20. 您会抱怨社会的阴暗面吗(　　)
A. 经常　　B. 有时　　C. 很少　　D. 漠不关心
E. 无所谓

21. 您如何安排课余时间(　　)
A. 看书、听音乐　　B. 运动
C. 上网　　D. 睡觉
E. 找朋友　　F. 参加社团活动
G. 逛街　　H. 其他________

22. (　　)会对您造成压力及负面心理情绪
A. 成绩不理想　　B. 情场失意
C. 不适应大学生活　　D. 经济困难
E. 与同学相处不融洽　　F. 父母及老师过高的期望
G. 家庭不和睦　　H. 其他________

23. 若您在人际交往方面存在压力,原因是(　　)
A. 担心与同学相处不融洽
B. 与他人的沟通交往存在障碍,缺乏技巧
C. 别人不喜欢自己
D. 自己性格过于内向
E. 其他________

24. 大学生的心理问题主要是由(　　)引起的
A. 人际交往带来的压力问题　　B. 学习压力
C. 情感问题　　D. 求职、就业压力
E. 对周围环境的不适应　　F. 社团活动
G. 经济压力　　H. 网络游戏成瘾
I. 其他________

25. 您最近经常出现的烦心事是(　　)
A. 人生发展与职业选择上有困难　　B. 思想上有困惑
C. 课程学习有困难　　D. 自我管理能力不强
E. 经济困难　　F. 不适应大学生活
G. 与异性交往方面有困难　　H. 家庭变故或困扰
I. 情感困扰　　J. 人际关系与沟通上有困难

26. 您认为当前人才市场上的竞争是(　　)(选择三项并按重要程度排序标号1、2、3)

A. 学科专业的竞争
B. 学习成绩的竞争
C. 能力的竞争
D. 学历的竞争
E. 学校名气的竞争
F. 社会关系的竞争
G. 人品(如诚信、责任感)的竞争

27. 您择业时主要考虑(　　)
A. 到祖国最需要的地方
B. 服从国家需要
C. 兼顾国家需要与个人兴趣
D. 有利于个人的发展
E. 千方百计实现自我设计,自我选择
F. 其他________

大学生恋爱交友观调查问卷

1. 您的性别(　　)

A. 男　　B. 女

2. 您的年级(　　)

A. 大一　　B. 大二　　C. 大三　　D. 大四

E. 其他________

3. 您大学以前是学生干部吗(　　)

A. 是　　B. 否

4. 您来自(　　)

A. 城镇　　B. 农村

5. 您父亲的受教育程度(　　)

A. 小学以下　　B. 小学　　C. 初中　　D. 中专

E. 高中或高职　　F. 大专　　G. 大本　　H. 本科以上

6. 您母亲的受教育程度(　　)

A. 小学以下　　B. 小学　　C. 初中　　D. 中专

E. 高中或高职　　F. 大专　　G. 大本　　H. 本科以上

7. 您对您现在的大学生活满意吗(　　)

A. 满意　　B. 不满意　　C. 没感觉　　D. 一般般

8. 您此时是否有明确的人生目标与追求(　　)

A. 有了明确的奋斗目标　　B. 看不到未来,很彷徨迷茫

C. 觉得没有希望,甘于平庸　　D. 无所谓,活在当下

9. 您现在的情感状态(　　)

A. 正在恋爱　　B. 曾经有过恋爱经历

C. 渴望一场恋爱,一直在等　　D. 不准备在大学期间谈恋爱

10. 就您现在的人际圈,您觉得可以找到一个适合您的人吗(　　)

A. 可以　　B. 不可以　　C. 不清楚

11. 您是否觉得自己缺少机会,交友圈太小而遇不到对的人(　　)

A. 是　　B. 不是　　C. 不清楚

12. 对于您现在的人际圈,您是否觉得满意(　　)

A. 人际圈太小,认识的人太少了　　B. 身边有一大帮好朋友

C. 一般,有几个知心的好朋友　　D. 不热衷人际交往

13. 如果遇到喜欢的人,您会(　　)

A. 大胆主动地追求　　B. 找机会暗示

C. 默默地藏在心底　　D. 当做什么都没发生

14. 您恋爱的动机(　　)

A. 无恋爱史　　B. 对方的追求

C. 爱上对方　　D. 受到同学的影响

E. 消磨时光　　F. 三观一致,志同道合

15. 您觉得在大学期间谈恋爱是为了(　　)

A. 给自己留一份美好的回忆　　B. 让自己的大学生活更加丰富多彩

C. 弥补内心的空虚,寻找心灵寄托　　D. 找到人生的伴侣

E. 增加人生的阅历　　F. 其他________

16. 您认为大学里谈恋爱,最大的障碍是(　　)

A. 经济负担　　B. 学习压力

C. 性格缺陷　　D. 自己的人生目标

E. 其他________

17. 您选择男(女)朋友的主要依据(　　)

A. 相貌　　B. 性格、气质　　C. 人品　　D. 能力

E. 成绩　　F. 家庭　　G. 志趣相投　　H. 其他________

18. 如果恋爱和学习发生冲突,您选择(　　)

A. 为了学业,放弃爱情　　B. 爱情至上

C. 尽量游离于二者之间,看情况再定

19. 如果有机会去结交和认识更多的人,您愿意参加吗(　　)

A. 愿意　　B. 不愿意　　C. 没想过　　D. 无所谓

E. 其他________

20. 假如有一个校园网站,可以为大学生提供一个交往的平台,让更多人相互认识,您愿意去了解它,并成为其会员吗(　　)

A. 愿意　　B. 不愿意

C. 不关心或无所谓　　D. 其他________

21. 您对大学生恋爱交友有什么看法和建议

____

____

____

大学生自杀问题调查问卷

1. 您的性别(　　)

   A. 男　　B. 女

2. 您的年级(　　)

   A. 大一　　B. 大二　　C. 大三　　D. 大四

   E. 其他________

3. 您大学以前是学生干部吗(　　)

   A. 是　　B. 否

4. 您来自(　　)

   A. 城镇　　B. 农村

5. 您父亲的受教育程度(　　)

   A. 小学以下　　B. 小学　　C. 初中　　D. 中专

   E. 高中或高职　　F. 大专　　G. 大本　　H. 本科以上

6. 您母亲的受教育程度(　　)

   A. 小学以下　　B. 小学　　C. 初中　　D. 中专

   E. 高中或高职　　F. 大专　　G. 大本　　H. 本科以上

7. 请问您对目前的生活状况满意吗(　　)

   A. 非常满意　　B. 基本满意　　C. 不太满意　　D. 不满意

   E. 一般般　　F. 讨厌

8. 在现实生活中,您经常会出现(　　)情绪

   A. 烦躁　　B. 抑郁　　C. 焦虑　　D. 伤感

   E. 愉快　　F. 自信　　G. 平和

   H. 充满希望　　I. 其他________

9. 您的压力主要来自(　　)

   A. 家庭压力　　B. 经济压力

   C. 学习压力　　D. 人际交往压力

   E. 情感压力　　F. 求职、就业压力

   G. 其他________

10. 当您意识到自己心理出现偏差时,您会(　　)

    A. 向身边人倾诉　　B. 寻求心理咨询

C. 尽量自我调节　　D. 置之不理

E. 其他________

11. 您能(　　)感知身边同学/朋友的情绪变化

A. 经常感受到　B. 偶尔感受到　C. 从未感受到　D. 没在意过

12. 当您身边同学/朋友的情绪出现异常时,你会(　　)

A. 主动询问并提供帮助　　B. 待对方有需要时提供帮助

C. 不关心　　D. 愿意做个倾听者

13. 您是否听说过高校学生自杀的案例(　　)

A. 是　B. 否

14. 您对高校学生自杀的感想(　　)

A. 惋惜　B. 鄙视　C. 理解　D. 恐惧

E. 疑惑　F. 责怪　G. 没有感觉　H. 其他________

15. 您曾有过自杀的念头吗(　　)

A. 经常有　B. 比较常有　C. 偶尔有　D. 比较少有

E. 从没有

16. 据您所知,您所在学校解决心理问题的途径有(　　)

A. 心理咨询室　　B. 教师谈话

C. 心理健康教育课　　D. 心理咨询方面的讲座

E. 其他________

17. (　　)应该为高校学生自杀负主要责任

A. 学校的管理制度　　B. 家庭的教育方法

C. 个人的性格缺陷　　D. 社会的大环境

E. 其他________

18. (　　)措施有助于预防高校学生自杀

A. 学校加强心理教育　　B. 管理教育制度的改革

C. 家庭教育　　D. 没有办法预防

E. 其他________

大学生住宿情况调查问卷

1. 您的性别(　　)
   A. 男　B. 女
2. 您的年级(　　)
   A. 大一　B. 大二　C. 大三　D. 大四
   E. 其他________
3. 您大学以前是学生干部吗(　　)
   A. 是　B. 否
4. 您来自(　　)
   A. 城镇　B. 农村
5. 您父亲的受教育程度(　　)
   A. 小学以下　B. 小学　C. 初中　D. 中专
   E. 高中或高职　F. 大专　G. 大本　H. 本科以上
6. 您母亲的受教育程度(　　)
   A. 小学以下　B. 小学　C. 初中　D. 中专
   E. 高中或高职　F. 大专　G. 大本　H. 本科以上
7. 您认为的外宿是指(　　)
   A. 校外租房　B. 校外宾馆、旅舍暂住
   C. 借宿亲戚/朋友家　D. 住宿自己家
8. 您的周围有外宿的现象吗(　　)
   A. 没有　B. 偶尔有，5人以内
   C. 有，6～10人　D. 很多，11人以上
9. 您对外宿的看法(　　)
   A. 支持，已经外宿　B. 支持，打算外宿
   C. 支持，但也不会外宿　D. 反对，绝对不会外宿
   E. 无所谓
10. 您曾经有过外宿经历吗(　　)
    A. 没有　B. 曾经校外租房
    C. 曾经住宿过宾馆、旅舍　D. 曾经借宿亲戚/朋友家
    E. 曾经住宿自己家

11. 您所在学校寝室的情况是( )

A. 每个寝室 4 人以内　　B. 每个寝室 5～6 人

C. 每个寝室 6 人以上

12. 您所在寝室检查晚归、不归频率是( )

A. 不检查　　B. 每天检查　　C. 一周一次　　D. 一月一次

E. 其他________

13. 如果选择外宿,您的理由是( )

A. 寝室生活氛围不好　　B. 寝室硬件设施不好

C. 和室友关系不和　　D. 和室友作息不一致

E. 想要更多的个人空间　　F. 考研或工作的需要

G. 朋友/同学的到来　　H. 男(女)朋友的要求

I. 其他________

14. 校外租房,最让您担心的是( )

A. 学校或父母反对　　B. 安全问题

C. 与同学关系疏远　　D. 不能及时参与各项组织活动

E. 其他________

15. 您所在的学校对外宿的态度是( )

A. 支持　　B. 反对　　C. 没有明确表态

16. 您所在的宿舍楼的管理措施应当提升的方面是( )

A. 安全管理措施　　B. 行为规范制度

C. 卫生管理制度　　D. 后勤管理制度

17. 您认为( )措施能减少外出居住的频率

A. 学校查寝　　B. 家长的教育

C. 同学/朋友之间互相督促　　D. 自我的管理

18. 您所在的学校是否建立有大学生健康管理机构或机制( )

A. 是　　B. 否　　C. 不清楚

19. 您所在学校是否对学生外宿现象采取了一定措施( )

A. 有　　B. 没有　　C. 不清楚

20. 您比较能接受的学校住宿管理措施是( )

A. 坚决不准外出居住,一旦发现从重处理

B. 特殊情况下,学生外宿申请和保证书经家长书面确认同意,提交学校,经学校允许之后,方可外出居住

C. 无所谓

大学生交通肇事调查问卷

1. 您的性别(　　)

A. 男　　B. 女

2. 您的年级(　　)

A. 大一　　B. 大二　　C. 大三　　D. 大四

E. 其他________

3. 您大学以前是学生干部吗(　　)

A. 是　　B. 否

4. 您来自(　　)

A. 城镇　　B. 农村

5. 您父亲的受教育程度(　　)

A. 小学以下　　B. 小学　　C. 初中　　D. 中专

E. 高中或高职　　F. 大专　　G. 大本　　H. 本科以上

6. 您母亲的受教育程度(　　)

A. 小学以下　　B. 小学　　C. 初中　　D. 中专

E. 高中或高职　　F. 大专　　G. 大本　　H. 本科以上

7. 您身边是否发生过交通肇事(　　)

A. 是　　B. 否

8. 若您是交通肇事者,您是否害怕被害人会纠缠或者讹诈(　　)

A. 会　　B. 不会　　C. 视人而定　　D. 视情况而定

9. 若您发生交通肇事,有两种途径解决,您会选择(赔偿总额相同)(　　)

A. 一次性赔偿

B. 被害人多次纠缠再多次赔偿

10. 若发生交通肇事,肇事者怕被害人纠缠而杀害被害人,肇事者应该被(　　)

A. 判死刑立即执行　　B. 给予一次悔过机会

C. 视犯罪动机和情节而定　　D. 死刑缓期执行

11. 假如您是交通事故的受害人或其家属,您愿意相信被告人的悔过并再给他(她)一次机会吗(　　)

A. 愿意　　B. 不愿意

C. 不一定,视情况而定

12. 关于交通肇事转变成故意杀人,您有什么看法

____

____

____

大学生校园食物中毒调查问卷

1. 您的性别(　　)
   A. 男　B. 女
2. 您的年级(　　)
   A. 大一　B. 大二　C. 大三　D. 大四
   E. 其他________
3. 您大学以前是学生干部吗(　　)
   A. 是　B. 否
4. 您来自(　　)
   A. 城镇　B. 农村
5. 您父亲的受教育程度(　　)
   A. 小学以下　B. 小学　C. 初中　D. 中专
   E. 高中或高职　F. 大专　G. 大本　H. 本科以上
6. 您母亲的受教育程度(　　)
   A. 小学以下　B. 小学　C. 初中　D. 中专
   E. 高中或高职　F. 大专　G. 大本　H. 本科以上
7. 您之前有无食物中毒的经历(　　)
   A. 有　B. 没有　C. 记不清了
8. 在日常生活中,您对食品安全重视吗(　　)
   A. 非常重视　B. 比较重视
   C. 一般不太注意　D. 从不在乎
9. 在日常生活中食物中毒可能的原因有(　　)
   A. 储存的时间和地点有问题导致食物变质
   B. 餐具不卫生
   C. 食材搭配错误
   D. 食品添加剂中含有毒物质
   E. 其他________
10. 您自身是否有过类似中毒的生理反应(　　)
   A. 有　B. 没有
11. 如发生中毒,应该采取的措施有(　　)

A. 向学校反映　　B. 向食堂工作人员反映
C. 告诉同学　　D. 告诉老师
E. 告诉家长　　F. 没有向其他人提及
G. ________

12. 对于食物中毒，您认为可能的原因是（　　）
A. 食物本身质量有问题　　B. 季节/天气原因，细菌繁殖较快
C. 食堂工作人员的工作存在问题　　D. 学校的监管力度不够
E. 食物的储藏/存放问题　　F. 餐具清洗/存放存在问题
G. 其他________

13. 发生食物中毒事件后，您再去食堂用餐时，会（　　）
A. 不去食堂吃饭
B. 减少食用荤菜，多食用素菜
C. 心里有所顾忌，但吃的食物没多大变化
D. 完全没当回事儿，饮食没有变化

14. 如果学校食品安全的调查结果是不构成食物中毒，只是普通的腹泻，不存在危险性，食物中毒只是谣言，您的看法如何（　　）
A. 相信学校的调查结果　　B. 不太清楚，不做表态
C. 认为学校有所隐瞒

15. 对于食品安全事件，您的意见或建议是（　　）
A. 希望校方彻查
B. 希望学校能够在食堂常设检验部门，对每天饭食进行检查
C. 设立投诉部门，接受学生和老师的投诉和意见
D. 学校自己负责食堂伙食供应
E. 与食堂签订有效合同，对食堂进行约束
F. 让食堂向有关同学进行赔偿
G. 其他________

大学师生冲突调查问卷

1. 您的性别（ ）

A. 男　　B. 女

2. 您的年级（ ）

A. 大一　　B. 大二　　C. 大三　　D. 大四

E. 其他________

3. 您大学以前是学生干部吗（ ）

A. 是　　B. 否

4. 您来自（ ）

A. 城镇　　B. 农村

5. 您父亲的受教育程度（ ）

A. 小学以下　　B. 小学　　C. 初中　　D. 中专

E. 高中或高职　　F. 大专　　G. 大本　　H. 本科以上

6. 您母亲的受教育程度（ ）

A. 小学以下　　B. 小学　　C. 初中　　D. 中专

E. 高中或高职　　F. 大专　　G. 大本　　H. 本科以上

7. 您喜欢（ ）年龄段的老师

A. 刚毕业的(22～30岁)　　B. 30～40岁

C. 40～50岁　　D. 有长期教学、工作经验的

8. 您和老师发生过冲突吗（ ）

A. 没有　　B. 有过，1次

C. 有过，2次及以上　　D. 有过，3次及以上

9. 您与老师发生的冲突表现为（ ）

A. 肢体冲突　　B. 争吵

C. 争论　　D. 故意和老师对着干

10. 当老师批评您，而您不服，与老师理论后，老师让您到教室后面站着听课时，您（ ）

A. 认为老师在体罚　　B. 认为老师没本事，只会罚站

C. 心里不服，但还是站了　　D. 服从

11. 一般情况下，您会（ ）处理冲突

A. 坚持己见，不会妥协　　B. 与人面对面交谈
C. 能静下心来，等冷静后再处理　　D. 不知所措，任其发展
E. 通过宣泄来排解内心的压抑

12. 您上课时使用手机，被老师发现并没收了，您认为(　　)
A. 学校的规定是违法的　　B. 老师没事找事
C. 自己错了　　D. 自己倒霉

13. 您在教室里吃早餐，被老师发现并批评后，您认为(　　)
A. 学校的规定太不人性化
B. 学校的规定没道理
C. 自己不该违反学校的规定
D. 下次要记住，不能再犯类似的错误

14. 您的老师常用的批评方式是(　　)
A. 当众辱骂　　B. 单独批评　　C. 耐心教导　　D. 请家长
E. 其他________

15. 如果老师对您的批评无理，或在对您误解的情况下进行批评，您会(　　)
A. 当场反驳　　B. 忍气吞声　　C. 找同学诉苦　　D. 向校长告状
E. 其他________

16. 您或您的同学因在一周内多次迟到，老师不让进教室而发生肢体冲突时，您认为(　　)
A. 自己有错　　B. 老师应以教育为主
C. 老师以大压小　　D. 老师不该与学生发生肢体冲突

17. 老师不同意您或您的同学上课时去厕所，您认为(　　)
A. 老师侵犯了您的权利　　B. 老师应人性化管理
C. 老师的做法无法接受　　D. 自己应该在课间上厕所

18. 您或您的同学被惩罚后(　　)
A. 觉得没面子，以后与老师对着干
B. 受到教育
C. 自尊心受到伤害，从此一蹶不振
D. 无所谓

19. 老师家访，讲了您很多缺点。老师走后，您受到了父母的责备。您心中的想法是(　　)
A. 向老师提意见，希望老师以后不要这么做
B. 老师就会这一招，我根本不怕

C. 理解老师的用心，尽量改正自己的缺点

D. 决定用恶作剧报复老师

20. 当别人和您意见不同时，您会(　　)

A. 坚持己见　　B. 聆听别人意见

C. 无所谓　　D. 通过进一步交流来达成一致

E. 其他________

21. 别人批评您时，您会(　　)

A. 接受批评　　B. 为自己辩解　　C. 比较恼火　　D. 与对方争论

E. 不知所措　　F. 其他________

22. 您对待所遭受的挫折的态度是(　　)

A. 积极面对　　B. 消极面对　　C. 抵抗　　D. 视情况而定

23. 您认为老师能平等对待班级里的学生吗(　　)

A. 能　　B. 不能　　C. 有时会

24. 您喜欢怎样的老师(　　)

A. 对学生一视同仁

B. 尊重学生人格

C. 有创造性，思想跟得上时代

D. 有幽默感

E. 关心同学

F. 衣着整洁

G. 不拖堂

H. 教学质量好，教学生动的老师

I. 勇于承认错误的老师

J. 努力提高自我修养，健全自身人格的老师

K. 善于与学生交往的老师

L. 其他________

25. 当您与老师发生冲突时，您认为(　　)

A. 学生应该尊重老师，一切听老师的，事后再解释

B. 学生是上帝，老师应该充分听取学生的

C. 老师与学生拥有同等的权利，争吵与冲突是正常现象

D. 学生敢于与老师发生冲突，是社会的进步

E. 其他________

26. 当您认为能独立完成的一件事，而家长或老师却给了您很多的建议和忠告，

您的感觉（　　）

A. 家长和老师永远是对的

B. 自己的事情自己做，他们没有必要干涉

C. 没有他们的帮助，我多数会做不好的

D. 不需要他们的帮助，但部分建议可考虑

E. 没想过

F. 其他________

大学女生安全问题调查问卷

1. 您的性别（　　）
   A. 男　B. 女
2. 您的年级（　　）
   A. 大一　B. 大二　C. 大三　D. 大四
   E. 其他________
3. 您大学以前是学生干部吗（　　）
   A. 是　B. 否
4. 您来自（　　）
   A. 城镇　B. 农村
5. 您父亲的受教育程度（　　）
   A. 小学以下　B. 小学　C. 初中　D. 中专
   E. 高中或高职　F. 大专　G. 大本　H. 本科以上
6. 您母亲的受教育程度（　　）
   A. 小学以下　B. 小学　C. 初中　D. 中专
   E. 高中或高职　F. 大专　G. 大本　H. 本科以上
7. 您会穿暴露的衣服吗（　　）
   A. 经常　B. 偶尔　C. 没有
8. 您是否听说过女大学生失联的新闻报道（　　）
   A. 听说过　B. 不太清楚　C. 没听说过
9. 您独自在外，遇到陌生男子开着豪车向您搭讪问路，您会（　　）
   A. 热心指路，并坐他的顺风车带路　B. 礼貌告诉方向，但不带路
   C. 借口说不清楚　D. 默不作声地走开
10. 您有在晚上12点以后外出的经历吗（　　）
    A. 从来没有　B. 偶尔　C. 经常　D. 几乎每天
11. 您出行会选择正规营业的载客车吗（　　）
    A. 会，从不坐黑车
    B. 会，但有时候觉得黑车较为方便实惠
    C. 无所谓，拦到什么车就坐什么车
    D. 看路程远近，视情况而定

12. 一个人在寝室时，如果推销人员要求入室推销，您应该（　　）

A. 马上开门　　B. 先问清对方是谁，再开门

C. 不认识的就不开门　　D. 视情况而定

13. 因学习或打工等，需要合伙租住房屋，您会选择（　　）

A. 只和熟悉的同性合租　　B. 只要是熟悉的人，男女均可

C. 通过网络或小广告等招合租　　D. 都什么年代，何必太在意

E. 只愿意一个人住

14. 当您迫切需要一份兼职时，有人给您提供了一个机会，但是您对雇主的信息一无所知，您会不会接受（　　）

A. 接受，不了解雇主信息也没关系　　B. 慎重考虑

C. 出于安全考虑，坚决不接受　　D. 不好说

15. 您对网恋（含微信、陌陌、QQ 等其他社会网络交友）的态度是（　　）

A. 坚决反对，网络上没有真实的感情

B. 中立态度，不反对，不强求，一切随缘

C. 正常，自己也曾有过

D. 正常，但自己没尝试过

16. 您打开宿舍门后会及时拔掉钥匙吗（　　）

A. 每次都及时　　B. 一般会及时　　C. 偶尔会忘记　　D. 常常会忘记

17. 您觉得学校禁止在宿舍使用某些电器是否合理（　　）

A. 不合理　　B. 合理　　C. 保持中立　　D. 不清楚

18. 当您发现学校内有危害您和您同学的人身安全的隐患时，您的处理方法是（　　）

A. 保持沉默，自己解决　　B. 联合同学、朋友，一起解决

C. 在网络媒体上匿名公布，求助　　D. 报告给学校的老师、领导

E. 拨打 110

19. 您觉得如果学校寝室实行假期离校登记、返校签名制度，对保护学生安全会有作用吗（　　）

A. 有，这样有利于了解学生的出入情况

B. 如果能够加强实施，应该会有效

C. 没有，有的学生直接离校但不签名

D. 没影响

20. 下列的安全知识，您知道多少（　　）

A. 智斗而不硬拼，不要激怒歹徒

B. 呼救时，喊“强奸”“救火”比喊“打劫”更管用

C. 选择歹徒最脆弱的部位攻击

D. 在陌生环境下，尽量乘电梯，而不是走楼梯

E. 到家门之前先准备好开门的锁匙，不要站在门口才找锁匙

21. 如果走在路上，发现有可疑的人跟踪，您会（　　）

A. 假装打电话　　B. 快步走

C. 跑到人多的地方　　D. 大声说：跟着我干嘛！

E. 假装路人为认识的人，跟其说话，以此让对方打消念头

22. 关于提高女大学生安全防范意识，您的想法或建议是（　　）

A. 开展安全知识讲座或交流会

B. 张贴一些关于安全防范意识的大字报、海报

C. 大力宣传安全知识

D. 加强保安设施

E. 提高自身安全意识，时刻保持警惕

F. 其他________

大学生校园暴力情况调查问卷

1. 您的性别(　　)

A. 男　　B. 女

2. 您的年级(　　)

A. 大一　　B. 大二　　C. 大三　　D. 大四

E. 其他________

3. 您大学以前是学生干部吗(　　)

A. 是　　B. 否

4. 您来自(　　)

A. 城镇　　B. 农村

5. 您父亲的受教育程度(　　)

A. 小学以下　　B. 小学　　C. 初中　　D. 中专

E. 高中或高职　　F. 大专　　G. 大本　　H. 本科以上

6. 您母亲的受教育程度(　　)

A. 小学以下　　B. 小学　　C. 初中　　D. 中专

E. 高中或高职　　F. 大专　　G. 大本　　H. 本科以上

7. 您平时关注校园暴力事件吗？如孤立、起侮辱性外号、侮辱人格、造谣污蔑、肉体伤害、凶杀(　　)

A. 关注　　B. 不关注　　C. 偶尔　　D. 不清楚

8. 您对别人是否使用过校园暴力(　　)

A. 经常　　B. 从不　　C. 偶尔

9. 您认为青少年校园暴力的情况是(　　)

A. 逐渐增加　　B. 逐渐减少　　C. 与往常差不多

10. 您认为涉及校园暴力的男女生的学习成绩(　　)

A. 一般　　B. 偏差　　C. 较好　　D. 不知道

11. 校园暴力多发生于(　　)

A. 校园内，如厕所、宿舍、教室、操场、食堂、图书馆

B. 校园外，如网吧、酒吧、娱乐场所、马路上

12. 您身边的家长对待校园暴力的态度是(　　)

A. 重视　　B. 一般　　C. 无所谓　　D. 不清楚

13. 您认为(　　)形式的校园暴力对青少年影响最大

A. 以大欺小　　B. 造谣污蔑

C. 肉体伤害　　D. 孤立，侮辱人格

14. (　　)才能避免自己不受到校园暴力的伤害

A. 上下学和同学结伴而行　　B. 走人多的大马路

C. 在学校低调为人　　D. 多学一些防身技能

15. (　　)容易成为校园暴力的受害者

A. 老实人　　B. 嚣张的人

C. 出手阔绰的人　　D. 爱惹事的人

E. 其他________

16. 施暴者施暴的目的是(　　)

A. 发泄不满情绪　　B. 报复社会

C. 引起他人关注　　D. 打发时间

E. 掠夺钱财　　F. 其他________

17. 校园暴力产生的原因有(　　)

A. 对暴力的认同和膜拜　　B. 学校管理松懈

C. 家庭暴力的影响　　D. 暴力文化的熏染

E. 其他________

18. 校园暴力事件中受害者应该(　　)

A. 忍气吞声　　B. 找人报复

C. 告诉老师、家长　　D. 报警

E. 其他________

19. (　　)才能减少校园暴力的发生

A. 学校加强管理力度和处罚力度　　B. 重视学生的心理引导

C. 加强警卫　　D. 顺其自然

E. 控制暴力文化的传播　　F. 其他________

大学生群体性事件的心理调查问卷

1. 您的性别(　　)

A. 男　　B. 女

2. 您的年级(　　)

A. 大一　　B. 大二　　C. 大三　　D. 大四

E. 其他________

3. 您大学以前是学生干部吗(　　)

A. 是　　B. 否

4. 您来自(　　)

A. 城镇　　B. 农村

5. 您父亲的受教育程度(　　)

A. 小学以下　　B. 小学　　C. 初中　　D. 中专

E. 高中或高职　　F. 大专　　G. 大本　　H. 本科以上

6. 您母亲的受教育程度(　　)

A. 小学以下　　B. 小学　　C. 初中　　D. 中专

E. 高中或高职　　F. 大专　　G. 大本　　H. 本科以上

7. 您平时关注群体性事件吗(　　)

A. 非常关注　　B. 偶尔关注　　C. 从不关注

8. 您通过(　　)关注群体性事件

A. 网络报纸　　B. 公安机关的公共平台

C. 听别人提起　　D. 学校开设的相应课程

E. 学校保卫处通报

9. 您的性格是(　　)

A. 强势,周围人都听您的

B. 好感情用事,好打抱不平

C. 遇事跟随大多数人意见,态度不是很坚决

D. 性格内向,不喜欢凑热闹

10. 您了解群体性事件吗(　　)

A. 非常了解　　B. 一般了解　　C. 不了解

11. 您身边发生过群体性事件吗(　　)

A. 发生过　　　　B. 没发生过

12. 您参加过群体性事件吗(　　)

A. 参加过　　　　B. 没参加过

13. 如果您对学校某项制度存在不满,您会(　　)

A. 组织领导身边同学发起抗议活动

B. 凑热闹,去看一看

C. 如果有人领导,积极参与

D. 不予理睬

14. 如果您参与了一项群体性事件,您是出于(　　)心理参加

A. 认为此事切合自身利益

B. 认为这项群体性事件合情合理,不管切不切合自身利益,都应参加

C. 出于好奇心,看同学去,自己也去

D. 借此机会,发泄内心的不满情绪

大学生安全防范意识调查问卷

1. 您的性别(　　)

A. 男　　B. 女

2. 您的年级(　　)

A. 大一　　B. 大二　　C. 大三　　D. 大四

E. 其他________

3. 您大学以前是学生干部吗(　　)

A. 是　　B. 否

4. 您来自(　　)

A. 城镇　　B. 农村

5. 您父亲的受教育程度(　　)

A. 小学以下　　B. 小学　　C. 初中　　D. 中专

E. 高中或高职　　F. 大专　　G. 大本　　H. 本科以上

6. 您母亲的受教育程度(　　)

A. 小学以下　　B. 小学　　C. 初中　　D. 中专

E. 高中或高职　　F. 大专　　G. 大本　　H. 本科以上

7. 您认为您的安全意识如何(　　)

A. 很好　　B. 好　　C. 一般　　D. 差

8. 大学生现在要特别注意的安全隐患是(　　)

A. 宿舍安全隐患　　B. 活动安全隐患

C. 交通安全隐患　　D. 心理压力问题

E. 其他________

9. 您班里有组织过安全教育会议吗(　　)

A. 有　　B. 没有

10. 我们平时注意的安全事项有(　　)

A. 人身　　B. 财产

11. 您出寝室时,随手关门吗(　　)

A. 从不　　B. 偶然　　C. 经常　　D. 总是

12. 您离开寝室时,重要物品会放在加锁的柜子里吗(　　)

A. 从不　　B. 偶尔　　C. 经常　　D. 总是

13. 您有过在22:00后才回寝室/家的经历吗(　　)

A. 从不　　B. 偶尔　　C. 经常　　D. 总是

14. 有陌生人上门推销东西时,您的感觉是(　　)

A. 抵触　　B. 有时接受　　C. 完全接受　　D. 无所谓

15. 容易上当受骗的方式是(　　)

A. 通过网络诱骗　　B. 商品推销

C. 冒充学校工作人员诈骗学生　　D. 利用手机短信进行诈骗

E. 被身边亲友诱骗　　F. 其他________

16. 在(　　)最容易被偷盗

A. 宿舍　　B. 操场上　　C. 食堂　　D. 图书馆

E. 街上　　F. 体育馆　　G. 公交车上　　H. 商场

I. 其他________

17. 您是否有过上当受骗的经历(　　)

A. 没有　　B. 1～3次　　C. 3次以上

18. 当遇到抢劫时,您会(　　)

A. 放弃财物

B. 与歹徒搏斗

C. 与歹徒周旋,等待时机请求救援

D. 其他________

19. 在拥挤的公共场合(公交、地铁等),您的包一般放置在(　　)

A. 背后　　B. 身体两侧　　C. 身前

20. 去超市买食品时,您是否看生产日期和保质期(　　)

A. 每次都看　　B. 偶尔看　　C. 不看

21. 使用银行自动取款机时,您会注意周围状况吗(　　)

A. 从不　　B. 偶尔　　C. 经常

22. 您会通过(　　)方式找工作或兼职

A. 信任的人介绍　　B. 实地考察公司

C. 签订合同　　D. 已交付保证金

E. 网络招聘信息　　F. 未做过兼职或工作,不清楚

23. 您如何看待这几年发生的大学生安全事故

____

____

____

24. 您认为学校还应在安全方面采取哪些措施

____

____

____

大学生运动伤害情况调查问卷

1. 您的性别(　　)

A. 男　　B. 女

2. 您的年级(　　)

A. 大一　　B. 大二　　C. 大三　　D. 大四

E. 其他________

3. 您大学以前是学生干部吗(　　)

A. 是　　B. 否

4. 您来自(　　)

A. 城镇　　B. 农村

5. 您父亲的受教育程度(　　)

A. 小学以下　　B. 小学　　C. 初中　　D. 中专

E. 高中或高职　　F. 大专　　G. 大本　　H. 本科以上

6. 您母亲的受教育程度(　　)

A. 小学以下　　B. 小学　　C. 初中　　D. 中专

E. 高中或高职　　F. 大专　　G. 大本　　H. 本科以上

7. 您认为,您的身体素质(　　)

A. 很好　　B. 好　　C. 一般　　D. 不好

8. 您运动的频率是(除体育课外)(　　)

A. 每天一次　　B. 两/三天一次　　C. 四/五天一次　　D. 一周一次

E. 其他________

9. 您每次运动的时间一般是(　　)

A. 半小时以下　　B. 半小时到1小时

C. 1～2小时　　D. 2小时以上

10. 您参加体育运动的原因是(　　)

A. 减肥　　B. 打发时间　　C. 兴趣爱好　　D. 发泄、减压

E. 强身健体　　F. 其他________

11. 您现在的运动量与高中相比(　　)

A. 多　　B. 差不多　　C. 少

12. 您认为有必要每天运动吗(　　)

A. 必要　　B. 无所谓　　C. 不必要

13. 您经常做的体育运动是(　　)

A. 篮球　　B. 跑步　　C. 羽毛球　　D. 乒乓球

E. 排球　　F. 跳舞　　G. 步行　　H. 其他________

14. 您在运动时会经常受伤吗(　　)

A. 经常　　B. 偶尔　　C. 几乎没有

15. 您知道运动伤害的种类吗(　　)

A. 知道　　B. 了解一点点　　C. 不清楚

16. 您了解的运动伤害有(　　)

A. 擦伤　　B. 肌肉拉伤　　C. 挫伤　　D. 扭伤

E. 脱臼　　F. 骨折

17. 您认为下列哪种运动项目易造成伤害(排序题,请在括号内依次填入数字)

(　　)球类:足球、篮球、网球、羽毛球、乒乓球、排球

(　　)陆地竞赛:田径、自行车

(　　)水上运动:游泳、跳水、潜水

(　　)野外活动:登山、攀岩、野营、探险

(　　)武术击斗:武术、拳击、柔道、摔跤、跆拳道

(　　)其他运动:射击、骑马、击剑

18. 您对学校的体育设施满意吗(　　)

A. 满意　　B. 还行　　C. 不满意

19. 造成运动伤害的原因有(　　)

A. 学生自身准备不足,如热身、运动装备等

B. 学生对所做运动认识不足

C. 体育教师缺乏对急救措施的了解

D. 学校健康教育贫乏

E. 体育教师教学方式不当

F. 学校运动器械设置有问题,维护不及时

20. 解决运动伤害的办法有(　　)

A. 学生明确自己的身体承受范围,不要硬撑,要懂得自我调整

B. 学生遵守运动规则

C. 体育教师要深入了解运动伤害的预防知识及急救措施

D. 体育教师要进行正确的指导

E. 学校加强教育学生对运动伤害等专业知识的认识和了解

F. 学校定期派遣专业人员检查、维修运动器材

21. 您觉得还有哪些措施可以减少大学生的运动伤害状况

____

____

____

大学生户外求生能力调查问卷

1. 您的性别(　　)

A. 男　　B. 女

2. 您的年级(　　)

A. 大一　　B. 大二　　C. 大三　　D. 大四

E. 其他________

3. 您大学以前是学生干部吗(　　)

A. 是　　B. 否

4. 您来自(　　)

A. 城镇　　B. 农村

5. 您父亲的受教育程度(　　)

A. 小学以下　　B. 小学　　C. 初中　　D. 中专

E. 高中或高职　　F. 大专　　G. 大本　　H. 本科以上

6. 您母亲的受教育程度(　　)

A. 小学以下　　B. 小学　　C. 初中　　D. 中专

E. 高中或高职　　F. 大专　　G. 大本　　H. 本科以上

7. 您是否会参加户外求生活动(　　)

A. 不会　　B. 很少　　C. 偶尔　　D. 经常

8. 您了解户外求生知识吗(　　)

A. 没有　　B. 了解得很少

C. 专门了解过

9. 您有过户外遇险、紧急求生的经历吗(　　)

A. 没有　　B. 有，请说明________

10. 户外遇险时，您能保持镇定吗(　　)

A. 能　　B. 不能

C. 有时能，看情况而定

11. 您认为是否有必要开设户外求生课程(　　)

A. 没有　　B. 无所谓　　C. 很有必要

12. 您所在的学校是否开设户外求生课程(　　)

A. 有　　B. 没有　　C. 不清楚

13. 如果开设户外求生课程,您最想学习到什么知识或技能是(　　)

A. 利用自然特征判定方向　　B. 获取食物的方法

C. 获取饮用水的方法　　D. 野外/户外常见的伤病的防治

E. 复杂地形的行进方法　　F. 其他________

大学生地震防范意识调查问卷

1. 您的性别(　　)
   A. 男　B. 女
2. 您的年级(　　)
   A. 大一　B. 大二　C. 大三　D. 大四
   E. 其他________
3. 您大学以前是学生干部吗(　　)
   A. 是　B. 否
4. 您来自(　　)
   A. 城镇　B. 农村
5. 您父亲的受教育程度(　　)
   A. 小学以下　B. 小学　C. 初中　D. 中专
   E. 高中或高职　F. 大专　G. 大本　H. 本科以上
6. 您母亲的受教育程度(　　)
   A. 小学以下　B. 小学　C. 初中　D. 中专
   E. 高中或高职　F. 大专　G. 大本　H. 本科以上
7. 您是否经历过地震(　　)
   A. 是　B. 否
8. 地震是否给您的家庭造成过损失(　　)
   A. 是　B. 否
9. 您觉得地震最可怕的地方在(　　)
   A. 建筑物倒塌伤人　B. 引发的后续灾害
   C. 人员恐慌　D. 不法分子趁机制造混乱
10. 地震引发的次生灾害有(　　)
   A. 火灾　B. 水灾　C. 毒气泄漏　D. 瘟疫
11. 在外住宿时,您会第一时间了解紧急出口的位置吗(　　)
   A. 会　B. 不会　C. 偶尔会
12. 您是否接受过防范地震、火灾等应急措施的训练(　　)
   A. 是　B. 否
13. 您是通过(　　)了解地震防范知识的

A. 老师讲解　B. 学校宣传
C. 电脑、电视等网络平台　D. 报纸杂志
E. 无意中看到　F. 完全不清楚

14. 您对地震震级有无了解(　　)
A. 不了解
B. 只知道数值越高破坏力越大
C. 知道每个震级的破坏力,能区分有感地震和破坏性地震。

15. 属于地震前征兆的是(　　)
A. 井水发浑、冒泡、升温、变色、变味
B. 鼠等穴居动物大量逃窜
C. 大范围手机失灵,声音忽大忽小,时有时无,有时连续出现噪声
D. 大地出现裂缝,鼓起几天后消失,反复多次

16. 如果地震来临,您选择避难逃生路线的考虑因素有(　　)
A. 安全　B. 道路宽度
C. 路旁的建筑物高度　D. 障碍物的数量
E. 最短距离　F. 最少时间
G. 熟悉的路线　H. 跟着大家走
I. 其他________

17. 避震时,身体应采取(　　)姿势
A. 尽量蜷缩身体,降低重心　B. 保护好头部、眼睛,护住口、鼻
C. 避开人群,不乱拥挤

18. 以下正确的避震要点是(　　)
A. 伏而待定,蹲下或坐下,尽量蜷曲身体,降低身体重心
B. 抓住桌腿等牢固的物体
C. 震时就近躲避,震后迅速撤离到安全地
D. 地震时马上逃跑

19. 如果被埋压怎么办(　　)
A. 大声呼救,自己尝试脱离险境
B. 搬开身边可搬动的碎砖瓦等杂物,扩大活动空间
C. 不要随便动用室内设施,包括电源,水源
D. 设法用砖石、木棍等支撑残垣断壁

20. 当您在学校时,地震了怎么办(　　)
A. 正在上课时,要在教师指挥下迅速抱头、闭眼,躲在各自的课桌下

B. 赶快逃,能跑多远跑多远

C. 乘坐电梯逃跑

D. 在操场或室外时,可原地不动蹲下,双手保护头部,注意避开高大建筑物或危险物

21. 当您在野外时,地震了怎么办(　　)

A. 避开山脚、陡崖,以防山崩、滚石、泥石流等

B. 遇到山崩、滑坡,先往山下跑

C. 遇到山崩、滑坡,蹲在地沟、坎下

D. 遇到山崩、滑坡,躲在结实的障碍物下

22. 如果找不到脱离险境的通道,您会(　　)

A. 控制自己的情绪或闭目休息,等待救援人员到来

B. 哭喊、急躁和盲目行动

C. 尽量发出信息(如敲击声等)

D. 不清楚

23. 震后救人时,对处于黑暗、窒息、饥渴状态下埋压过久的人,正确的护理方法是(　　)

A. 尽快救出来,尽快见光亮

B. 尽快救出来,尽快进食

C. 蒙上眼睛救出来,慢慢呼吸、进食

D. 尽快救出来,尽快输氧

参考文献

一、法律法规

《中华人民共和国宪法》
《中华人民共和国食品安全法》
《中华人民共和国食品安全法实施条例》
《国务院关于加强食品等产品安全监督管理的特别规定》
《中华人民共和国道路交通安全法》
《中华人民共和国道路交通安全法实施条例》
《中华人民共和国消防法》
《中华人民共和国刑法》
《中华人民共和国侵权责任法》
《中华人民共和国治安管理处罚法》
《反分裂国家法》
《中华人民共和国反间谍法》
《中华人民共和国合同法》
《中华人民共和国劳动合同法》
《中华人民共和国就业促进法》
《中华人民共和国消费者权益保护法》
《中华人民共和国保守国家秘密法》
《中华人民共和国突发事件应对法》
《国家突发公共事件总体应急预案》

《国家突发公共卫生事件应急预案》
《艾滋病管理条例》
《直销管理条例》
《禁止传销条例》
《宗教事务条例》
《中华人民共和国境内外国人宗教活动管理规定》
《麻醉药品和精神药品管理条例》
《中共中央、国务院关于进一步加强和改进大学生思想政治教育的意见(中发[2014]16 号)》
《学生伤害事故处理办法(教育部令第 12 号)》
《普通高等学校学生管理规定(教育部令第 41 号)》
《高等学校学生行为准则》
《普通高等学校学生安全教育及管理暂行规定》
《高等学校校园秩序管理若干规定》
《黄山学院学生守则》
《黄山学院学生安全管理规定》
《黄山学院学生违纪处分实施细则(修订)》

二、专著类

弗洛伊德. 图腾与禁忌[M]. 北京：中央编译出版社，2015.
冯国超. 中国古代性学报告[M]. 北京：华夏出版社，2013.
程锡森，张先松. 休闲健身运动概论[M]. 武汉：中国地质大学出版社，2015.
曲广娣. 色情问题的根源和规范思路探讨[M]. 北京：中国政法大学出版社，2013.
战嘉怡. 珍爱生命远离毒品[M]. 第 2 版. 北京：中国劳动社会保障出版社，2005.
许永勤. 犯罪心理学概论[M]. 北京：对外经济贸易大学出版社，2012.
辛勇. 现代心理学实验理论与操作[M]. 成都：四川大学出版社，2015.
罗慧兰. 女性心理学[M]. 长沙：湖南大学出版社，2014.
董颖. 青少年犯罪新论[M]. 北京：中国妇女出版社，2010.

钟其.社会转型中的青少年犯罪问题研究以浙江省为例[M].杭州：浙江工商大学出版社，2014.

莫洪宪.刑事被害救济理论与实务[M].武汉：武汉大学出版社，2004.

张昌荣.绑架被害预防[M].北京：群众出版社，2002.

王云斌.网络犯罪[M].北京：经济管理出版社，2002.

张进辅.青年职业心理发展与测评[M].重庆：重庆大学出版社，2009.

汤啸天，等.犯罪被害人学[M].兰州：甘肃人民出版社，1998.

王大伟.中小学生被害人研究——犯罪发展论[M].北京：中国人民公安大学出版社，2003.

柳斯品.现代大学生保健指南[M].第2版.北京：北京医科大学、中国协和医科大学联合出版社，1996.

吴凌.辩证唯物主义历史唯物主义原理[M].厦门：厦门大学出版社，2004.

江小卫.新编大学生就业指导与创业教育[M].成都：电子科技大学出版社，2016.

李莉.大学生就业指导实训教程[M].北京：北京理工大学出版社，2015.

高富春，尹清杰.大学生就业指导实务[M].上海：上海交通大学出版社，2017.

李燕，邵林，王志军.大学生就业指导创新研究[M].杭州：浙江大学出版社，2013.

本书编写组.思想道德修养与法律基础[M].北京：高等教育出版社，2018.

傅思明.宪法学[M].第2版.北京：对外经济贸易大学出版社，2014.

张志京.劳动法学[M].第3版.上海：复旦大学出版社，2014.

龙瑞全，余图军.大学生心理健康教育[M].成都：电子科技大学出版社，2017.

李艳.大学生心理健康教育[M].北京：北京邮电大学出版社，2017.

孔庆蓉，孙夏兰，杨玉莉.心理健康新观念[M].北京：中央编译出版社，2016.

段志忠，邹满丽，滕为兵.教育管理与学生心理健康[M].长春：吉林人民出版社，2017.

陈红英，舒刚.大学生心理健康教程[M].武汉：武汉大学出版社，2012.

赵国秋.心理健康问答集[M].杭州：浙江大学出版社，2015.

叶星，毛淑芳.大学生心理健康指导[M].北京：对外经济贸易大学出版社，2014.

宛蓉. 大学生心理健康[M]. 北京：北京师范大学出版社，2014.

邱泽安，田秀云. 大学生心理健康教育[M]. 成都：四川大学出版社，2014.

葛宝岳. 大学生心理健康与安全教程[M]. 北京：新华出版社，2015.

陈建存. 醍醐集大学生安全纪律教育读本[M]. 广州：中山大学出版社，2011.

朱亚敏. 预防与应对大学生安全教育读本[M]. 南京：东南大学出版社，2011.

何美琴. 大学生安全技术导论[M]. 上海：华东理工大学出版社，2011.

史保国，年亚贤. 大学生安全与法制教育[M]. 西安：陕西师范大学出版总社有限公司，2012.

李建宇. 大学生安全教育读本[M]. 昆明：云南大学出版社，2017.

陈武，张卫平. 大学生安全教育探新[M]. 北京：北京理工大学出版社，2013.

林金水. 大学生安全教育[M]. 上海：上海交通大学出版社，2012.

毛小桥. 大学生安全教育[M]. 长沙：国防科技大学出版社，2010.

杜成芬，肖敏. 院前急救护理[M]. 武汉：华中科技大学出版社，2016.

刘家良. 新编院前急救教程[M]. 济南：山东科学技术出版社，2017.

杨建芬. 急救护理技术[M]. 北京：人民军医出版社，2015.

屈沂. 急诊急救与护理[M]. 郑州：郑州大学出版社，2015.

李晓愚. 家庭急救常识[M]. 重庆：重庆大学出版社，2014.

魏蕊. 急救医学[M]. 西安：第四军医大学出版社，2012.

三、论　　文

陈大文，陈锦文，吕新. 关于大学生法律素质教育的调查与思考[J]. 武汉科技大学学报：社会科学版，2005(4).

谈大正. 色情信息法律规制和公民性权利保护[J]. 东方法学，2010(3).

刘强. 网络色情的威胁与对策[J]. 中州大学学报，2002(2).

张真理. 中国现行法中的色情概念研究[J]，法学杂志，2010(3).

张曙光. 论网络色情文化对青少年性道德的冲击[J]. 经济研究导刊，2009(23).

李欣忆，祁畅，曾俊伟，刘彪. 大学生黄赌毒行为的心理机制及免疫防范教育研究[J]. 安徽警官职业学院学报,2012(4).

何珩. 中国内地青少年赌博问题及防治[J]. 当代青年研究,2012(12).

刘尧. 大学不该缺席的一次教育反思——从大学生玩“炸金花”赌博游戏被拘谈起[J]. 上海教育评估研究,2015(4).

张文. 大学生涉赌行为透析[J]. 湖南社会科学,2005(4).

陈小平. 论赌博对青少年的危害及预防对策[J]. 湖南环境生物职业技术学院学报,2006(2).

李谨辰. 关于大学生参与赌博的危害及防范的思考[J]. 科教导刊,2011(8).

黄声巍. 关于大学生参与赌博的危害性的个案研究[J]. 张家口职业技术学院学报,2011(1).

丁维凡. 大学生赌博现象浅析[J]. 新西部,2007(4).

黄碧蓉,刘云珊. 强化学生正确预防艾滋病与毒品的传播[J]. 中国校外教育,2015(11).

安民兵. 青少年药物滥用的防治[J]. 医学与哲学(人文社会医学版),2006(11).

郭莉. 从问卷调查看将毒品预防教育纳入高校德育教育的必要性[J]. 法制与社会,2008(30).

扶斌,杨丽君,李珍. 中小学校毒品预防教育的相关理论基础研究[J]. 中国药物滥用防治杂志,2006(2).

王新华,刘永亮,贾东水. 多视角探讨学校毒品预防教育中的科学与人文对话[J]. 法制与社会,2009(27).

李金娥. 邯郸市中学生对新型毒品和艾滋病知识的认知现状[J]. 职业与健康,2011(6).

郭先根. 大学生酗酒恶习成因分析及限酒对策研究[J]. 中小企业管理与科技,2014(3).

焦慧杰,宋倩,王冠宇. 大学生饮食健康与营养教育研究[J]. 科教导刊,2012(4).

谢佩娜. 大学生饮食健康状况的调查与分析[J]. 四川体育科学,2002(3).

王延丽,王正翔. 大学生饮食营养与健康状况调查[J]. 农产品加工,2015(2).

杨亚. 当代大学生饮食消费行为的社会学分析——以贵州大学为例[J]. 安顺学院学报,2014(1).

谢明,王鹏,周娟,等. 建立大学生健康膳食与 EIM 指导系统关联性研究

[J].成都工业学院学报,2015(4).

孙红敏.大学生体育锻炼应注意的营养[J].齐齐哈尔师范学院学报:自然科学版,1996(4).

李晓红,李万伟.山东大学生膳食营养状况调查[J].现代预防医学,2012(7).

李奇星.浅谈当代大学生营养与健康[J].教育教学论坛,2014(39).

王焙华.大学生常见疾病的预防及健康教育[J].安徽教育学院学报,2007(6).

路增华.新时期某省属师范大学生常见疾病的分析[J].齐齐哈尔医学院学报,2015(11).

封彦青.阑尾功能新认识对阑尾炎防治影响研究[J].当代医学,2008(13).

张颖.某高校住院大学生疾病构成分析[J].职业与健康,2013(3).

刘三保.高校学生常见多发病的原因及预防[J].湖北师范学院学报:自然科学版,1999(1).

骆风,王志超.当代大学生不良生活习惯的调查分析和改进对策——来自广东高校的研究报告[J].广州大学学报:社会科学版,2010(2).

徐瑞媛.大学生传染病知识态度与预防行为现状分析[J].科教导刊,2012(2).

李斌.国务院关于传染病防治工作和传染病防治法实施情况的报告[J].首都公共卫生,2013(5).

王斐然,高树刚,叶红,等.大学生应对方式的影响因素及其与心理健康关系的研究进展[J].医学研究与教育,2013(2).

王曙光,张胜康,吴锦晖.疾病的文化隐喻与医学社会人类学的鉴别解释方法[J].社会科学研究,2002(4).

冉丽娟,张俐,赵立.传染病对大学生心理影响的调查研究[J].中国医药导刊,2014(9).

田玲,李冬梅,汪楠,等.加强传染病防治战略研究的思考[J].医学研究杂志,2007(1).

朱志,陈联俊.建立高校传染病防治快速反应的常规机制研究[J].中国科技信息,2007(4).

于伟光.西医实验教学课应加强学生生物安全防范观念[J].长春中医学院学报,2006(1).

刘武晶.大学生门诊常见疾病的预防及健康教育[J].广东石油化工学院学

报,2013(5).

赵瑞贞,曹丽娟.急性上呼吸道感染的药物治疗进展[J].河北医药,2009(6).

朱艳,冯俊.大学生呼吸系统疾病的预防及其健康教育[J].合肥师范学院学报,2013(3).

张实,韩园.2011年云南大学部分学生患病情况调查及发病原因[J].职业与健康,2012(24).

吴育龙,沈永顺,张王君.自发性气胸的治疗进展[J].医学信息,2009(12).

陈冰燕,李超乾.支气管哮喘急性发作治疗进展[J].科技风,2011(21).

李小妮.肺结核患者服药依从性的研究进展[J].护理实践与研究,2012(6).

王玉红,胡殿宇,等.某高校三起传染病的暴发流行病学调查[J].中国卫生检验杂志,2014(13).

王志英,黄连成.非医学专业大学生对艾滋病/性病的认知程度、性态度及性行为的现状调查[J].华中科技大学学报:医学版,2010(4).

朱敏,崔丽.大学生艾滋病预防和性健康教育项目评估浅析[J].卫生软科学,2012(10).

兰孝忠.大学生艾滋病防治知识的健康教育[J].科技创新导报,2013(28).

黄碧蓉,刘云珊.强化学生正确预防艾滋病与毒品的传播[J].中国校外教育,2015(11).

何景琳,谢蕾.青少年与艾滋病预防——联合国儿童基金会在中国的项目介绍[J].中国健康教育,2000(11).

尹利军,樊红光,尹晓静.健康教育是预防艾滋病最有效的疫苗[J].中国健康教育,2000(1).

尤琪,张苑珑,杜梅,等.大学生性知识和性行为调查分析[J].现代生物医学进展,2010(11).

张全成,冀兆鹏,崔广志,等.大学生慢性病潜在危险因素分析[J].中国学校卫生,2013(9).

郭玲,刘素珍.某高校在校学生健康素养水平调查[J].中国学校卫生,2011(8).

毛晨峰,周伟洁,马海燕,等.杭州市大学生慢性病认知态度行为现状调查[J].中国健康教育,2015(1).

洪丽娟,何婷婷,蒋雯雯,等.新医改背景下高校学生慢性病干预的必要性和可行性[J].中国学校卫生,2010(8).

林玉蓉.浅析高校突发事件的应急处置——以急病事件为例[J].科教文汇，2014(9).

姜新峰，孙业桓.我国学生伤害的现况影响因素及对策研究[J].中国校医，2009(3).

谭璐，郭红霞.大学生交通安全行为规范化研究[J].黑龙江交通科技，2013(6).

康永红，何荣藩.大学生运动性非外伤性疾病[J].高校保健医学研究与实践，2005(1).

贾杰亚.大学生运动性非外伤性疾病调查分析[J].淮阴师范学院学报(自然科学版)，2006(4).

郝眉劳.高校公寓盗窃案件的成因及对策[J].太原大学学报，2007(3).

张幼香.高校学生宿舍盗窃现象与防范对策[J].现代经济信息，2009(16).

宋玉彬，杨晓君.新时期大学生盗窃行为的心理分析与对策[J].学理论，2012(24).

徐锋.大学生盗窃动机的形成及对策[J].江苏公安专科学校学报，2002(2).

叶卫树.大学生盗窃犯罪的成因与对策——以浙江省某市五校近五年统计数据为例[J].浙江工商职业技术学院学报，2015(4).

王晓云.大学生盗窃犯罪之思考[J].江西科技师范学院学报，2008(5).

杜邈.大学生犯罪及预防研究[J].河南公安高等专科学校学报，2004(6).

马国香，陈强.预防大学生违法犯罪对策研究——以高校教育、管理、服务育人为视角[J].佳木斯教育学院学报，2011(4).

党颖.大学生犯罪刑罚适用[J].社会科学家，2013(11).

杨旭垠.大学生犯罪的社会心理成因及对策[J].青少年犯罪问题，2001(1).

麦达松.网络时代高校预防大学生犯罪机制研究[J].广西社会科学，2011(8).

赵万祥.大学生盗窃犯罪的诱因分析与防治[J].吉林公安高等专科学校学报，2009(5).

王晓云.大学生盗窃犯罪之思考[J].江西科技师范学院学报，2008(5).

刘彬，鲁满新.当前大学生犯罪特征、诱因分析及学校预防对策探讨[J].法制与社会，2007(8).

何木喜，谭铁伟.大学生盗窃心理透视[J].上海电机技术高等专科学校学报，2003(3).

袁立光，王亮.当代大学生盗窃行为剖析[J].湘潭师范学院学报：社会科学版,2004(5).

靳如军.大学生违纪违法犯罪行为的成因及预防[J].南都学坛,2002(3).

刘汉刚,齐刚,易明,李冬涛.略论大学生盗窃犯罪[J].湖北警官学院学报,2004(6).

郭相春.论大学生盗窃动机的形成与扼制[J].华北水利水电学院学报(社科版),2000(1).

赵国玲.被害预防之我见[J].中央政法管理干部学院学报,2000(3).

卢建平,王丽华.大学生盗窃犯罪被害调查报告[J].青少年犯罪问题,2008(3).

林明华.大学生受骗案件初议[J].湖北警官学院学报,2004(2).

林梅玉.高校诈骗的特点及对策研究[J].兰州教育学院学报,2015(12).

肖谢,黄江英.大学生网络受骗的类型、原因及对策研究[J].重庆邮电大学学报:社会科学版,2015(5).

刘广三,杨厚瑞.计算机网络与犯罪[J].山东公安专科学校学报,2000(2).

张琳,向晓丹,李源,等.网络虚拟货币发展及现实风险分析[J].西南金融,2014(5).

聂里宁.网络犯罪若干问题研究[J].云南大学学报(法学版),2004(5).

何培育,蒋启蒙.个人信息盗窃的技术路径与法律规制问题研究[J].重庆理工大学学报:社会科学版,2015(2).

王栋.大学校园网网络安全问题的分析与对策[J].甘肃联合大学学报:自然科学版,2010(4).

陈代杰.高校校园诈骗成因及对策研究[J].科教导刊,2014(11).

卜坤明.加强安全教育　有效防范大学生诈骗案件[J].亚太教育,2015(24).

张逸.对高校校园诈骗案件的剖析及防范对策[J].上饶师范学院学报:社会科学版,2003(4).

杨中英,李敏.高校诈骗的特点与原因分析——来自某高校抽样调查的发现[J].长春理工大学学报:社会科学版,2011(8).

毛德华.手机短信息诈骗犯罪的手段、成因、特点及防范[J].铁道警官高等专科学校学报,2004(1).

宋大伟.高校大学生防范网络诈骗教育[J].武夷学院学报,2015(7).

于艺涛.大学生防范网络诈骗意识的培养策略研究[J].黑河教育,2017(12).

闫超栋.传销对大学生的危害及防范[J].高校辅导员学刊,2011(1).

蒋丽源,陈超.传销在大学中的新动向和防范对策研究[J].柳州职业技术学院学报,2012(2).

曾术华.从大学生传销案看学校道德教育存在的问题[J].人力资源管理,2010(5).

于永,薛亚奎.从大学生屡陷传销反思高校辅导员工作[J].中北大学学报:社会科学版,2012(6).

刘伟.浅议高校学生反传销意识的思政教育[J].长沙铁道学院学报:社会科学版,2011(3).

王桂林.传销在我国的发展、现状、特点及危害[J].安阳工学院学报,2010(5).

戴斌荣,承璇璇.大学生参与传销的原因及预防对策[J].南京邮电大学学报:社会科学版,2011(3).

张金健,段鑫星.大学生参与传销的心理动因分析[J].煤炭高等教育,2008(4).

曹凤才,田维飞.高校如何防止大学生身陷传销活动[J].山西高等学校社会科学学报,2009(7).

章顺来.从大学生屡陷传销反思高校思想政治工作[J].中国高教研究,2005(5).

戈国华.加强高校学生教育与管理,防止学生误入非法传销组织[J].科技信息(学术研究),2007(33).

贾绍宁,曹宇.大学生参与传销的心理分析及应对策略[J].金融教学与研究,2010(3).

杨东.高校关于大学生参与非法传销的应对策略研究[J].江苏科技信息,2009(10).

梅艳珠.大学生参与非法传销的成因分析和防范处置对策[J].湖北警官学院学报,2004(4).

唐金权.大学生传销问题及其防治[J].河南工程学院学报:社会科学版,2014(1).

陈丽.大学生对传销的认识和防范——以衡水学院为例[J].中外企业家,2014(4).

胡冬群.大学生就业难与高校传销防控刍议[J].湘潮,2013(10).

张勇."全程就业教育"的理念及其功能的实现[J].湖北职业技术学院学报,2004(1).

曲科进. 大学生就业要警惕传销新动向[J]. 中国科技信息,2009(19).

郝亚勤. 大学生迷失传销的诱因及应对策略探析[J]. 网络财富,2010(18).

李明乡. 大学生如何防范和抵制传销组织[J]. 法制与社会,2014(31).

黄任之. 大学生为什么频频陷入传销迷潭[J]. 青少年犯罪问题,2005(2).

王厚兵,张伟. 大学生误入传销的原因及对策分析[J]. 郧阳师范高等专科学校学报,2015(2).

胡国伟,杨越明,罗威. 大学生误入传销组织的原因与预防[J]. 安庆师范学院学报: 社会科学版,2014(2).

饶家辉,王宏娟. 高校应对传销"变异"的策略选择[J]. 新西部,2010(9).

杨晓林,张琼. 关于网游中暴力、色情及沉溺问题的思考[J]. 上海商学院学报,2011(4).

周喜华. 大学生手机成瘾的探究[J]. 教育教学研究,2010(4).

韩登亮,齐志斐. 大学生手机成瘾症的心理学探析[J]. 当代青年研究,2005(12).

张卫军,朱佳伟,潘振华等. 大学生手机消费现状调查分析报告[J]. 青年研究,2003(7).

李培媛,林希玲. 大学生网络成瘾及其防治[J]. 齐鲁医学杂志,2006(2).

郝雁,权正良. 大学生网络成瘾的原因分析及伦理对策[J]. 中国医学伦理学,2007(3).

章成斌,吴代莉. 大学生网络成瘾症原因、可自愈性特点分析及防治对策[J]. 广西青年干部学院学报,2005(2).

李冬霞. 青少年网络成瘾倾向与父母教养方式的关系研究[J]. 南京医科大学学报: 社会科学版,2007(2).

舒本平. 论大学生网络伦理危机及其教育对策[J]. 黑河学刊,2011(2).

王洪婧,郭继志,胡善菊,等. 大学生网络伦理失范问题的法律规制探讨[J]. 中国教育技术装备,2013(12).

邱德明. 浅析法制社会进程中的高校网络伦理道德建设[J]. 法制与社会,2008(13).

翟春,宋成. 提高女大学生生命安全意识的对策研究[J]. 沈阳工程学院学报: 社会科学版,2015(3).

魏国. 大学生安全法规教育重要性浅谈[J]. 天津职业院校联合学报,2012(1).

林慧. 被害预防视域下的高校安全教育探析[J]. 现代教育管理,2015(6).

王大洋,卢秋婷.高校学生意外伤害事件的预防[J].吉林建筑工程学院学报,2012(1).

张建明,张洁,张连春.大学生安全危机诱因及防控途径[J].河北北方学院学报:社会科学版,2016(1).

阳存.大学生内在安全行为习惯构筑路径选择[J].人民论坛,2015(2).

杨振斌,李焰.大学生非正常死亡现象的分析[J].心理与行为研究,2015(5).

郝占辉.大学生人身伤害事故的处置规范及警示意义[J].学理论,2014(9).

谢军勤,严建军,汪胜祥,周本贵,张玲.高校学生在校期间意外死亡的预防及应对措施[J].湖北职业技术学院学报,2011(4).

雷连莉,谈春艳.论大学生被害现象及预防对策[J].当代教育理论与实践,2015(1).

缠菁,邢小松,徐静."体验式"法制安全教育模式建构研究[J].思想政治教育,中国轻工教育,2010(3).

徐冰.大学生法制教育的缺失与高校法制教育模式的构建[J].改革与开放,2011(10).

于敏,吴雪飞.大学生法制教育的有效途径与模式探究[J].辽宁师专学报:社会科学版,2012(3).

邓齐滨,盛英会,韩颖梅.大学生法制教育的困境分析及对策思考[J].经济研究导刊,2016(2).

汪雅卿,徐艳."平安校园"建设视域下大学生法律素质培养研究[J].科教文汇,2014(8).

赵博.新时期大学生法制教育存在的问题及教育对策[J].教育教学论坛,2014(19).

王鹏,欧元雕.高校法制教育的困境与出路[J].西昌学院学报:社会科学版,2014(1).

彭长江.大学生法制安全教育问题研究[J].河北民族师范学院学报,2013(4).

王璐.大学生法制观教育的重要性及途径分析[J].法制博览,2012(8).

徐学钢,谢鹏.从失联事件看大学生安全教育工作面临的问题及对策[J],科教文汇,2015(5).

翟春,宋成.提高女大学生生命安全意识的对策研究[J].沈阳工程学院学报:社会科学版,2015(3).

黄迎兵. 大学安全教育、学生安全意识与安全技能现状调查及对策研究[J]. 河南社会科学,2007(5).

胡爱民,范爱武,宋宏. 浅析生活方式与生活质量[J]. 南京理工大学学报:社会科学版,2001(3).

骆风,王志超. 当代大学生不良生活习惯的调查分析和改进对策——来自广东高校的研究报告[J]. 广州大学学报:社会科学版,2010(2).

赵博. 新时期大学生法制教育存在的问题及教育对策[J],教育教学论坛,2014(19).

夏心杰. 学生攻击性行为的心理分析与预防策略[J]. 南通航运职业技术学院学报,2003(1).

李俊丽,梅清海,于承良,等. 未成年犯的人格特点与心理健康状况和应对方式的相关研究[J]. 中国学校卫生,2006(1).

成叶,陈天娇. 中学生自杀行为流行现状及其与心理——情绪障碍的关联[J]. 中国学校卫生,2009(2).

陈楚杰. 大学生运动性猝死预防及应急管理研究[J]. 科技视界,2015(11).

陈学凤. 风险社会下大学生就业陷阱的治理路径探析[J]. 贵州商业高等专科学校学报,2014(1).

翟云秋. 高校大学生就业安全及对策研究[J]. 湖南工业职业技术学院学报,2014(5).

胡建军,司马利奇. 大学生择业中的就业安全问题及对策研究[J]. 佳木斯职业学院学报,2016(2).

黎登辉. 试论大学生就业安全保障体系的构建[J]. 中国大学生就业,2013(14).

顾红欣,王金月,高楠,等. 大学生就业安全现状及对策研究[J]. 教育理论与实践,2014(30).

张凌洁. 浅谈"互联网+"下就业安全问题[J]. 人力资源管理,2016(5).

林广正. 基于移动互联网的大学生就业 SWOT 分析与对策[J]. 林区教学,2015(11).

谢嘉嘉. 论信息时代大学生就业安全问题[J]. 人才资源开发,2014(18).

罗丹. 高校毕业生安全管理工作的困境与对策探索[J]. 产业与科技论坛,2015(14).

沈晶. 浅析高校毕业生就业安全的现状及原因[J]. 湖南第二师范学院学报,2014(5).

刘伟. 就业安全教育视角下的职业指导探究[J]. 黑龙江教育学院学报，2016(8).

王海燕. 大学生就业安全分析及应对策略[J]. 知识经济，2016(13).

吴轩辕. 高职院校大学生就业安全教育机制研究[J]. 职业时空，2015(3).

杨文舟. 避免高职校毕业生落入就业陷阱的措施[J]. 技术与市场，2015(12).

任天飞，陈利. 当前大学生法律意识存在的问题及对策[J]. 辽宁行政学院学报，2006(4).

朱磊. 完善大学生法律教育是就业的重要保证[J]. 中共乌鲁木齐市委党校学报，2011(2).

徐巧珍. 毕业生就业权益如何救济[J]. 中国大学生就业，2004(18).

刁宁宁. 大学生就业权的法律保护[J]. 职业技术，2011(3).

薄波. 浅议高等教育大众化后大学毕业生的就业权益与保护[J]. 出国与教育，2010(14).

雷薇. 试论高校应届毕业生就业权益保护体系的构建[J]. 企业技术开发，2008(6).

周玉. 大学生实习期间合法权益保护问题——高校应教会学生自我维权和自我保护[J]. 中国科技信息，2007(14).

章志图. 大学毕业生就业权益保护意识教育[J]. 当代青年研究，2010(10).

程亮. 大学生就业的法律保障探析[J]. 河北工程大学学报(社会科学版)，2009(2).

肖建国. 高校意外伤亡事件与学生的自我防范[J]. 思想理论教育，2006(9).

庞然，韩天顺. 将传统文化融入大学生生命观教育[J]. 党政干部学刊，2013(5).

谭保斌. 用以人为本理念观照生命——兼谈我国传统文化中的生命观[J]. 河池学院学报，2010(3).

李忠红，王贺. 儒学敬畏生命思想视域下的现代生命教育路径[J]. 理论月刊，2010(2).

方芳. 中国传统文化视野下的大学生生命教育思考[J]. 武汉纺织大学学报，2015(4).

李继高. 中国传统和谐文化中的生命观及其现代价值[J]. 陕西师范大学学报：哲学社会科学版，2009(6).

曾勇. 文化传承与生命涵养[J]. 南昌大学学报：人文社会科学版，2009(2).

郑晓江.以文化传统为内核开展生命教育[J].南昌大学学报：人文社会科学版，2009(2).

刘赪秀.传统文化视角下的大学生生命观教育探析[J].湖北科技学院学报，2014(11).

刘济良，李晗.论香港的生命教育[J].江西教育科研，2000(12).

雷静，谢光勇.近十年来我国生命教育研究综述[J].教育探索，2005(5).

邓利蓉.先秦诸子生命教育观及其当代意义[J].福建师大福清分校学报，2015(6).

范小虎，许鹤.生命教育的层次探寻：《诗经》生命观的当代启示[J].教育研究与实验，2017(3).

夏夏.《论语》的生命观对大学新生入学教育的启示[J].语文建设，2016(33).

罗君辉.试论高校思想政治工作的语言艺术[J].广东技术师范学院学报，2003(5).

廖天凡，林苇晴.我国大学生应急教育现状与发展分析[J].才智，2011(14).

宋勇.浅论大学生突发事件应急教育[J].黔南民族师范学院学报，2008(5).

焦阳.浅谈大学生应急处理能力的培养[J].河北省社会主义学院学报，2011(1).

田水承.人的因素、安全应急意识能力与安全[J].技术与创新管理，2015(4).

魏锡坤.社会转型期大学生安全应急教育方法研究[J].山西青年管理干部学院学报，2013(2).

李文钰，陈华平.提高大学生应对突发事件能力的对策思考[J].兰州教育学院学报，2012(2).

宋洪峰.浅论大学生应急管理思想教育[J].北华大学学报(社会科学版)2012(5).

邢卓.校园危机事件与大学生自我应急能力的培养[J].航海教育研究，2010(3).

宋勇.浅论大学生突发事件应急教育[J].黔南民族师范学院学报，2008(5).

熊敏.浅析高校如何应对突发自然灾害[J].中小企业管理与科技，2010(7).

赵有军，张敏敏.构建应对重大自然灾害的校园危机管理体系[J].教学与管理，2010(6).

陈光军，何光芬.大学生应对灾害能力的培养研究[J].决策咨询，2014(2).

朱敏，崔丽.大学生艾滋病预防和性健康教育项目评估浅析[J].卫生软科学，2012(10).

四、学位论文

王天一. 青年色情研究消费：观视实践、意义构建和社会文化分析——以某校大学生为例[D]. 华东师范大学硕士学位论文，2015.

杨雪. 收集网络色情之政府监管研究[D]. 湖北工业大学硕士学位论文，2011.

李国兵. 网络色情犯罪侦防对策研究[D]. 西南政法大学硕士学位论文，2013.

徐金水. 网络诈骗犯罪问题研究[D]. 华中师范大学硕士学位论文，2011.

严桂泉. 论信息时代青少年学生网络道德教育[D]. 福建师范大学硕士学位论文，2002.

张曼. 高校学生人身安全防控研究[D]. 燕山大学硕士学位论文，2015.

李娜娜. 大学生被害现象与对策研究[D]. 安徽大学硕士学位论文，2011.

佟朝坤. 大学生自杀的早期预防与干预研究——以 N 大学为例[D]. 暨南大学硕士学位论文，2015.

王思思. 大学毕业生就业权益自我保护研究[D]. 沈阳师范大学硕士学位论文，2013.

杨晓芸. 我国大学毕业生就业权益保护问题研究[D]. 北京交通大学硕士学位论文，2009.

杜彬. 新《劳动合同法》实施对高校毕业生就业影响及对策研究[D]. 四川农业大学硕士学位论文，2010.

李冬. 我国大学生就业情况调查及法律保障[D]. 沈阳师范大学硕士学位论文，2011.

修迎. 当代大学应届毕业生择业中的劳动合同意识问题研究[D]. 吉林农业大学硕士学位论文，2011.

廖海华. 论大学生就业权的法律保护[D]. 湖南大学硕士学位论文，2009.

温建宇. 大学生就业过程中的合同纠纷及对策研究[D]. 上海师范大学硕士学位论文，2016.

陈雨菡. 我国大学生就业协议法律问题研究[D]. 海南大学硕士学位论文，2016.

彭立. 大学生就业协议书法律问题调查报告——以河西高校调查为例[D].

湖南师范大学硕士学位论文,2016.

付瑞玲.当代大学生就业维权意识培育研究[D].广州中医药大学硕士学位论文,2017.

王明明.基于儒家生命哲学视角的大学生生命观教育研究[D].沈阳航空航天大学硕士学位论文,2017.

杨结秀.孔子的生命观对大学生生命教育的启示[D].广西大学硕士学位论文,2012.

王雪英.大学生生命观教育研究[D].山西财经大学硕士学位论文,2009.

唐华林.大学生思想政治教育语言艺术研究[D].四川师范大学硕士学位论文,2014.

张芸.大学生应急能力测量量表设计[D].西安科技大学硕士学位论文,2014.

王向军.高校危机管理的问题与对策研究[D].华中师范大学硕士学位论文,2013.

宫建萌.辅导员应对高校突发事件策略研究[D].辽宁师范大学硕士学位论文,2014.

黄薇霖.我国大学生危机管理研究[D].南京师范大学硕士学位论文,2011.

简敏.校园危机管理策略与大学生应急能力培养途径研究[D].西南政法大学硕士学位论文,2007.

朱默.突发公共事件应急管理中的大学生思想政治教育研究[D].安徽大学硕士学位论文,2014.

尚成园.思想政治教育在高校突发事件应急管理中作用研究[D].河北科技大学硕士学位论文,2014.

姚丹丹.高校危机管理中思想政治教育的功能及实现途径[D].浙江师范大学硕士学位论文,2015.

后 记

生命充满了诗情画意，却又变幻莫测。欢乐与痛苦、顺利与挫折、光明与黑暗、阴霾与温暖、宁静与冷酷、离别与团聚、得失与荣辱，以及成功与失败等矛盾，起起伏伏，酸甜苦辣咸，就像每年四季的轮替，每日天气的阴晴变迁。而健康、平安、快乐、幸福是人类不变的终极期待。

法国文豪维克多·雨果在《悲惨世界》和《九三年》中，苦口婆心地告诫人类：在所有的美好梦想、主义以及所谓的真理之上，始终存在着一个永恒的原则——人道主义。

当代学者周国平说："生命是我们最珍爱的东西，它是我们所拥有一切的前提，失去了它，我们就失去了一切。生命又是我们最容易忽略的东西，我们对于自己拥有它实在太习以为常了，而一切习惯了的东西都容易被我们忘记。因此，人们在道理上都知道生命的宝贵，实际上却常常做一些损害生命的事情，如抽烟、酗酒、纵欲、不讲卫生、超负荷工作等。"

我们想说，每个孩子都是妈妈眼中的天使，但"没有不跌倒的成长"。成长是要付出代价的。冷静、认真、细心地思考和行动，安全、健康问题都不成问题，不幸也能够避免。

大学生是祖国的希望和未来，肩负着民族复兴的伟大使命。无论是站在个体小我的角度，还是站在国家、社会的高度，每个人都应学会尊重、珍惜、爱护自己和他人的生命与健康。

叶澜教授说："在一定意义上，教育是直面人的生命、通过人的生命、为了人的生命质量的提高而进行的社会活动，是以人为本的社会中最体现生命关怀的一项事业。"

希望此书能够为大学生们的健康成长提供些许帮助，抛砖引玉，闻者足戒。

本书在编写过程中得到了校内外专家、学者们的指导和帮助，并借鉴了各大网络平台的信息内容，在此一并致以衷心的感谢。参考文献恐有遗漏，敬请谅解。还要特别感谢本书的编辑耐心、细致的审阅，由此成就了我们的出版之梦。

编著者

2019 年 9 月